BOGER · ELITE- UND SPEZIAL-EINHEITEN

Jan Boger

Elite- und Spezial-Einheiten international

Entwicklung · Ausrüstung · Einsatz

Motorbuch Verlag Stuttgart

Einbandgestaltung: Siegfried Horn, unter Verwendung eines Dias der GSG 9 beim Fast-Roping auf das Dach der Unterkunft in Hangelar.

Bilder: Archiv des Verfassers, GSG 9, IDF, Polizei NRW, 1. LL-Div., Bundeswehr, U.S. Armed Forces, Gung-Ho, Verlag Histoire et Collections, Imperial War Museum, Soldier Magazine, Pressestelle Royal Marine Commando

ISBN 3-613-01166-2

2. Auflage 1988
Copyright © by Motorbuch Verlag, Postfach 1370, 7000 Stuttgart 1.
Eine Abteilung des Buch- und Verlagshauses Paul Pietsch GmbH & Co. KG.
Sämtliche Rechte der Verbreitung – in jeglicher Form und Technik – sind vorbehalten.
Satz und Druck: Röhm GmbH, 7032 Sindelfingen
Buchbinderische Verarbeitung: K. Dieringer, 7016 Gerlingen.
Printed in Germany.

Inhalt

Vorwort 7
Eine Geschichte der Spezialeinheiten und Eliteverbände?
Vorwort des Verfassers 8
Zur Einführung: Die Besten, das Problem mit der Elite 9

I. Die Veränderung des Krieges 10
   – Die technische Komponente 10
   – Die soziale Komponente 10
   – Die politische Komponente 12
   – Terrorismus – eine neue Dimension kollektiver
     Gewaltanwendung 13

   Seiner Zeit voraus – Charles Orde Wingate und die »SNS« 15
   – Die arabische Rebellion, Modellfall der modernen
     Guerilla 15
   – Charles Orde Wingate 19
   – Die „Special Night Squads" 20
   – Einsätze und Erfolge 23
   – Basisarbeit für den Aufbau der jüdischen Armee .. 25

II. Konzeptionen und Strukturen moderner Eliteeinheiten .. 27
   Marineinfanterie 23
   – USMC – United States Marine Corps;
     „Die Ledernacken" 28
   – Force Recon 29

   Commando 32
   – Der Raid, Versuch einer begrifflichen Bestimmung ... 34
   – Achnacarry und die Folgen 35
   – Royal Marine Commandos 40
   – MAW – die „Jetis der Royal Marine Commandos" ... 44
   – Special Boat Squadron (SBS) 46
   – Comacchio Company – Neue Zeiten, neue Aufgaben
     für die Royal Marines 50
   – Holland: Mariniers und Korps Commando Troepen .. 54
   – Ein Zug und eine Schule 57

   Fallschirmjäger – Soldaten der Dritten Dimension .. 58
   – Die Anfänge 58
   – Grüne Teufel der Luftwaffe 61
   – Kreta 68
   – Rote Barette und Falklandschlamm 69
   – Grundausbildung 79
   – Falklands – Krieg auf den Schafsinseln 84
   – 82nd – „All American" Division 89
   – Pfadfinder 93
   – NATO-Feuerwehr AMF 93
   – Canada: Spezialeinheiten am Rande der Arktis .. 95
   – Geiselrettung aus der Luft – das Beispiel der belgischen
     Para-Commandos 96
   – Kolwezi 1979 – Lehrstück französischer
     Interventionsstreitkräfte 99
   – Kampf im Gebirge – die italienischen Alpini ... 102
   – Parasütcü Komando – an der äußersten Südflanke
     der NATO 107

III. Keine Zukunft für Kommandos? Die unterschiedlichen
    Rollen moderner Spezialeinheiten 110
   – Aufklärung in der Tiefe:
     Die Fernspäher der Bundeswehr 112
   – Ständig die Realität vor Augen –
     Die Eliteverbände der isr. Armee 123
   – „Who dares wins!" Das Special Air Service Regiment .. 136
   – Eine geschlossene Konzeption: Sowjetische Spetsnaz
     und Eliteverbände 144
   – USA: Special Operations Forces Unlimited oder
     Spezialeinheiten mit beschränkter Haftung 155
   – „Anything, anytime, anyplace, anyhow" –
     Die Rangers 159
   – Special Forces – „De Opresso Liber" 166
   – Wie Robben im Wasser – die US Navy Seals 171
   – Vietnam – ein Blick auf die andere Seite 179
   – 1st Special Forces Operational Detachment Delta .. 181

IV. Verteidigungslinie des demokratischen Rechtsstaats:
    Die polizeilichen Spezialeinheiten 181
   – Ein Schritt in die richtige Richtung 185
   – Die Besonderheiten einer polizeilichen Spezialeinheit . 187
   – Gegen den Strom 189
   – SWAT zwischen Hollywood und Bronx 192
   – Israel 196
   – Europa: verspätete Reaktionen 200
   – Das österreichische Gendarmerieeinsatzkommando
     (GEK) 201
   – Frankreich im politischen Kreuzfeuer 203
   – GIGN – der Interventionstrupp der Gendarmerie .. 204
   – Spanien: GEO, UEI und GAR 206
   – Holland – Die königlichen Gendarmen 208
   – Italien – die geplagte Republik 209
   – Spezialeinheiten der deutschen Polizei –
     Eine vorprogrammierte Tragödie 210
   – Grenzschutzgruppe 9 211
   – Die Spezialeinheiten auf Länderebene 219
   – Von der SpeE zum Referat Einsatzerprobung und
     Spezialaufgaben (EuS) 227

Auf dem Weg zu einer internationalen Spezialeinheit? .. 230

Quellen und weiterführende Literatur 231

Vorwort

Über Spezialeinheiten wurde in der Vergangenheit viel geschrieben und unzählige Bücher veröffentlicht. Das Interesse der Öffentlichkeit an Informationen über diese Einheiten mit ihrem teilweisen legendären Ruf ist verständlich. Ihr Auftrag, spektakuläre Einsätze und die notwendige Geheimhaltung hinsichtlich ihrer Taktik, ihrer Kampfesweise und ihrer besonderen Ausrüstung haben natürlich auch der Legendenbildung Vorschub geleistet.

So entstanden auch eine Reihe von Veröffentlichungen, die aufgrund ihrer übertriebenen und manchmal auch falschen Darstellung der entsprechenden Elite- und Spezialeinheiten von den Betroffenen und Insidern kritisch betrachtet oder verständlicherweise abgelehnt wurden.

Das hier vorliegende Buch von Jan Boger bietet eine sehr eingehende detaillierte und sachliche Darstellung. Sie dürfte auch einer kritischen Betrachtung durch Fachleute standhalten.

Der Verfasser Jan Boger als „Insider" bietet allein schon die Gewähr für eine sorgfältig recherchierte und gründliche Berichterstattung, womit sowohl der Öffentlichkeit als auch den betroffenen Einheiten nur gedient ist.

Als langjähriger Kommandeur eines Spezialverbandes habe ich es immer begrüßt, wenn sachlich und richtig über uns berichtet wurde: Dies dient der Abschreckung eines potentiellen Gegners und stellt gleichzeitig eine objektive Informationsmöglichkeit für zukünftige Freiwillige dar.

An dieser Stelle einige Gedanken zum Thema „Spezialeinheiten": Die Führung einer Spezialeinheit stellt wohl eine einzigartige Herausforderung für einen Offizier dar. Generalstäbler und Techniker mögen da anderer Auffassung sein, aber meine Freunde beim SAS, den Royal Marines, den Special Forces, der GIGN und andere wissen, warum ich dies sage.

Der besondere Auftrag, das ausgewählte Personal – das Beste vom Besten –, das sekundenschnelle Reagieren auf schnellwechselnde Lagen im Einsatz, das Streben nach Höchstleistungen in der Ausbildung und das ständige Suchen nach neuen unkonventionellen Lösungen für taktische, technische und operative Probleme erfordern vom Kommandeur einer Spezialeinheit eine außerordentlich hohe geistige Beweglichkeit, eine ständige physische Belastbarkeit, eine enorme Streßstabilität, ein hohes Maß an Intuition und nicht zuletzt – Charisma.

Das Vorbild des Offiziers ist für Erfolg oder Mißerfolg des Einsatzes einer Spezialeinheit mitentscheidend. Nur wer nach dem Motto „Mir nach!" eine Eliteeinheit führt, wird sie auch zum Erfolg führen!

Die kleine Kampfgemeinschaft in Spezialeinheiten erfordert ein unvergleichbar engeres Vertrauensverhältnis zwischen Führer und Geführten als dies bei konventionellen Verbänden notwendig und die Regel ist.

Das Bewußtsein, einander genau zu kennen und uneingeschränkt einander vertrauen zu können, schafft einen „esprit d'corps", der u. a. eine Voraussetzung für eine erfolgreiche Kampfgemeinschaft – für eine Eliteeinheit – ist.

Nun noch ein Wort zur Zukunft von Spezialeinheiten:

Ich bin der Auffassung, daß Spezialeinheiten auch in Zukunft mehr denn je gebraucht werden.

Wenn wir heute die militärische und sicherheitspolitische Lage und vor allem die Bedrohung in Mitteleuropa beurteilen, so liegt die Notwendigkeit des Einsatzes von Spezial- und Eliteverbänden im entsprechenden Ernstfall auf der Hand.

Der Warschauer Pakt hat auf das veränderte potentielle Kriegsbild der Zukunft (z. B. Atomares Patt) durch Aufstellung von Spezialverbänden für besondere Kriegsführung (spez.-naz.) reagiert.

So bleibt nur zu hoffen, daß auch das westliche Bündnis und vor allem die Bundesrepublik Deutschland durch Ausbau bestehender Spezialverbände und Aufstellung neuer Einheiten hierauf die entsprechende Antwort findet.

Auch die sogenannten „kleinen" Konflikte oder „Stellvertreterkriege" in den letzten Jahren haben den Kampfwert und die Bedeutung von hochqualifizierten Spezialeinheiten drastisch demonstriert.

Es bleibt zu hoffen, daß die politischen Entscheidungsgremien des Westens die notwendigen Konsequenzen hieraus ziehen werden.

Bonn, 15. 1. 1987, Kommandeur Ulrich K Wegener, GSK West

Eine Geschichte der Spezialeinheiten und Eliteverbände?
Vorwort des Verfassers

Das vorliegende Buch soll einen Einblick in die Entwicklung militärischer und polizeilicher Sondereinheiten geben und dabei die wechselseitige Geschichte von Ideen und Konzepten vermitteln, die sich über Ländergrenzen hinweg von einer Einheit zur anderen fortgesetzt hat. Die Angehörigen dieser Verbände haben trotz unterschiedlicher Sprachen sehr viel gemein, man gehört zur gleichen Kategorie und hat ähnliche Probleme.

Fast jedes Land verfügt heute über bestimmte Elitetruppen oder Sonderkommandos, und es würde ganze Bände füllen, wollte man jeder dieser Einheiten gerecht werden. Dieses Buch kann also nicht eine umfassende Geschichte sein, die sich auch auf historische Vorbilder wie Roger's Rangers, der französischen Garde oder dem preußischen Garde du Corps beziehen und damit jeden Rahmen sprengen würde. Dem Verfasser kam es darauf an, eine Auswahl zu treffen, die die Entwicklung der modernen Spezialeinheiten in unserem Jahrhundert aufzeigt, die von den ersten Kommandos bis zu den polizeilichen SEKs reicht. Einige Verbände und Personen, die auf diesem Gebiet Pionierarbeit geleistet haben, sind besonders hervorgehoben und in ihren historischen Zusammenhang gestellt worden, wobei sich die Parallelen von den dreißiger Jahren bis in unsere Zeit aufdrängen. Ein besonderes Augenmerk galt den verschiedenen Auswahl- und Ausbildungsmethoden, denn in ihnen prägt sich der Elitecharakter. Zusammenhänge sollten dargestellt und einer Legenden- und Mythenbildung entgegengewirkt werden, so daß an einigen Stellen auch kritische Anmerkungen nicht fehlen durften.

Ein schwieriges und fast unlösbares Problem bestand in der Geheimhaltung, die über viele Einzelheiten gewahrt werden mußte. Bestimmte Details mußten unerwähnt bleiben, andere wurden bewußt vage gehalten, um nicht der Gegenseite oder linksextremistischen Propagandisten Material frei Haus zu liefern. Hier gilt mein besonderer Dank all den Freunden in den verschiedensten Einheiten und Ländern, die mir mit Vertrauen und Offenheit begegnet sind und ohne die dieses Buch nicht möglich gewesen wäre.

Besonderer Dank gilt den Mitarbeitern jener Dienststellen, die mit Bildmaterial und Unterlagen wertvolle Hilfestellung zu diesem Buch geleistet haben: Der israelischen Armeepressestelle, der GSG 9, des GSK West, des Imperial War Museum, der U.S. Army, der Polizeipräsident in Berlin – Referat EuS, der Tactical Response Association, Jim Shults – dem Herausgeber des Gung-Ho Magazins und Major d'Alquen von der 1. LL-Division der Bundeswehr, außerdem François Vauvillier vom Verlag »Histoire & Collections«, Paris.

Um eine genaue Bezeichnung der Einheiten bemüht, wurde davon abgesehen, insgesamt die Titel und Bezeichnungen einzudeutschen. Zur Vermeidung von ständigen Wiederholungen im Text wurden die Benennungen zwar variiert, aber textlich mit den Originalbegriffen eingeleitet. »2 Para« ist die offizielle Abkürzung von 2nd Battalion, The Parachute Regiment, dem zweiten Bataillon des britischen Fallschirmjägerregiments. »42 Cdo« wird so z. B. »Fourtwo Commando« gelesen und nicht etwa als »Fortysecond«, das (Originalton Royal Marines) »eine Stellung aus dem Kamasutra ist und nicht die Bezeichnung für eine Kommandoeinheit!«

Zur Einführung:
Die Besten, das Problem mit der Elite

Die modernen Spezialeinheiten und Eliteverbände sind eine Besonderheit in unserem konfliktreichen Zeitalter, dessen militärische Auseinandersetzungen von Materialschlachten, dem Einsatz komplizierter, seelenloser Technik und der Verwendung von Massenheeren geprägt sind. Sie bilden einen Gegenpol zu den mehr schlecht als recht ausgebildeten Wehrdienstpflichtigen der normalen Einheiten; Einsatzfreude und Leistungsbereitschaft zeichnen die Angehörigen dieser Minderheit aus. Individueller Mut, hohe Motivation, körperliche Fitness führen im Verein mit einem hohen Ausbildungsstand zu einem kollektiven Selbstbewußtsein, dem »esprit de corps«, das zur Triebkraft von Handeln und Erfolg wird.

In allen Auseinandersetzungen zahlen solche Einheiten einen hohen Preis: Oft in krisenhaften Situationen entstanden, stehen sie stets in vorderster Linie, als Kommando, Speerspitze eines Angriffs oder tief hinter den Linien des Feindes auf scheinbar verlorenem Posten. Wie ein roter Faden zieht sich auch der Mißbrauch durch die Geschichte der Spezialeinheiten – in nutzlosen Attacken verbraucht, zweckentfremdet als Nachhut oder reguläre Truppe zermürbt und nicht selten als zu kostspielig verkannt, waren besonders ausgewählte und geschulte Verbände den Entscheidungsträgern in Generalstäben und Regierungsämtern manchmal nur entbehrlicher Spielball.

Angesichts der leidvollen Erfahrungen des 20. Jahrhunderts und des vielfältigen Mißbrauchs, der von Diktatoren und Systemen mit dem Idealismus und der Opferbereitschaft ganzer Generationen getrieben wurde, stehen wir heute mißtrauisch und kritisch gegenüber einem Elitegedanken. In Europa und besonders in Deutschland sind Begriffe wie Pflichttreue, Patriotismus, Selbstlosigkeit usw. leer und unbrauchbar geworden – das Erbe zweier Weltkriege und totalitärer Unterdrückung. Es ist schwer, die Notwendigkeit von Leistungseliten in unserer Gesellschaft angesichts von politischen Strömungen zu vertreten, die Vereinheitlichung und Gleichmacherei auf ihre Fahnen geschrieben hat. Keine Gesellschaft aber kann auf Dauer in Wirtschaft, Bildung und Sicherheitspolitik ohne eine Bestenauslese und ohne die Förderung von Leistung auskommen. Jeder Elite aber droht sofort, den Neid und die Mißgunst der anderen auf den Plan zu rufen; hier müssen Regulative und Kontrollen geschaffen werden, die dafür sorgen, daß die Elite sich nicht zur auserwählten Gruppe hochstilisiert, sondern sich einzig und allein durch ihre Leistung auszeichnet.

Die modernen Spezialeinheiten sind solche Leistungseliten, die sich durch die Härte und Schwierigkeiten in Auswahltests und Training, in der Bereitschaft zu außergewöhnlichem Einsatz und durch ihren engen, in der Ausbildung gewachsenen Zusammenhalt definieren. Nicht durch Herkunft oder Abstammung, Geld oder Beziehungen kann man den Eintritt in eine solche Gruppe erkaufen, nur durch eigene Fähigkeit und Qualität. Dabei haben solche Verbände Modell- und Vorbildcharakter und können neue Methoden und Einsatztechniken entwickeln und durchsetzen. Sie können damit Veränderungen und Umwälzungen bewirken.

I. Die Veränderung des Krieges

DIE TECHNISCHE KOMPONENTE

Seit den griechischen Phalanxen und römischen Legionen hat das Kriegswesen sich ständig weiterentwickelt – eine Veränderung, die durch waffentechnische Neuerungen und damit verbundene taktische Konzepte dynamisch bedingt war. Bis zum 20. Jahrhundert erfolgte dieser Wandel relativ langsam und schrittweise, das zentrale Element blieb der einzelne Krieger mit seinen persönlichen Waffen und auch diese unterschieden sich von Generation zu Generation nicht allzu drastisch: 1914 waren Bajonett und Gewehr immer noch die Hauptwaffe, und die Angriffe von Langemarck und Tannenberg unterschieden sich nicht sehr von denen des Krieges 1870/71.

Der US-Marineinfanterist, der 1917 bei Bellau Wood stand, hätte sich mit einem Veteranen der Kämpfe von Gettysburg und Richmond noch gut verständigen können. Nur dreißig Jahre später aber war das Militärwesen vollständig revolutioniert: Der Soldat verfügte über eine Vielzahl von waffentechnischen Möglichkeiten, die von der kleinen, zerlegbaren Maschinenpistole über Flammenwerfer bis zur Bazooka reichten. Die Bedeutung der Infanterie als tempobestimmende und tragende Kraft war verschwunden: Gepanzerte Fahrzeuge beförderten die Grenadiere jetzt an den Feind, Bomberstaffeln zerstörten Städte, Panzerkeile bestimmten den Vorstoß und die Marschgeschwindigkeit. Kleine tragbare Funkgeräte traten an die Stelle von mündlichen oder drahtgestützten Meldungen. Der Krieg war schneller, weiträumiger und totaler geworden: Divisionen konnten aus der Luft tief hinter den Frontlinien des Gegners abgesetzt werden. Kernspaltungsenergie setzte bisher unerreichte Zerstörungskräfte frei, die den Untergang der Menschheit bringen können.

Weitere dreißig Jahre später hat dieser Fortschritt noch einmal tiefgreifende Veränderungen erwirkt. Die Infanteriewaffentechnik ist wesentlich verbessert und zuverlässiger geworden. Auch die Panzer sind nicht mehr Beherrscher des Schlachtfeldes – tragbare, drahtgelenkte und ferngesteuerte Raketen können sie auf drei Kilometer Entfernung ausschalten. Luftkämpfe werden in Überschallgeschwindigkeit geführt. Computer bestimmen Artilleriefeuer. Sensoren, Laser und andere elektronische Hilfsmittel lenken Geschosse, ermöglichen die Entwicklung »kluger«, d. h. selbständig zielsuchender Kampfmittel. Der Krieg im All ist nur noch eine kurzfristige Frage des technischen Entwicklungsstandes, nicht mehr dichterische Utopie à la Jules Verne. Der Krieg ist technisiert, mehrdimensional und extrem rohstoffabhängig geworden. Versorgungseinheiten haben zahlenmäßig längst die Anzahl der an der Front wirklich im Einsatz stehenden Truppen überflügelt.

Dafür sind die Gefechtsmöglichkeiten des Kriegers zu Fuß unermeßlich stark gestiegen: Ein gut ausgebildetes britisches Infanteriebataillon mit 600 Mann konnte bei Waterloo ein Feuervolumen von rund 1800 – 2400 Schuß pro Minute entwickeln – eine Kadenz, die heute mit Leichtigkeit von den MG-Schützen eines Zuges erreicht werden kann. Ein US-Soldat bei Gettysburg führte in der Regel 60 – 80 Patronen mit sich ins Gefecht. Eine moderne zehnköpfige Kampfgruppe des Jahres 1985 verfügt über rund 1800 – 2200 Schuß Sturmgewehrmunition, 750 – 1500 Schuß MG-Munition, 20 Handgranaten, 8 – 10 Gewehrgranaten, 4 – 6 LAW (Wegwerf-Bazookas). Sie steht mit ihren Nachbareinheiten und der Kompanieführung per Funk in Kontakt und kann Nachtsichtgeräte und tragbare Fla-Raketen einsetzen, sollte dies die Lage erfordern. Ranger-Einheiten, die in der Grenada-Invasion absprangen, waren so schwer mit Munition und Kampfmittel beladen, daß sie kaum ihre Flugzeuge besteigen konnten und hineingehoben werden mußten. Leichte, geländegängige Fahrzeuge, der Einsatz von Hubschraubern, Fallschirmen und Landungsbooten haben neue taktische Dimensionen erschlossen, von denen man 1914 noch nicht einmal zu träumen gewagt hätte.

DIE SOZIALE KOMPONENTE

Auch das Militärwesen hat eine grundsätzliche Veränderung erfahren: Die Bürger der absolutistischen Staaten hatten an den Kriegen ihrer Herrscher nur geringen Anteil, der Soldatenstand war eine

Ein indischer Gurkha mit dem traditionellen Kampfmesser der nepalesischen Bergbewohner, dem Kukri. Die Gurkhas sind das klassische Beispiel für eine ethnische Elitegruppe, die auf der traditionellen Loyalität einer Volksgruppe aufbaut. Die besondere Beziehung zwischen den Gurkha-Söldnern und der britischen Armee begann 1857 und dauert bis zum heutigen Tag.

von der übrigen Bevölkerung isolierte Unterschicht, dem wenig Vertrauen und noch weniger Mitgefühl entgegengebracht wurde. Der Krieg war Angelegenheit des Königs und noch 1806 konnte ein Berliner Stadtkommandant angesichts der verheerenden preußischen Niederlagen von Jena und Auerstädt die Parole ausgeben »Der König hat eine Bataille verloren. Jetzt ist Ruhe die erste Bürgerpflicht!«. Nicht die Landesverteidigung war also Bürgerpflicht, sondern das Bewahren der Ruhe, der alten Ordnung – dem setzte das revolutionäre Frankreich ein anderes, ein umwälzendes Konzept entgegen: Die »levée en masse«, die Aushebung aller Wehrfähigen eines Nationalstaates, die begeistert von den neuen republikanischen Tugenden von Freiheit, Gleichheit, Brüderlichkeit die verstaubten europäischen Herrschaftsordnungen mit ihren alten (Militär-) Zöpfen wie ein Wirbelwind durcheinander brachten. Dem napoleonischen Vormachtsstreben war schließlich nur mit einem gleichartigen Ideal beizukommen. Die Befreiungskriege wurden vom bürgerlichen Ideal des Patriotismus getragen, obwohl die Verwirklichung des liberalen Nationalstaates noch einige Jahrzehnte auf sich warten ließ. Aber eine Grundidee war in den Tagen zwischen dem Moskau-Feldzug und Waterloo geboren worden, die sich auch nicht durch Restauration und Reaktion ersticken ließ. Das neue Nationalgefühl beinhaltete auch einen neuen Bezug zwischen Bürger und Landesverteidigung – nationale Wehrpflicht hieß gleichzeitig auch Recht des Staatsbürgers zur Wehrfähigkeit. Die zweite Hälfte des 19. Jahrhunderts brachte diesen Durchbruch der großen Volksarmeen in den aufblühenden Industriestaaten. War vordem der Soldatenstand kaum achtbarer als der des Bettlers oder Tagelöhners, so war nun der Militärdienst patriotische Ehre und, nach dem Refrain eines Volksliedes, »der Soldat der erste Mann im Staat.«

Aus den Grundprinzipien des modernen, demokratischen Staatswesens der westlichen Industrienationen ist heute die allgemeine Wehrpflicht kaum wegzudenken, und selbst Staaten wie Großbritannien und die USA, die sich eine Berufsarmee leisten können, verzichten nicht auf eine Erfassung der Wehrpflichtigen und eine verfassungsrechtliche Möglichkeit, in Krisenzeiten von der Kaderarmee zum Volksheer überzugehen. Längst aber geraten militärische Notwendigkeiten, nationalökonomische Bedürfnisse und Wehrdienstbereitschaft miteinander in Konflikt. Die meisten westeuropäischen Staaten rufen ihre Jugend für einen Zeitraum von bis zwei Jahren zur Fahne. Ein Wehrdienst von im Schnitt 15 Monaten wie in der Bundeswehr liegt gerade an der oberen Grenze dessen, was Volkswirtschaft und Dienstpflichtige ertragen können. Es wird nur immer schwieriger, in dieser verhältnismäßig kurzen Zeit die Rekruten mit der modernen Militärtechnik vertraut zu machen und sie zu vollwertigen Soldaten auszubilden. Ohne Längerdienende kommen bestimmte Waffengattungen und technische Dienste heute nicht mehr aus. Spezialisierte Verbände und Sondereinheiten können auf Wehrpflichtige nur in bedingtem Maß zurückgreifen und müssen ihre Reihen in den meisten Fällen aus Zeit- oder Berufssoldaten auffüllen.

Die Elite- und Spezialeinheiten stellen auch in dieser Hinsicht ein Gegenstück zu den modernen Massenheeren dar. Ihre Ausbildung ist länger, vielschichtiger und komplizierter als die eines normalen

Ein Grenadier des First Regiment of Foot-Guards 1735. Die Grenadierkompanien wurden nach körperlicher Größe zusammengestellt und galten als besondere Truppe. Infanteriesäbel und die hohe Mütze waren jahrhundertelang Kennzeichen der Grenadiere, die von einem Vorauskommando immer mehr zu Paradesoldaten degenerierten.

Wehrpflichtigen. Entsprechend sind auch die Anforderungen und Leistungsgrenzen gesetzt. Auf der anderen Seite ist aber auch die Palette der Einsatzmöglichkeiten solcherart Ausgebildeter wesentlich größer als die von regulären Verbänden. Sie können sich einem unterschiedlichen Kriegsbild, rasch wechselnden Einsatzorten und erschwerten Bedingungen besser anpassen. Ihre Einsatzart und ihre Einsatzformen entsprechen daher mehr den neuen Konfliktdimensionen, die an die Stelle herkömmlicher Kriege getreten sind, denn neben der technischen Revolution und der sozialen Komponente sind in unserem Jahrhundert neue, tiefgreifende Veränderungen eingetreten, die auf der politischen Ebene wurzeln.

DIE POLITISCHE KOMPONENTE

Krieg ist eine gewaltmäßige Konfliktaustragung zwischen Staaten, die bis zum Ende des 19. Jahrhunderts in verhältnismäßig geregelten Formen ablief: Nach der formellen Kriegserklärung lieferten sich die Land- und Seestreitkräfte beider Staaten eine oder mehrere Schlachten. Der Krieg fand in der Regel nach der Zersplitterung der gegnerischen Streitmacht oder nach der Eroberung der feindlichen Hauptstadt sein Ende; das Ergebnis wurde durch einen formellen Friedensvertrag geregelt. »Kriegsgesetze« oder »Kriegsordnungen« wurden von den »zivilisierten« Nationen der Alten und Neuen Welt entworfen und ratifiziert, um diese Form der staatlichen Gewaltanwendung in halbwegs erträglichem Rahmen zu halten und die eigenen Soldaten sowie die Zivilbevölkerung bei Gefangennahme, Verwundung und Besetzung rechtlich unter Schutz zu stellen. Selbst der I. Weltkrieg verlief weitgehend nach diesem klassischen Muster, obwohl durch das Aufkommen der Luftkriegsführung und des uneingeschränkten U-Boot-Krieges bereits ein Vorgeschmack jener totalen, rücksichtslosen Kriegsführung gegeben wurde, wie sie im II. Weltkrieg durch den Einsatz strategischer Bomber und anderer Kriegsmittel bestimmend war.

Der »Kleine Krieg«, spanisch »guerrilla«, war bereits den Militärtheoretikern des 18. und 19. Jahrhunderts bekannt. Er wurde in zahlreichen Schriften beschrieben und erörtert, noch bevor der spanische Volksaufstand gegen die napoleonischen Besatzungstruppen der Welt ein Beispiel von der vehementen Wirkung und Grausamkeit dieserart ungeregelter Kriegsführung gab. Clausewitz, Scharnhorst und andere Zeitgenossen waren sich sehr wohl bewußt, daß bei diesem »Parteigängerkrieg« revolutionäre Gewalten entfesselt wurden, die neben dem Besatzer auch die alte Ordnung hinwegfegen konnten. Der Volksaufstand der französischen Royalisten in der Vendee, das Milizsystem der amerikanischen Kolonisten, der Tiroler Andreas Hofer oder Spanier wie Juan Martin Diez gaben reichlich Beispiele von den Auswirkungen des Guerillakrieges. In Preußen wurde deshalb auch sehr schnell der Aufruf zum Volksaufstand mit Heugabeln und Sensen zurückgenommen. Die Befreiungskriege gegen Napoleon wurden auf konventionelle Art geführt, für Patrioten und Freiwillige war in den Jägerformationen Raum, um ihren Enthusiasmus in die Tat umzusetzen. Zwar klingt in den militärwissenschaftlichen Werken nach 1815 bereits etwas von dem politischen Element des Volks- und Guerillakrieges an, aber die meisten Zeitgenossen sahen in Partisanen lediglich eine Hilfstruppe, ein Beiwerk zum »normalen« Krieg. 1870/71 und 1914 betrachtete man das französische und belgische Franctireurwesen lediglich als eine Störung rückwärtiger Verbindung, eine Art Straßenräuberei, dem man mit Standgerichten, Vergeltungsmaßnahmen und der sprichwörtlichen »Handvoll Ulanen« beizukommen hoffte. Von der neuen Dimension, die sich da im Krieg auftat, wollten deutsche Militärs nichts wissen.

Andere hatten die Zeichen der Zeit erkannt: Friedrich Engels hat in verschiedenen Aufsätzen und Schriften europäische Freischärler-Unternehmen analysiert und sprach sich für eine gesetzliche Regelung des Widerstandes gegen eine Besatzungsmacht aus. Engels konnte auf die badischen Volksaufstände von 1848/49, auf die Erfahrungen der amerikanischen Kolonisten oder der österreich-ungarischen Feldzüge zurückgreifen und sah im Guerillakrieg eine Stufe des Volkskrieges mit politisch sozialem Hintergrund. Friedrich Engels stand den Aussichten eines revolutionären Volkskrieges auf europäischem Boden skeptisch gegenüber, sah aber die Möglichkeiten, die eine solche Kriegsform in den asiatischen und afrikanischen Kolonien hatte. Ein Beispiel dafür war die Unfähigkeit der französischen Kolonialmacht, die algerischen Aufstände im Keim zu ersticken oder auch die Sepoy-Rebellion in Indien 1857.

Was den Einheimischen in den Kolonien bei ihrem Kampf gegen die europäischen Heere fehlte, waren moderne Waffen – ihre bisherige Kriegsform, die auf Stammestradition und den geographischen Gegebenheiten fußte, entsprachen durchaus den Taktiken der modernen Kleinkriegsführung. Einen Vorgeschmack späterer nationaler Befreiungskriege erhielt das britische Imperium mit dem südafrikanischen Burenkrieg. Die Buren waren europäische Einwanderer mit modernen Waffen, die in ihrer mobilen Gefechtsführung und ihren überfallartigen Angriffen mit berittenen »Commandos« Elemente afrikanischer Stammesfehden mit den Gedanken moderner Kriegsführung vermengten. Schließlich lieferte der britische Geheimdienstagent T. E. Lawrence im I. Weltkrieg das Modell eines nationalen Befreiungskrieges mit seinem guerillaartigen Feldzug arabischer Stämme gegen die türkische Armee. Seine Memoiren, »Die Sieben Säulen der Weisheit«, sind selbst heute noch ein Lehrbuch der politischen und militärischen Mechanik eines Guerillakrieges und haben lange vor Mao Tse Tung und Che Guevara deren Ausführungen vorweggenommen. Sie inspirierten im II. Weltkrieg zahlreiche Versuche irregulärer Sondereinheiten und Kleinkriegsverbände. Die Jahre von 1939 bis 1945 brachten nicht nur die höchste Steigerung des modernen Krieges mit seinen Materialschlachten, seiner Totalität bis hin zum Einsatz der ersten Nuklearwaffen, sie zeigten auch mit ihrer Fülle von Geheimdienstoperationen, Kommandoraids und Partisaneneinsätzen die ganzen Möglichkeiten einer anderen Kriegsart auf, die nicht auf staatlicher Ebene mit hochtechnisierten Heeren und modernster Logistik ablief.

Vielleicht war es den Beteiligten von 1945 noch nicht bewußt, aber die ungeheuren Vernichtungspotentiale, die mit der Kernspaltung freigesetzt wurden, hatten mit den Doppelschlägen von Hiroshima und Nagasaki die Weltlage verändert. Der nächste Weltkrieg würde den Untergang ganzer Staaten, die Vernichtung der Zivilisation und vielleicht auch das Ende der Menschheit bedeuten. Die Machtblöke, die aus dem Grauen des Weltkriegs hervorgegangen waren, stehen sich zwar mit gegensätzlichen, einander ausschließenden Ideologien gegenüber, sie sind bis an die Zähne bewaffnet und an Provokationen und Anlässen hat es seit dem Ende des II. Weltkrieges kaum gefehlt – aber die Konfliktaustragung per offenem Krieg ist angesichts der Möglichkeit der gegenseitigen Vernichtungsfähigkeit unmöglich geworden. Der große Krieg blieb – bis jetzt – aus. Zwar ist der konventionelle Krieg zwischen den gegensätzlichen Verteidigungsbündnissen Warschauer Pakt und Nordatlantikpakt (NATO) denkbar, er wird in zahllosen Manövern durchgespielt, aber jede Seite ist sich des nuklearen Risikos und der Unmöglichkeit der Konfliktbegrenzung auf der nichtnuklearen Ebene klar. Trotz Kaltem Krieg, Drohungen und Krisen hat Europa seit 1945 eine der längsten Friedensphasen der Geschichte erlebt – dank des Damoklesschwerts nuklearen Holocausts.

Auf der anderen Seite ist die Zeit nach 1945 nicht friedlicher geworden: Sie war bestimmt durch Machtkämpfe und Kriege an den Peripherien der Machtblöcke und durch eine Kette von Konflikten in der Dritten Welt. Das Ende des Zweiten Weltkriegs leitete eine Folge von Aufständen und Befreiungskriegen in den Kolonien der ehemaligen europäischen Großmächte ein, deren Rückzugsgefechte sich mehr als zwei Jahrzehnte hinzogen. Diese Neueinteilung von Asien und Afrika in neue Nationalstaaten und Einflußzonen der Machtblöcke brachte ihrerseits eine Kette von internen und zwischenstaatlichen Konflikten mit sich, die nicht ohne Auswirkung auf die internationale Szene blieben. Von einigen Ausnahmen abgesehen, liefen diese gewaltsamen Veränderungen immer auf der Ebene von Kleinkriegsformen ab. Konventionelle Interventionen blieben zum Scheitern verurteilt, wie die Beispiele Algerien, Vietnam, Libanon und Rhodesien zur Genüge beweisen. Der europäisch orientierten Kriegsführung hochtechnisierter Armeen setzten die Krisenschauplätze der Dritten Welt die Alternative des revolutionären Volkskrieges gegenüber, dem mit Panzern, Artilleriemassierungen und Bomberflotten nicht beizukommen war. Im internationalen Bereich wurden diese kleinen regionalen Brände zu Stellvertreterkriegen, in denen sich Ost- und Westblock mit ihren lokalen Akteuren, Beratern und Spezialisten eine Art Schattenboxen lieferten, dessen Ausgang über Einflußzonen, Absatzmärkte und Ideologie-Export entschied. Der Lohn bestand in vielen Fällen in dem Zugang zu einem der immer knapper werdenden Rohstoffe.

TERRORISMUS – EINE NEUE DIMENSION KOLLEKTIVER GEWALTANWENDUNG

Konnte man in der Nachkriegszeit der Entkolonialisierung von einer Ära des Guerillakriegers sprechen, so ist spätestens mit dem Ende der sechziger Jahre ein neuer Akteur auf die politische Konfliktbühne getreten: Der Terrorist. Für linksradikale Schwärmer und andere Apologeten kommunistischer Gewaltpolitik war der moderne Terrorist mit seiner kleinen, fast unabhängig operierenden Gruppe Gleichgesinnter nur eine Art neuer Guerillero, der sich der Verwundbarkeit des modernen, technologiebestimmten Staates bediente. Waren Terror und Terrorismus in der Weltgeschichte an sich nicht neu, so brachten die modernen Terrorgruppen mit ihrer grenzübergreifenden Aktionsweise und ihren internationalen Verbindungen eine neue Dimension. Sie benützten ihre Bomben und Entführungen nicht als taktisches Mittel, sondern als Selbstzweck, mit dem sie in Erscheinung treten. Greift der Guerillakrieger noch die Kräftekonzentration des Feindes an, um ihn zurückzudrängen, Gebiete zu befreien und seine eigene Herrschaft zu errichten, so attackiert der Terrorist seine Ziele nur, um sich bemerkbar zu machen, als »act de presence«, zur Erzeugung von Furcht, zur Demonstration von gegnerischer Ohnmacht. Dazu genügt auch nur die abwegigste Verbindung zwischen dem Tatopfer und der eigentlichen Zielgruppe des Terroristen, und eines der grundsätzlichen Erscheinungsmerkmale des modernen Terrorismus ist der methodische Wahnsinn bei der Auswahl von Zielobjekten und Opfern: Es genügt das Werfen einer Bombe auf das Fluglinienbüro des Ziellandes in einem neutralen oder unbeteiligten Drittland – je mehr Unschuldige dabei zu Schaden kommen, desto größer ist der publizistische Wert der Aktion.

Der moderne Terrorismus brachte den kleinen, regional begrenzten Dritte-Welt-Konflikt in die Metropolen Europas und Amerikas zurück. Er kannte keine Grenzen und Begrenzungen in der Wahl seiner Mittel und Ziele. In den letzten zwei Jahrzehnten sind Entführungen, Mordanschläge, Bomben und ähnliche Gewalttaten kleiner und kleinster Gruppen fast schon alltäglich geworden. Global gesehen steigt die Zahl der Anschläge und Opfer pro Jahr um 10 – 15 %, und schon heute sterben jedes Jahr Tausende durch terroristische Aktionen. Zehntausende andere werden in Mitleidenschaft gezogen. Herkömmliche Gegenmaßnahmen haben sich als hoffnungslos ungenügend erwiesen. Konventionelle militärische Einheiten sind wiederholt beim Einsatz gegen Guerilleros und in Aufstandssituationen gescheitert. In ähnlicher Weise sind normale schutz- und kriminalpolizeiliche Maßnahmen bei der Bekämpfung des Terrorismus von geringer Wirkung. Klassische militärische Operationen waren oft genug sprichwörtliche Schläge ins Wasser. Eine Antwort auf das Auftauchen neuer Konfliktformen wie der revolutionäre Guerillakrieg oder der Terrorismus besteht in der Aufstellung besonderer Spezialeinheiten, die sich auf die Aktionsformen des Feindes einspielen, sie unterlaufen und den Schaden eindämmen. Unterschiedliche Staaten sind verschiedene Wege gegangen, ein Patentrezept zur Lösung der vielschichtigen Problematik existiert nicht, auch wenn uns dies die Propagandisten der einen oder anderen Variante gern glauben lassen wollen. Im nachfolgenden soll die Entwicklung von Spezial- und Eliteeinheiten auf militärischem und polizeilichem Sektor an den unterschiedlichsten Beispielen näher erläutert, Konzepte und Unterschiede in Einsatz, Ausbildung und Bewaffnung aufgezeigt werden.

Mit der Veränderung des Kriegsbildes, mit dem Auftauchen neuer Dimensionen haben sich auch Anforderungen und Einsatzformen einer Elitetruppe verändert. Neue Probleme haben neue Aufgaben hervorgebracht, denen man sich anpassen mußte. Dies ist an einigen Stellen gelungen, andernorts mußte man Rückschläge und Niederlagen hinnehmen. Im Gegensatz zu konventionellen Verbänden aber wurde bei der Aufstellung und Entwicklung solcher Spezialverbände immer Neuland betreten. Oft gab es keine Vorbilder, an denen man sich ausrichten konnte – da konnten Fehler und Umwege nicht ausgeschlossen werden.

Mit dem Terrorismus ist der Eintritt in eine neue Qualität der Konfliktaustragung zwischen Staaten, Systemen und ideologischen Gruppen erfolgt, die weit über das herkömmliche Schema des Kriegsbildes reicht. Neben der nuklearen und konventionellen Ebene ist bereits mit dem Guerillakrieg und seiner Politisierung in unserem Jahrhundert eine neue Dimension der gewalttätigen Auseinandersetzung aufgetaucht, die sich nicht mehr in feste Schemata drängen läßt und jenseits von Begriffen wie Frieden – Krieg – Krise

Berlin, 7. April 1985. Die Discotheque „La Belle". Durch den Anschlag wurden drei Menschen getötet und über 250 verletzt. Als Reaktion bombardiert die amerikanische Luftwaffe militärische Ziele in Libyen, nachdem die US-Regierung vergeblich die europäischen Allianzpartner zu einer politischen Isolierung Ghaddafis aufruft.

existiert. Dieser Kleinkrieg, der oft mitten im Frieden ohne Kriegserklärung beginnt, eröffnet seinen Protagonisten und Nutznießern eine Möglichkeit der subversiven Einflußnahme unterhalb der Schwelle des offenen Krieges, die mit verhältnismäßig geringen Kosten und Materialaufwand verbunden ist. Der Terrorismus ist die gesteigerte Form dieser Subversion, bei dem mit der Aufgabe der regionalen Konfliktbegrenzung auch ein Verwischen von Spuren und Beziehungen durchsetzbar ist. Es ist nicht mehr nötig, Herkunft oder Ursprungsland der Attentäter zu offenbaren. Das terroristische Primärziel – Angst zu erzeugen und den Feind zu Handlungen und Maßnahmen zu zwingen, ist unabhängig von der Aufdeckung der eigenen Organisation, ihrer Motive und Unterstützer: In der letzten Zeit mehren sich die Anschläge weltweit, bei denen die Urheber keine oder nur sehr unzureichende Deklarationen veröffentlichen. Es reichte, wenn Aufmerksamkeit erregt, Schrecken verbreitet wur-

Sprengfallen im Libanon: Von der PLO verwendeter, als Puppenkopf geformter Plastiksprengstoff. Die verschiedensten solcher „booby traps" wurden beim israelischen Einmarsch 1982 entdeckt. Sie wurden von den Palästinensern auch in dem seit zehn Jahren andauernden libanesischen Bürgerkrieg benutzt.

de. Je unergründbarer Herkunft, Motiv und Ziel der Terroristen ist, desto besser. Es ist das Wesen des Terrorismus, aus dem Dunkeln scheinbar wahllos zuzuschlagen.

Schon längst sind die Grenzen zwischen konventionellem Krieg und Guerillakampf, zwischen dem Freischärler und Terroristen verwischt. Auch in der Abwehr ist man sich in der Wahl der Methode und der Mittel unklar, das herkömmliche militärische Instrumentarium von Strafaktionen, Bombenabwürfen auf Ausbildungslager, Vergeltungsschlägen gegen Basen und Unterstützerstaaten kann sich zum Gegenteil verkehren. Reguläre Truppenverbände sind angesichts eines kaum faßbaren Feindes hilflos und haben immer wieder bei Polizeiaktionen versagt. Herkömmliche Polizeimethoden bleiben inadäquat. In gleicher Weise zeigen sich die bisherigen Abgrenzungen und Zuständigkeiten von äußerer und innerer Sicherheit, von polizeilichen und militärischen Aufgabengebieten als unzulänglich. Die bürokratische Schwerfälligkeit, die den Entscheidungsweg von Behörden, Regierungen und Politikern prägt, erschwert die Bekämpfung dieses sich ständig wandelnden Phänomens.

Seiner Zeit voraus – Charles Orde Wingate und die »Special Night Squads«

Guerillakrieg und Terrorismus sind keine Erfindung unseres Jahrhunderts. Diese Formen der Kriegsführung mit geringer Intensität gibt es seit Menschen sich zu Gruppen zusammengeschlossen haben, um die Höhlen und Kraals ihrer Nachbarn anzugreifen. Trotzdem haben große Armeen und mächtige Despoten immer wieder Schwierigkeiten bei der Abwehr und Bekämpfung von Partisanen und Untergrundkämpfern gehabt. Erst in unserem Jahrhundert sind Guerillakriegstheorien, Volksaufstände und Terrorismus soweit in das politische Bewußtsein eingedrungen, daß sie Gegenstände akademischer Analysen wurden und methodisch-wissenschaftlich an die Bewältigung dieser Erscheinungen gegangen wird. Der Begriff »counterinsurgency« ist zu einem Schlagwort geworden, das treffend die politischen und militärischen Maßnahmen zur Bekämpfung von revolutionären Guerillagruppen und Terroristen vereint. Nach 1945 ist die Counterinsurgency zu einer Art eigenen Wissenschaft geworden – aber alles fing eigentlich viel früher an: Sucht man heute nach einem Urahn, einem Vorläufer von Einheiten wie der GSG 9 oder Delta Force, so muß man auf das Jahr 1936 zurückgreifen. Charles Orde Wingate, ein britischer Hauptmann, schuf damals die erste wirkliche Anti-Terror-Truppe. Während der Recherche an meiner Doktorarbeit über die Entwicklung des palästinensischen Terrorismus stieß ich auf Unterlagen über Wingates Einheit, nachdem ich bereits bei der Armee mit Wingates Ideen und Methoden begegnet war. Außerhalb Israels ist seine Bedeutung für die Counterinsurgency lange Zeit verkannt worden, im jüdischen Staat aber ist er zu einer Legende geworden, wie ich immer wieder bei meinen Nachforschungen und Interviews mit SNS-Veteranen und Leuten, die ihn kannten, feststellen konnte.

Es ist eine der seltsamen geschichtlichen Wendungen, daß es gerade in Palästina war, wo die moderne Konterguerilla ihren Anfang nahm, um arabischen Terrorismus zu bekämpfen: Auch heute, 50 Jahre später, ist das Palästinaproblem nicht gelöst und längst ist der Nahe Osten der Brennpunkt des internationalen Terrorismus geworden. In den PLO-Lagern im Libanon, Jordanien und Syrien geben sich seit Ende der sechziger Jahre Revoluzzer und Extremisten aller Couleur die Klinke in die Hand: Ob japanische Rengo Sekugon, IRA, nicaraguanische Sandinistas, türkische Kommunisten, deutsche Neonazis oder Baader-Meinhof-Anhänger, sie alle und noch viele andere haben Aufnahme, Unterstützung und Ausbildung bei den Palästinensern gefunden.

DIE ARABISCHE REBELLION, MODELLFALL DER MODERNEN GUERILLA

In den Jahren zwischen den beiden Weltkriegen wurden im Nahen und Mittleren Osten die Ecksteine der heutigen Konflikte gelegt. Nach dem Sieg über das Osmanische Weltreich hatten sich Großbritannien und Frankreich die gesamte Region als Mandatsgebiete vom neugegründeten Völkerbund, dem UNO-Vorgänger, übertragen lassen. In den britischen Weltreichsplänen nahm Palästina eine Ankerfunktion ein: Flankendeckung für den Suezkanal, der imperialen Lebensader zur Kronkolonie Indien, Verbindungsbrücke zwischen Mittelmeer und irakischen Ölfeldern, die für die Rohstoffversorgung des Empire überlebensnotwendig waren. Frankreich herrschte im Libanon und in Syrien. Beide europäischen Großmächte förderten die Unruhe unter der einheimischen Bevölkerung des Nachbarn und wachten eifersüchtig über ihre Einflußzonen. Britische Nahostpolitik war ein chaotisches Durcheinander, das aus den unterschiedlichen Ansichten der damit betroffenen Ministerien in London, der vor Ort eingesetzten Verwaltungen und der Richtungslosigkeit der aufeinanderfolgenden Regierungen des Empire resultierte. Die Interessen und Auffassungen des Kriegsministeriums waren oft recht unterschiedlich zu dem, was in den Gängen des Außen- oder Kolonialministeriums, in den Büros des Premiers oder in den Redaktionen der meinungsbildenden Presse gedacht wurde.

Und als wäre all dies nicht schon konfliktträchtig genug, sorgten die sich ausschließenden Ansprüche der verschiedenen arabischen Potentaten, von arabischen Nationalisten und islamischen Fanatikern unterschiedlichster Herkunft, die alle ihren Traum von einem arabischen Reich verwirklichen wollten, daß es in der Region nicht zur Ruhe kommen konnte. Hinzu kamen kleine, aber aktive kommunistische Parteien, italienische und deutsche Agenten, die alle eine Koalition mit den arabischen Radikalen zur Vertreibung der britischen Kolonialmacht eingehen wollten. Auch ohne Juden hätte es Konfliktstoff genug gegeben, aber die zionistische Einwanderung und der jüdische Traum der Gründung eines eigenen Staates im Land der Ahnen war willkommener Anlaß und Sammelpunkt zur Radikalisierung...

Großbritannien war gerade bei der Bewältigung eines schweren Schlages gegen das Prestige des Empire: Die Iren hatten vier Jahre nach dem blutig niedergeschlagenen Osteraufstand von 1916 endlich ihre politische Unabhängigkeit von London erlangt. Weder der Ein-

Ein von arabischen Guerillas gesprengter Güterzug der Palestine Railroads.

satz regulärer Armeeverbände, noch die schnell aus Weltkriegsveteranen zusammengestellte Hilfspolizei, die gefürchteten »Black & Tans« mit ihren rücksichtslosen Methode hatte den irischen Widerstandswillen brechen können. Drei Viertel der irischen Insel wurden selbständig, und nicht wenige der so arbeitslos gewordenen Polizei- und Verwaltungsbeamten fanden sich im britischen Mandat Palästina wieder. 1936 brach auch hier der Aufstand los, nachdem es bereits in den Jahren zuvor zu gewalttätigen Auseinandersetzungen gekommen war.

Was später als die »Arabische Rebellion« bekannt wurde, begann im April 1936 mit einer Reihe von Streiks, gewalttätigen Demonstrationen und Ausschreitungen gegen Juden und Briten. Am Anfang

Eine der arabischen „Gangs", im Vordergrund der aus Syrien stammende Führer Fawzi el-Din el-Kawuqji.

stand der Protest gegen die zunehmende jüdische Einwanderung, aber dies war nur die obere Lage über dem komplexen Gewirr von arabischen Rivalitäten in und außerhalb Palästinas, frustrierter nationalistischer Ambitionen und islamischem Fundamentalismus. Was als antijüdischer Protest begann, wurde sehr schnell zu einem antibritischen, antiwestlichen Aufruhr, hinter dem die einflußreichen arabischen Grundbesitzerfamilien standen, an ihrer Spitze Amin el Husseini, Mufti von Jerusalem und Drahtzieher der radikalen Elemente in der arabischen Bevölkerung des Mandats. Amin el Husseini wurde zur Zentralfigur des Aufstandes, er finanzierte und organisierte die Freischärlerbanden, von denen einige sogar von Angehörigen seiner Familie oder nahen Freunden angeführt wurden. Als der britische CID genügend Beweise über seine Machenschaften gesammelt hatte, um ihn festzunehmen, flüchtete er nach Damaskus, von wo aus er seine Partisanen weiter anleitete. Mit Beginn des II. Weltkriegs tauchte er als Verbündeter Hitlers in Berlin auf, er organisierte moslemische SS-Verbände und beriet die Abwehr bei ihren Operationen im östlichen Mittelmeerraum.

Palästina in den Jahren 1936 bis 1939 war ein Problemfall des großen Empires, eine kleine Ecke voller Gewalt, in dem sich die Großmacht angesichts einer Handvoll kleiner Banden hilflos erwies: Die »Gangs«, wie sie im amtlichen Sprachgebrauch genannt wurden, überquerten bei Nacht den Jordan oder die Berge an der libanesischen Grenze, fanden Unterschlupf in arabischen Dörfern, wo sie auch neue Anhänger rekrutierten; sie überfielen Polizeiposten und isolierte jüdische Siedlungen, beschossen Autobusse und ermordeten Reisende. In den Städten wurden Bomben gelegt und Attentate gegen Polizisten und Verwaltungsbeamte ausgeführt. Züge entgleisten, auf Feldwegen fanden sich Minen, bei Nacht standen Felder in Flammen, wurden junge Bäume gefällt und Vieh getötet. Aber die arabischen Freischärler begrenzten sich bei ihren Gewalttaten nicht nur auf Juden und Engländer – in den drei Jahren bis zum Ende der Revolte wurden mehr Araber durch die Gangs getötet, als Juden und Briten zusammen. Jeder, der nicht willens war, den Anhängern Husseinis oder einer rivalisierenden Gruppe Unterschlupf zu gewähren, ihnen Geld oder Nahrung zu »spenden«, war ein »Verräter«. Andere wurden Opfer, weil sie den Machtansprüchen Husseinis widerstanden hatten, Beziehungen zu den Feinden unterhielten, oder einfach in Frieden leben wollten.

Die kleine Militärgarnison und die von Personalproblemen geplagte britische Mandatspolizei sahen sich nicht in der Lage, den Mordtaten Einhalt zu gebieten: Oft genug wurden ihre Außenposten und Streifenfahrzeuge selbst zur Zielscheibe von Hinterhalten und Heckenschützen. Das Kriegsministerium konnte wegen der Lage in Europa nur wenige Verstärkungen entsenden und befahl eine defensive Strategie: Die Außenposten wurden geschlossen, die nächtlichen Streifen und Sicherungen reduziert, Polizei und Truppe zogen sich bei Einbruch der Dunkelheit in die als Netz angelegten

Jüdische Siedlungspolizei mit einem selbstgebauten Panzerwagen.

Polizeiforts zurück, die man auf Anraten eines bei indischen Unruhen bewährten Spezialisten baute. An der Grenze wurde ein Sicherheitszaun mit Wachtürmen errichtet. Brennpunkt britischer Sicherheitsinteressen in Palästina aber blieb die Öl-Pipeline, die vom Irak kommend, durch Transjordanien zu den Raffinerien bei Haifa führte. Sie war Ziel ständiger Sabotageakte, denen man auch nicht durch verstärkte Militärstreifen beikommen konnte.

Die jüdischen Siedlungen waren mit nur geringem Schutz ausgestattet. Die Verteidigung gegen Angriffe lag bei den Polizeistationen. Die jüdische Heimverteidigungsorganisation »Haganah« folgte der defensiven Grundhaltung jüdischer Politiker, die Anfang der dreißiger Jahre festgelegt hatten, daß jede offene paramilitärische Aktivität der Juden nur Öl auf die Flammen arabischer Radikalität war und den Briten einen Vorwand liefern würde, jüdische Einwanderung und Besiedlung einzuschränken. Die führenden Persönlichkeiten der jüdischen Bevölkerung hatten wenig Vertrauen zur Verteidigungsfähigkeit ihrer Leute und hielten die Haganah-Leiter am kurzen Zügel. Erst unter dem Eindruck des ständig steigenden Blutzolls von 1936 bekamen die Juden einen aktiveren Anteil an den Sicherheitsaufgaben des Mandatsgebiets: Eine »Jüdische Siedlungspolizei (JSP)« wurde eingerichtet, deren 1200 Konstabler eine auf 13 000 Reservisten anwachsende Hilfstruppe aus Dorfbewohnern anführen und ausbilden sollten. Die JSP diente der Haganah sehr bald als Tarnorganisation, was von den britischen Behörden, die Führungskräfte, Ausbildung, Waffen und Fahrzeuge stellten, stillschweigend geduldet wurde.

Da JSP und Mandatspolizei mit defensiven Wach- und Sicherungsaufgaben gebunden blieb, war es die Angelegenheit der regulären britischen Garnisonsstreitkräfte, offensiv gegen die Aufständischen vorzugehen. Nach 250 Jahren eines weltumspannenden Kolonialreiches, zu dessen Aufbau es dutzende kleiner Kriege, jene »splendid little wars« Rudyard Kiplings, gebraucht hatte, waren britische Militärs in der Niederschlagung von Aufständen und Stammesunruhen nicht gerade unerfahren. Zur »Befriedung« der Eingeborenen war in der Vergangenheit meist nur ein geringer Kräfteeinsatz nötig gewesen: Die Royal Air Force und ihre Bomber erreichten Rebellen auch in ihren entlegenen Bergdörfern. Ethnische Hilfstruppen wie Sepoys, Askaris, Gurkhas, unterstützt von einer Handvoll britischer Truppen und Artillerie, reichten für die notwendige Präsenz am Boden. Zur Not konnte man auch einige der wenigen Infanterieregimenter aus England kurzfristig entsenden, um mit besonders hartnäckigen Völkern fertig zu werden. Die überlegene europäische Waffentechnik und die Disziplin der Rotröcke, später der Einsatz von Hinterladergeschützen, Maschinengewehren und Panzerwagen, hielten immer noch jede noch so große Anzahl »natives« in Schach. Britische Regimentsgeschichte war eine Kette von Schlachten und Befriedungsaktionen gegen »unzivilisierte Horden«, deren blutige Spur von den schottischen Hochländern über den Khyber-Paß bis zum sudanesischen Omdurman reichte.

1936 hatte das Empire längst seinen Zenith überschritten. Die Zeit der alten Kolonialherrlichkeit, von Kiplings »white man's burden«, war längst dem Untergang geweiht: Amerika und das neue Sowjetreich, der Völkerbund und das Erstarken des Nationalsozialismus in Deutschland schufen neue Bedingungen. Längst konnte man in den Kolonien nicht mehr nach eigenem Gutdünken verfahren, eine aufmerksam gewordene Weltöffentlichkeit verfolgte die Ereignisse in den entlegensten Provinzen. Alle Grausamkeiten und Disziplinierungsmaßnahmen gegen rebellische Untertanen fanden unter den wachsamen Augen von Journalisten statt, die auch die alltäglichsten Gemeinheiten einer Weltmacht zu dokumentieren bereit waren. Palästina und andere nahöstliche Regionen waren Völkerbundmandat, und hier war Großbritannien den Kommissionen des UNO-Vorgängers Rechenschaft schuldig und mußte außerdem die politischen Auswirkungen auf andere Kolonien mit islamischer Bevölkerung bedenken. Palästina war nur das erste Glied in einer Reihe von Polizeiaktionen, wie sie das britische Militär in den folgenden Jahrzehnten in Kenia, Malaysia, Aden und anderen Provinzen führen sollte.

Anders als im 18. und 19. Jahrhundert standen den britischen Kolonialtruppen nun auch nicht mehr wilde Haufen mit Speeren und Vorderladern gegenüber. Der I. Weltkrieg hatte dafür gesorgt, daß moderne Waffen auch in Asien und Afrika in Umlauf gekommen waren. Während das britische Heer in der Nachkriegszeit in Ausbildung, Ausrüstung und Taktik von den Erfahrungen der Materialschlachten und Gefechtsformen der Jahre 1914–18 geprägt war, hatten die Kolonialvölker – oft als Hilfstruppen oder im arabischen Beispiel als Aufständische gegen die Türken – das moderne Waffenhandwerk erlernt. Surplusbestände fanden ihren Weg in die Kolonien. Den 8200 Soldaten, die London 1937 in Palästina stationiert hatte, standen arabische Freischärler gegenüber, die in der Regel mit ähnlichen Repetiergewehren, Handgranaten und Maschinengewehren versehen waren, wie die reguläre Truppe. Flugzeuge und Kanonen konnten diese Rebellen nicht mehr in panische Angst versetzen.

Der Militäreinsatz gegen die arabischen Gangs folgte den konventionellen Felddienstvorschriften, die eher dem offenen Krieg zwischen regulären Armeen als einer Guerillakriegführung entsprach: Schwerfällig auf Bataillons- und Kompanieebene operierend, lag das Hauptaugenmerk auf geringem Risiko, bei dem die Einsatzführung immer bemüht war, die technische Überlegenheit der britischen Armee auszuspielen. Die »Stellungen« der Freischärler wurden mit Flugzeugen und Artillerie angegriffen; Verstärkungen und Panzerwagen wurden angefordert, um den Gegner in weitausholenden Kordonoperationen einzukreisen. Die nach europäischem Muster gedrillten Regimenter arbeiteten mit den ihnen vertrauten taktischen Komponenten, die sie von ihren Manövern her kannten – die aber voraussetzten, daß es einen Gegner gab, der angriff, um Gelände zu erobern, um Stellungen zu besetzen und zu behaupten. Gegen die »hit-and-run«-Attacken der palästinensischen Freischärler stießen solche Gegenmaßnahmen ins Leere. Die Initiative blieb gänzlich den Gangs überlassen, die sich darüber hinaus jeden Vorteil des ihnen gut bekannten Geländes zunutze machten: Sie suchten sich eine geeignete Straßenkurve in den Bergen Galiläas oder Judäas aus, überfielen ein Taxi oder einen Bus und gaben einige Schüsse auf Polizei- oder Militärfahrzeuge ab, die vielleicht den Überfallenen zu Hilfe kommen wollten. Dann zogen sie sich in die Berge zurück.

Jeder Versuch der Armee, die Angreifer aufzuspüren, verlief erfolglos, da die Armee an die Straßen gebunden blieb, um ihre ausrüstungsbeladenen Soldaten mit LKWs zu transportieren. Wagten sich die Truppen in die Berge vor, wurden sie zu Zielscheiben von Heckenschützen, die sich bei Annäherung des Kordons in Luft auflösten – alles, was die Truppen vorfanden, waren friedliche Bauern und unschuldige Dörfler. Die Guerillas machten sich die zahllosen Höhlen nutzbar, tauchten in den Dörfern unter oder verschwanden bei Nacht über den Jordan oder die libanesische Grenze.

Wie die Amerikaner in Vietnam, so mußten die Briten bereits in den dreißiger Jahren in Palästina erfahren, daß die Bekämpfung von Aufständischen keine Angelegenheit materieller oder technischer Überlegenheit war: Counterinsurgency ist der Kampf kleiner Verbände, die offensiv Eigeninitiative entwickeln müssen, das Gelände kennen, beherrschen und ausnützen, um den Gegner unabhängig von Logistik und der Feuerunterstützung von Artillerie und Luftwaffe auf seinem eigenen Terrain, nach seinen eigenen Regeln aufzuspüren und zu bekämpfen. Guerilla und Konterguerilla sind der »Krieg des kleinen Mannes«, der immer für beide Seiten verlustreich sein wird und daher letztendlich auch von der Motivierung beider Seiten entschieden wird: Die Bereitschaft, eigene Verluste in Kauf zu nehmen, ist ein grundlegender Faktor des Kleinkriegs, in dem nicht um Stellungen und Eroberungen gekämpft wird und in dem es selten gelingen wird, den Feind zur entscheidenden Schlacht zu zwingen. 1937 gab es wenige Berufsoffiziere, die das Wesen dieserart Krieg verstanden und bereit waren, von konventionellen Methoden abzuweichen. Die Antwort des Londoner Kriegsministeriums auf die Unruhen in Palästina lag in der schrittweisen Entsendung von immer mehr Truppen, Artillerie und Panzerwagen. Die Revolte sollte durch schiere Übermacht erdrückt werden.

CHARLES ORDE WINGATE

Die britische Militärgeschichte ist reich an exzentrischen, außergewöhnlichen Charakteren, die einen nicht geringen Anteil am Aufbau des Empires und ihren eigenen Legenden hatten – Clive in Indien, Gordon von Khartoum, Wellington, Lawrence von Arabien, Kitchener und Montgomery. In diese Reihe fügt sich auch Charles Orde Wingate, der im Februar 1903 als Sohn von George Wingate, Oberst in Ihrer Majestät Indischen Armee, geboren wurde. 1921 wurde er in der Royal Military Academy von Woolwich eingeschult, die er zwei Jahre später als Subalternoffizier der Artillerie verließ. Als er im September 1936 in Palästina eintrifft, ist Wingate ein verheirateter, 33 Jahre alter Hauptmann der Artillerie, dessen Unterlagen kaum außergewöhnliche Einzelheiten aufweisen. Seine Versetzung ins Mandatsgebiet und die Position eines Nachrichtenoffiziers beim Hauptquartier in Jerusalem, sind das Resultat von Wingates Arabisch-Kenntnissen. Auf Anraten eines älteren Cousins und Mentors, Sir Reginald Wingate, hatte er Arabisch gelernt und einige Zeit als Offizier in den Sudanesischen Streitkräften gedient, um die in London erworbenen Sprachkenntnisse zu vertiefen. Bis zum Zeitpunkt seiner Versetzung nach Jerusalem war Wingate nicht mit dem Zionismus, der jüdischen Nationalbewegung, konfrontiert worden und war eher ein Vertreter der damals typischen pro-arabischen Haltung im britischen Kolonialdienst.

Angesichts der realen Gegebenheiten vor Ort wandelte sich Wingates Grundeinstellung sehr bald. Wingate, der aus einer streng christlichen Familie stammte, war vom jüdischen Experiment und seinen Erfolgen fasziniert. Er entwickelte freundschaftliche Beziehungen zu einer Reihe führender Persönlichkeiten der jüdischen Selbstverwaltung und war bald für seinen Enthusiasmus für die zionistische Idee bekannt. Trotz anfänglichen Mißtrauens gegenüber dem britischen Nachrichtenoffizier, gelang es ihm, Kontakte zu einigen Kommandeuren der Haganah aufzubauen. Wingate hatte gerade genügend Zeit, sich mit seiner neuen Umgebung und seinem Aufgabenbereich vertraut zu machen, als im Herbst 1937 die arabische Revolte in ein neues Stadium trat, das mit dem Mord an dem District-Commissioner von Nazareth eingeleitet wurde. Wieder wurden Juden, Briten und Araber das Ziel von Mordanschlägen; Polizeistreifen wurden überfallen und ein Hauptziel arabischer Sabotage wurde nun die Haifa-Irak Öl-Pipeline, die immer wieder gesprengt und in Brand gesetzt wurde.

Wingates bisherige Armeekarriere war durch seine Mißachtung für überkommene Konventionen gekennzeichnet. Bereits im Sudan hatte er gelernt, daß traditionelle und orthodoxe Methoden europäischer Kriegsführung kaum auf die Verhältnisse des arabischen Raumes anwendbar waren. Die Ereignisse in Palästina unterstrichen nur diese Erfahrung. Die Freischärler hatten längst gelernt, daß ihnen von den Flugzeugen der RAF nur wenig Gefahr drohte. Sie besaßen Maschinengewehre und setzten sie auch zur Fliegerabwehr ein. Der arabische Aufstand war hauptsächlich eine nächtliche Angelegenheit, bei dem die Täter sich gegen Morgen in die Dörfer zurückzogen.

Eine reguläre Armee, gewohnt einen regulären Feind zu bekämpfen, stand in diesem Kampf auf verlorenem Posten, bei dem sich der Gegner sofort zurückzog, sobald er stärkeren Widerstand spürte. Die Gangs verfügten über das traditionelle Nachrichtensystem der arabischen Dörfer, jeder Bauer auf dem Feld, jeder Ziegenhirt, jedes Kind diente als Augen und Ohren, und die Freischärler waren meist informiert, wenn die Militärlastwagen die Polizeistationen verließen, um ihre Einkreisungsaktionen zu beginnen. Die arabischen Aufständischen hatten kein Hauptquartier, keine Befehlszentralen und Verbindungslinien, keine Stellungen, die man angreifen konnte und keine Front – aber sie besaßen in der arabischen Bevölkerung unzählige Verbündete, die ihnen manchmal freiwillig, aber zumeist gezwungenermaßen halfen.

Wingate beobachtete Armeeaktionen, las Verhörprotokolle, besuchte jüdische Siedlungen. Er schrieb Memoranden und Berichte, in denen er die Nachteile der herkömmlichen Taktiken aufzeigte. Er hatte seine eigenen Theorien, wie man den Freischärlern beikommen konnte und lag seinen Vorgesetzten unaufhörlich in den Ohren. Es war gängige Auffassung, daß die britischen Mandatstruppen am Tag kontrollierten, aber daß den Arabern »die Nacht gehöre«. Wingate setzte hier an, seine Pläne waren darauf ausgestellt, die Initiative zurückzugewinnen, den Arabern zu lehren, die Nacht zu fürchten.

Im September 1937 hatte Sir Archibald Wavell den Oberbefehl über alle Truppen in Palästina übernommen, und unter diesem energischen, innovationsfreudigen Befehlshaber waren bereits neue Einsatzformen gegen die Banden versucht worden. Wingate sollte seine Chance bekommen. Er wurde vom Hauptquartier zur 16. Infanteriebrigade versetzt und Brigadier John Evetts unterstellt, der für die Sicherheit des Nordens verantwortlich war. Seine offizielle Aufgabe war die eines Nachrichtenoffiziers mit Standort Nazareth, aber Wingate nutzte jede Möglichkeit, seine Erkundigungen weit über diesen Bezirk auszudehnen.

DIE »SPECIAL NIGHT SQUADS«

Dank seiner persönlichen Kontakte zu Führern der jüdischen Bewegung hatte Wingate Zugang zu den Verteidigungsgruppen in den isolierten Siedlungen an der libanesischen Grenze gefunden. Mehr als einmal hatte er Nachtpatrouillen geführt und an Aktionen gegen arabische Infiltranten teilgenommen. In Hanita, einem Vorposten unweit der Mittelmeerküste, war er Zeuge eines arabischen Feuerüberfalls gewesen und hatte gesehen, wie sich die jungen jüdischen Siedlungspolizisten und Haganah-Männer gehalten hatten. Wingate war überzeugt, daß die Juden entgegen herrschender antisemitischer Vorurteile hervorragende, enthusiastische Kämpfer waren, ihnen fehlte nur Ausbildung und Erfahrung.

Wingates Pläne sahen die Schaffung einer besonderen Einheit vor, deren Kern von ausgesuchten JSP- und Haganah-Angehörigen durch eine Anzahl britischer Unteroffiziere und Mannschaften Unterstützung erhielt. Wingate wußte, daß die Juden wesentlich schneller die neue Gefechtsform begreifen würden als die regulären Soldaten, aber daß diese der neuen Truppe das notwendige Rückgrat aus Disziplin, Drill und Erfahrung bieten konnten. Natürlich waren alle Angehörigen dieser Spezialeinheit Freiwillige. Wingate hatte eine Bezeichnung für diese neue Truppe lange bevor er die Genehmigung zu ihrer Aufstellung erhielt: »Special Night Squads« – SNS – die

Eine Streife der SNS im Jordantal südlich des Genezareth-Sees.

Spezial-Nachttrupps, der Name umschrieb passend den besonderen Aufgabensektor dieser Formation.

Nach einigen Schwierigkeiten und unter Umgehung der normalen Befehlshierarchie erhielt Wingate im Mai 1938 endlich die Billigung Wavells für sein Experiment. Die SNS wurden zur Realität; ihr Hauptquartier war in Ein Harod, einer kleinen Siedlung in Galiläa unweit der Stelle, an der Gideon seine Auswahl der 300 getroffen hatte. Wingate versäumte nicht auf diesen biblischen Bezug hinzuweisen, bei seinen Ansprachen und Instruktionsstunden zitierte er die alttestamentarischen Schriften, als ob sie die Heeresdienstvorschrift seien.

Aufbau:

36 Freiwillige der SNS kamen von der 16. Infanteriebrigade, die auch vier Offiziere stellte, die Wingate als Ausbilder und Führer seiner kleinen Verbände einsetzte. Die Haganah stellte 80 ausgesuchte Männer ab, vornehmlich Kandidaten, die sie als spätere Offiziere vorsah. Zusätzliche Freiwillige kamen aus den Rängen der JSP und ihrer Reservisten. Insgesamt wurden neun »patrols« aufgestellt, jedes dieser Streifkommandos aus 20 Mann bestehend, Juden und Briten gemischt. Je zwei Patrols besetzten einen der vier Posten. Mit Ein Harod in der Mitte bildeten diese Außenstellen ein grobes Dreieck, das vom Genezereth-See bis zur Jesreel-Ebene reichte und den Verlauf der Pipeline umspann, die es zu überwachen galt. Die Unterbringung unterschied sich sehr von dem, was die britischen Freiwilligen aus ihren Armeelagern und Garnisonsbaracken gewöhnt waren: Die Außenposten waren an jüdische Siedlungen angeschlossen und folgten dem Modell dieser Kollektive, der »Kibbuzim«. Verpflegung und Nachschub kam aus dem Haifa-Armee-Hauptquartier und der Haganah und unterschied sich erheblich von der regulären Truppenversorgung – was nicht selten zu Streit zwischen Juden und Briten führte. Unter einer anderen Führung wären die SNS wahrscheinlich schon zu Beginn an den Unterschiedlichkeiten zwischen regulären Soldaten und Freiwilligen auseinandergebrochen, aber Wingates Führungsstil war immer in der Lage, Unstimmigkeiten zu überdecken und beide Seiten zusammenzubringen.

Uniformierung und Ausrüstung hätte jedem typischen britischen Sergeant-Major die kurzgeschorenen Haare zu Berge stehen lassen: Eine wirkliche Einheitlichkeit war zu keiner Zeit gegeben. Jeder trug, was er gerade zur Hand hatte. Als Standard für die SNS waren dunkelblaue Polizeihemden und Hosen vorgesehen, aber die JSP-Freiwilligen behielten meist ihre Khaki-Uniform und ihre typischen tscherkessischen Fellmützen. Die britischen Freiwilligen blieben bei ihren Mützen mit den jeweiligen Regimentsabzeichen oder benützten die unpraktischen Schiffchen. Wingate wollte als Auszeichnung den australischen breitkrempigen Hut einführen, aber da dieses Modell aus London geordert werden mußte, waren nie genug für alle vorhanden. Später wurde dieser Huttyp das Kennzeichen der JSP und Wingate beorderte ihn Jahre später für seine Chindit-Brigade in Burma. Wesentlich wichtiger als diese Äußerlichkeiten aber waren grundsätzliche Elemente der Ausrüstung, die den SNS-Männern bei ihren Aktionen helfen sollten: Wingate schloß für seine Spezialeinheit die Verwendung des Standard-Armeestiefels mit seiner Nagelsohle aus. Stattdessen wurden Halbschuhe oder Turnschuhe mit Gummisohlen getragen, mit denen es möglich war, nachts schnell und ohne viel Lärm in den Hügeln zu laufen. Das britische Heeresgurtzeug Pattern 1908 war gemessen an den vergleichbaren europäischen Modellen nicht schlecht: Statt Leder waren Gurt und Patronentaschen aus imprägniertem dicken Canvas für 150 Patronen vorgesehen, aber für den SNS-Dienst war auch dieses Gurtzeug mit seinem fast 8 cm breiten Bauchriemen noch zu beengend und die breiten Messingschnallen waren eine nicht zu überhörende Lärmquelle. Stattdessen nahm man die im I. Weltkrieg aufgekommenen Stoffbandoliers für Munitionspäckchen und schlang sich diese um Schultern und Hüften. Andere SNS-Freiwillige, besonders die aus der Haganah, brachten die arabischen Patronengurte mit, wie sie bei den Beduinen beliebt waren. SNS-Angehörige bewegten sich mit einem Minimum an Ausrüstung auf ihren Streifzügen: Handgranaten, eine Feldflasche, Verbandzeug und einige Sandwiches wurden in einer Segeltuch-Umhängetasche, dem »halversack«, getragen. Mehr als 100 Patronen führte keiner mit sich, weil ihn das Gewicht zu sehr belastet hätte.

SNS-Gruppe bei der Übung in Ein Harod, die jüdischen Siedlungspolizisten tragen noch die polizeitypischen Fellmützen, die Briten ihre Militärkleidung.

Eine SNS-Abteilung, man beachte die Turn- und Halbschuhe anstelle von Militärstiefeln.

Als Hauptwaffe diente das britische Standardgewehr S.M.L.E. Mark III Kaliber .303 mit seinem langen Bajonett. Zur Feuerunterstützung hatte jeder Zug das Lewis LMG gleichen Kalibers, ein für damalige Zeit leichtes, luftgekühltes Maschinengewehr mit Tellermagazin. Die Mills Eierhandgranaten und Gewehrgranaten vervollkommneten diese Bewaffnung. Die SNS waren leicht bewaffnet, leicht ausgerüstet und ihre Wirkung beruhte nicht auf Feuerkraft oder materieller Überlegenheit. Überraschung war der Schlüssel für den Erfolg der Special Night Squads, und als Wingate wirklich einmal die RAF um Unterstützung bat, richtete der Flugzeugeinsatz mehr Schaden als Nutzen an.

Ausbildung:

Wingate hatte nur wenig Zeit, seine kleine Truppe zu einer effektiven Einheit zusammenzuschmelzen. Es gab genügend Widerstände gegen diesen Verband und besonders dem Anteil, den die Juden an seiner Mannschaft hatten. Wenn die SNS gegen die Einwände konservativer Offiziere weiterbestehen sollten, mußten sie sehr bald Erfolge produzieren. Für die normale Drillausbildung mit Griffekloppen, Paradeschritt und Formaldisziplin war keine Zeit – ohnehin war diese herkömmliche Trainingsform für den speziellen Einsatz der SNS wenig dienlich. Wingate hatte eine klare Vorstellung von den künftigen Einsätzen und wußte, daß sie Nachtpatrouillen mit Verfolgungskämpfen durch unwegsames Gelände, stunden- und nächtelang, beinhalteten. Offiziere und Mannschaften mußten deshalb ein beschleunigtes Gefechtstraining durchlaufen, dessen Härte einerseits die Männer auf ihre Einsätze vorbereiten würde und andererseits diejenigen aussieben konnte, die den Ansprüchen körperlich und psychisch nicht gewachsen waren. Wer sich nicht anpassen konnte oder wollte, dem wurde kurzerhand befohlen einzupacken und die Einheit zu verlassen. Nur wenige mußten gehen. Rücksichtslose Methoden traten anstelle herkömmlicher militärischer Strafen. Wingate führte seine SNS-Züge auf nächtlichen Gewaltmärschen querfeldein über Hügel und durch Sumpfebenen, abseits von Wegen und Pfaden. Kartenkunde, Orientierung und geräuschlose Bewegung bei Nacht standen im Vordergrund. Jeder Laut, jedes unnötige Wort wurde durch Schläge oder Kolbenhiebe auf der Stelle bestraft, Disziplinlosigkeiten im Lager hatten Strafexerzieren zur Folge, bei dem der Schuldige in voller Ausrüstung, mit sandgefülltem Rucksack und Gewehr, in der Mittagssonne um den Appellplatz zu laufen hatte. Fehler in der Karteninterpretation oder ein Verstoß gegen seine Prinzipien der militärischen Führung ließen Wingate zum wutrasenden Derwisch werden: Als ein jüdischer Sergeant beim Erreichen einer Quelle vor seinen Leuten zu trinken beginnt, schlägt ihm Wingate die Faust ins Gesicht, Schimpfkanonaden und ähnliche Zwischenfälle schienen an der Tagesordnung. Außerhalb des Felddienstes aber war er ein verständiger, freundlicher Kommandeur, der keinen Wert auf Rangabzeichen und korrekte Anrede gab und von seinen Soldaten meist mit Orde angeredet wurde. Die Gefechtsausbildung konzentrierte sich auf Waffen- und Schießtraining sowie das Vorgehen kleiner Patrouillen unter Ausnützung von Gelände, der eigenen Feuerleistung und der Unterstützung der Lewis-MGs.

Die klassische Marschformation der SNS bestand aus der Hauptgruppe der Streife, die hintereinander im »Gänsemarsch« liefen, um den schmalen Ziegenpfaden folgen zu können. Im Abstand von 20 Metern zum Hauptkörper tasteten sich rechts und links vorn je ein Außenposten und ein Pfadfinder durch das Gelände. Diese Vorhut hielt Handgranaten bereit, die sie beim Auftreffen auf arabische Marodeure sofort warfen, um den Feind in Deckung zu zwingen und der Patrouille Gelegenheit zu geben, sich zur Schützenlinie zu entfalten. Wingate betonte die Notwendigkeit, Feuer und Bewegung zu einem Element zu vereinigen und bei Feindkontakt den Arabern sofort mit Handgranaten, Schnellfeuer und aufgepflanztem Bajonett auf den Leib zu rücken. Er war ein enthusiastischer Anhänger des Bajonetts – nicht weil er so sehr an dessen Wirksamkeit im Nahkampf glaubte, sondern weil er von dem psychologischen Eindruck des nackten Stahls auf die arabischen Freischärler überzeugt war. Wingate experimentierte ständig mit dieser Art psychologischer Kriegsführung: Er ließ falsche Informationen und Gerüchte in den arabischen Dörfern verbreiten, benützte Taschenlampen und Lärm, um den nächtlichen Anschein einer größeren Streitmacht zu erwecken, und er machte sich Aberglauben und Ängste der Araber zunutze. Im Schnitt dauerte es zwei bis drei Wochen, bis ein Rekrut für den SNS-Einsatz entsprechend vorbereitet war. Der reguläre Dienstplan sah dann einen Drei-Wochen-Turnus vor, der aber oft nicht eingehalten werden konnte: Zwei Wochen lang nahm der SNS-Mann am Dienst teil, der im Schnitt acht bis zehn Nachtstreifen beinhaltete, tagsüber wurde die Ausbildung vervollständigt oder kleine Patrouillen ausgeschickt, um Dörfer und Beduinencamps zu kontrollieren. Eine Woche Urlaub folgte diesem Dienst.

EINSÄTZE UND ERFOLGE

Am 3. Juni – noch in der Aufbauphase – hatten die SNS zum ersten Mal Feindberührung: Während eines Geländemarsches stieß eine von Wingate selbst geführte achtköpfige Streife zufällig auf arabische Saboteure, die sich an der Pipeline zu schaffen machten. Beide Seiten schossen in der Dunkelheit aufeinander und die Araber flüchteten, Blutspuren deuteten auf zwei Verwundete, während die »squadsmen«, wie die SNS-Angehörigen sich nannten, am anderen Morgen unversehrt in das Tor von Ein Harod einmarschierten, wo man natürlich die Schüsse gehört hatte und in heller Aufregung war. Eine Woche später stieß ein Zug aus zehn Siedlungspolizisten und zehn britischen Freiwilligen, Männern der Royal Ulster Rifles, erneut auf Freischärler, die gerade die Pipeline gesprengt hatten. Die Patrouille verfolgte die Saboteure, trieb sie in ein arabisches Dorf, umzingelte die Häusergruppe und kämmte Haus für Haus durch. Zwei Freischärler wurden getötet, drei verwundet und sechs gefangen.

Überraschung und Verheimlichung, predigte Wingate seinen Männern, zähle mehr als zahlenmäßige Überlegenheit oder Material: »Irgendwer beobachtet uns immer!« Also mußten die SNS Tricks und Schliche anwenden, um das Nachrichtennetz des Feindes zu verwirren. Eine Nebelwand aus Falschinformation wurde vor jeder Aktionn der SNS in den umliegenden Dörfern von Ein Harod verbreitet. Leere LKWs verließen die Basis bei Sonnenuntergang in Richtung Norden, während die Squadsmen im Schutze der Dunkelheit zu Fuß in die entgegengesetzte Richtung abmarschierten. War ein arabisches Dorf oder ein Lager in den Verdacht geraten, Freischärlern Unterschlupf zu gewähren, näherten sich SNS-Männer von einer Seite offen und mit Lärm, während ihre Kameraden bereits im Hinterhalt an jedem möglichen Fluchtweg lagen, der aus dem Dorf herausführte. Lastwagen würden mit aufgeblendeten Lichtern aus dem Standort in Richtung Haifa fahren, entlang der Strecke ließen sich die SNS-Angehörigen einer nach dem anderen unter der Plane herausgleiten, sprangen in den Straßengraben und versamelten sich an einem vorher festgelegten Treffpunkt, von wo der Verband zu seinem Aktionsraum marschierte. Veteranen erinnern sich, wie er bereitwillig Scheinwerfer und Rücklichter an seinen LKWs umsetzen ließ, nur um die Araber bei einem Einsatz zu täuschen. Anders als die Armee oder die JSP, war Wingate nicht mit bloßer Patrouillentätigkeit oder dem Auslegen von Hinterhalten entlang der Pipeline zufrieden. Er verstand die Aufgabe der SNS als die einer offensiven Einheit, die von nachrichtendienstlichen Erkenntnissen geleitet, die Freischärler in ihren Basen und Verstecken aufspüren sollte. Die Night Squads operierten ständig gegen Dörfer und führten überraschende Durchsuchungsaktionen durch. Andere Gruppen lagen entlang der möglichen Fluchtwege und Infiltrationsrouten am Jordan und an der libanesischen Grenze auf der Lauer.

Wingate war jederzeit bereit, Köder auszulegen, um die Freischärler zum Losschlagen zu verleiten. So hatte er einmal Nachrichten über ein Beduinenlager erhalten, das unweit des galiläischen Dorfes von Lid-el-Awadin als Basis für Infiltranten und Gangs dienen sollte. Die gesamten verfügbaren SNS-Trupps wurden in diesen Einsatzplan einbezogen. Zusätzlich wurde Unterstützung von einer JSP-Station in der Siedlung Nahalal angefordert, die von einem jungen Siedler befehligt wurde, den Wingate bereits bei früheren Aktionen an der libanesischen Grenze kennengelernt hatte: Sgt. Moshe Dayan. Ein Gerücht wurde in Umlauf gesetzt, daß die Ein Harod-Trupps in den nächsten Nächten entlang der Pipeline Streifen durchführen würden. Bei Nacht verließen die Kraftwagen den Polizeiposten auch in westlicher Richtung, nur um die Männer entlang der Route abspringen zu lassen. In einem Gewaltmarsch ging es dann über die Berge nach Lid-el Awadin, während zur gleichen Zeit auf ähnliche Weise zwei Patrouillen der SNS-Außenstation Afula ihrerseits in Marsch gesetzt wurden. Im Morgengrauen waren Dorf und Beduinenlager von einem weiten Halbkreis der SNS eingekreist, ohne daß es auch nur ein Araber bemerkt hätte. Die Falle war gestellt, nun kam der Köder in Form eines kleinen Lastkraftwagens, der an einer nahegelegenen Bahnlinie anhielt. Sechs Arbeiter sprangen ab und begannen ihr Tagewerk in voller Sicht des Beduinenlagers. Es waren Dayan und verkleidete Siedlungspolizisten aus Nahalal. Ihre Kameraden lagen unter einer Plane versteckt mit zwei Lewis-MGs auf dem Fahrzeug. Die Freischärler konnten solch leichte Beute natürlich nicht unberücksichtigt lassen, eine Gruppe Bewaffneter rannte schreiend und schießend aus dem Zeltlager. Als sie sich den Arbeitern näherten, klappte die Ladeklappe des LKW herunter, und die Lewis hämmerten los. Auch die Eisenbahnarbeiter hatten jetzt ihre Verkleidungen abgeworfen und das Feuer eröffnet. Die Araber machten kehrt. Die im Lager verbliebenen Infiltranten und jene, die im Dorf geschlafen hatten, suchten nun ihr Heil in der Flucht und wandten sich den Bergen zu, wo Wingates Trupps bis jetzt als untätige Zuschauer gewartet hatten. Eine Bande von mehr als vierzig Infiltranten war in alle Winde zerstreut, die Mehrzahl getötet oder festgenommen worden.

Andererseits waren die Squads nicht immer in der Überzahl wie bei Lid-el-Awadin: Wingate kannte die Schwächen der arabischen Kämpfer und hatte Briten und Juden eingeschärft, sich nicht durch arabische Feuerüberfälle in Verwirrung bringen zu lassen. Die Araber schossen viel, aber wenig gezielt und würden immer zurückwei-

SNS-Abteilung beim Training, Überraschung und schnelles Vorgehen waren der Schlüssel zum Erfolg der zahlenmäßig kleinen Squads bei ihren Gefechten gegen die arabischen Banden. Entschlossenes, koordiniertes Vorgehen mußte Quantität vortäuschen.

chen, wenn sie auf entschlossenen Widerstand stoßen würden. In einem derartigen Zwischenfall war Wingates Stellvertreter, Leutnant Bredin, mit vier Briten und fünf Juden auf eine Versammlung von rund 100 Freischärler gestoßen, die sich ein abgelegenes Tal nordöstlich von Ein Harod als Treffpunkt ausgewählt hatten. Die Rebellen eröffneten sofort das Feuer und verwundeten zwei Männer der Streife. Anstatt sich zurückzuziehen, teilte Bredin seinen kleinen Verband in zwei Trupps und ließ sie zangenartig angreifen. Ob so viel Dreistigkeit glaubten sich die Araber bereits von weiteren SNS-Truppen umgeben und wandten sich zur Flucht. Andere Einsätze folgten und die Sabotagetätigkeit sank spürbar, die SNS waren zu einem unberechenbaren Faktor im Kalkül der arabischen Gangs geworden. Sie wußten nie, wo die kleinen Streifen gerade operierten und machten einen weiten Bogen um die von den Squads kontrollierte Jesreel-Ebene. Nicht alle Zusammenstöße liefen für die SNS glimpflich ab, bei einer groß angelegten Aktion am Tabor-Berg wurde sogar Wingate verwundet und für mehr als drei Wochen außer Gefecht gesetzt. Aber Wingates Taktiken hatten sich im Einsatz bewährt, im Juli 1938 wurde er von Brigadier Evett zum D.S.O., dem militärischen Verdienstorden, eingereicht.

Kaum aus dem Hospital entlassen, richtete Wingate seine Aufmerksamkeit auf eine Verstärkung der Squads. Die Einheit sollte eine berittene Abteilung erhalten, um flüchtenden Rebellen in unwegsamem Terrain besser folgen zu können. Die Siedlungspolizei experimentierte zu dieser Zeit bereits mit Reiter-Patrouillen, und 30 Pferde, Zaumzeug und Sättel wurden durch die Haganah nach Ein Harod gebracht. Schließlich mußte das Projekt aufgegeben werden – die SNS hatten zu wenig ausgebildete Reiter in ihren Reihen und das Training von Pferden und Menschen nahm zu viel Zeit in Anspruch. Die Pferde waren nicht an Gefechtslärm gewöhnt und weigerten sich, im Stil der amerikanischen Kavallerie am Boden zu liegen, damit der Reiter dahinter Deckung und Gewehrauflage finden konnte. Der erfolgreiche Einsatz von Busch-Kavallerie sollte einer späteren Epoche und einem anderen Krisenschauplatz vorbehalten sein: Rhodesien.

BASISARBEIT FÜR DEN AUFBAU DER JÜDISCHEN ARMEE

Haganah und JSP waren in den dreißiger Jahren rein defensive Organisationen, die aus politischen Rücksichten kaum zum Gegenstoß ansetzen konnten. Zwar gab es einige in der jüdischen Führung, die weiter gehen wollten, aber sie galten als Außenseiter und Radikale. Einer von ihnen, Jitzak Sadeh, benützte den Aufbau mobiler JSP-Streifen, um die besten der Haganah aus dem Siedlungswachdienst herauszuziehen und in sogenannte Feldkompanien zu gliedern. Einer der jungen JSP-Unteroffiziere, die zu Sadehs Anhängern gehörten, war Moshe Dayan, der spätere israelische Verteidigungsminister. Mit der Einrichtung der SNS delegierte Sadeh die Unterführer seiner Feldkompanien dorthin, um ihnen das nötige militärische Rüstzeug zu geben. Die Haganah und JSP-Absolventen erkannten sehr schnell die Ähnlichkeiten in den Auffassungen Sadehs und Wingates – nur war der Berufsoffizier Wingate in der Lage, seine Ausbildung methodischer und tiefgreifender zu gestalten. Und noch eins kam hinzu: Wingate sah in den SNS die Kernzelle einer künftigen jüdischen Armee – etwas, von dem zu diesem Zeitpunkt noch nicht einmal die Haganah-Führer zu träumen wagten.

Viele der späteren Kommandeure der Haganah und der israelischen Armee durchliefen in ihren Jugendjahren die harte Schule von Wingates Special Night Squads, bzw. den von ihm im September 1938 in Ein Harod abgehaltenen Unterführerlehrgang für die Jüdische Siedlungspolizei. Niemand, der damals dabeigewesen war, konnte die Eröffnungsworte zu diesem Kursus vergessen. Wingate sagte: »Wir sind hier, um die jüdische Armee zu gründen« und diese Worte zeigten, wie sehr er selbst zum Zionisten geworden war. Die Schulung hatte wenig mit Polizeiarbeit und sehr viel mehr mit militärischer Theorie zu tun: Die Lektionen handelten vom Einsatz verschiedener Waffengattungen, von den Prinzipien der Soldatenführung, von der Rolle der unterstützenden Truppen, von Taktik, Gefechtsplanung und Leitung. Immer wieder unterstrich Wingate die Möglichkeiten, die eine gut ausgebildete, disziplinierte jüdische Truppe über eine arabische Freischärlergang hatte, wie man den

Jüdische Siedlungspolizisten bei der Festnahme eines arabischen Freischärlers.

Infiltranten entlang ihren Schleichwegen auflauern konnte, wie man mit MG-Feuer und Handgranaten einen Gegner in vorher festgelegte Engpässe zwingen konnte. Immer wieder bezog sich Wingate auf die von den SNS bereits erprobten Konzepte und den Grundgedanken, der der Schaffung dieser Spezialeinheit zugrunde lag: »Die Araber denken, ihnen gehört die Nacht, daß nur sie uns im Dunkeln bekämpfen können. Die Briten schließen sich nachts in ihren Kasernen ein. Aber wir, die Juden, wir werden den Arabern lehren, die Nacht mehr als den Tag zu fürchten.«

Wingates Lehrgang war praxisbezogen, und begnügte sich nicht mit Theorie: Keine Aufzeichnungen durften von den Teilnehmern gemacht werden, der Tag begann um 6.30 und dauerte bis tief in die Nachtstunden. Nach drei Tagen Schulung im Klassenzimmer, am Sandtisch und im Lager, nach Übungen an den Waffen und auf dem Appellplatz folgten vier Tage Patrouillendienst mit einer SNS-Streife, bei dem die Kursusteilnehmer ihr Wissen, ihre Kenntnisse im Kartenlesen und in der Geländekunde praktisch umsetzen mußten. Formelle Inspektionen oder Waffenappelle unterblieben. Jeder Mann war selbständig für seine Ausrüstung verantwortlich und hatte sie für den Einsatz bereitzuhalten. Und an Einsätzen fehlte es nicht: Der Herbst 1938 war angefüllt mit einem erneuten Aufleben der Rebellion, mit Überfällen und Massakern an der Zivilbevölkerung. In diesen Tagen hatten die SNS ihre wichtigsten Einsätze und konnten auch dort Erfolge aufweisen, wo reguläre britische Truppen versagt hatten.

Aber Wingates prozionistische Einstellung war nicht unbeobachtet geblieben und führte schließlich zu seiner Ablösung. Mit dem Abflauen der arabischen Sabotage gegen Ende des Jahres 1938 fiel in Jerusalem die Entscheidung, Wingate zurück nach England zu versetzen und die SNS aufzulösen: Britische Soldaten ersetzten die jüdischen Freiwilligen, die zu ihren JSP-Posten zurückgeschickt wurden. Mit dem März 1939 hatten die SNS aufgehört zu existieren. Wingate, der nie seine Hoffnungen auf eine jüdische Armee aufgegeben hatte, führte in den kommenden Jahren eine große irreguläre Truppe bei der Rückeroberung Äthiopiens für Haile Selassie. Im Zweiten Weltkrieg realisierte er sein Konzept einer luftunterstützten Kommando-Truppe hinter feindlichen Linien mit der »Chindit«-Brigade an der Burma-Front, mit der er seinen Namen in die Annalen der Luftlande-Operationen verewigte. Im April 1944, auf der Höhe seines Ruhms, als er endlich alle seine Kommando-Ideen praktizieren konnte, starb Charles Orde Wingate bei einem Flugzeugabsturz hinter den japanischen Linien.

Wingate war in den Worten Dayans »ein militärisches Genie, ein Erfinder und Nonkonformist«, der »eine Landkarte wie andere ein Kinderbuch lesen« konnte. Viele von Wingates Konzepten wurden später in die Stoßtruppe der Haganah, die »Palmach«, und von dort in die israelische Armee und ihre Eliteverbände getragen. Seine Betonung der körperlichen Kondition und seine Führungsprinzipien wurden die Richtlinien für die Juden Palästinas, als sie daran gingen, aus ihrer Untergrundmiliz richtige Kampfeinheiten zu formen. Männer wie Dayan, Yigael Allon und Yakov Dori wurden sehr stark von dem britischen Artilleriehauptmann beeinflußt. Die nächtlichen Kommando-Unternehmungen der SNS und ihre Art der offensiven Patrouillenführung wurde später zum Kernstück des israelischen Counterinsurgency-Konzepts, genauso wie spätere britische Konterguerilla-Verbände ihre Anleihen bei Wingate nahmen. 1938 war Wingate um Dekaden seiner Zeit voraus, und seine unkonventionellen Methoden fanden wenig Zustimmung in den Reihen britischer Berufsoffiziere, die mit ihm in Palästina dienten. »Noch viele Jahre später hörte ich von den Patrouillen, die Wingate angeführt hatte«, urteilte Hugh Foot, der als District Commissioner in Palästina wirkte, »Er bildete seine eigene Bande zumeist aus jüdischen Freiwilligen und zog aus, um die arabischen Banden in ihrem eigenen Spiel zu schlagen. Seine Methoden waren extrem und grausam. Er hatte viele Erfolge, aber er verwirkte unseren guten Ruf des fairen Kampfes (sic!).«

Yitzak Sadeh, der später der erste Kommandeur israelischer Panzertruppen wurde, zog Wingates Bedeutung in den Worten zusammen: »Irgendwann hätten wir selbst das getan, was Wingate tat, aber wir hätten es in kleinerem Maße und ohne sein Talent unternommen. Wir folgten parallelen Pfaden, bis er eintraf und unser Führer wurde.« Heute sind Wingates Aktionen in Israel bereits Legende. Seine Operationen in Burma werden immer noch von Spezialisten und Militärhistorikern unterschiedlich beurteilt, aber seine Bedeutung für die Entwicklung der modernen Commandos und der Counterinsurgency-Konzepte kann nicht überbewertet werden. Die Erinnerung an ihn wird in Israel sehr treffend in der Namensgebung des nationalen Sportinstituts wachgehalten, in welchem die Soldaten und Unteroffiziere der modernen Spezial- und Elitetruppen eine besondere Sport- und Nahkampfausbildung durchlaufen.

II. Konzeptionen und Strukturen moderner Eliteeinheiten

Marineinfanterie

Die Entwicklung der modernen Landungsstreitkräfte geht zurück auf die Seesoldaten des 17. und 18. Jahrhunderts, die an Bord der Segelkriegsschiffe die Matrosen bei der Abwehr von Enterversuchen, beim Entern und beim Besetzen gekaperter Schiffe unterstützten. Sie gehörten nicht der Marine direkt an, waren keine Seeleute und wurden nur bedingt im seemännischen Handwerk ausgebildet. Die Marineinfanteristen – »Marines« im Englischen, »Mariniers« auf holländisch – waren in erster Linie Kampftruppen, und sie wurden als solche ausgebildet, ausgerüstet und eingesetzt. Sie trugen unterschiedliche Uniformen und hatten ihre eigene Kommandohierarchie – mit dem Schiff waren sie nur als »Gäste« verbunden, sie wurden kompanie- und bataillonsweise zum Dienst abkommandiert, belegten andere Quartiere als die Matrosen und wechselten oft das Schiff nach einer Seereise.

Viele dieser Eigenschaften sind bis heute geblieben, nur hat sich der Aufgabenbereich der Marines grundsätzlich verändert: Enter- und Kaperaktionen sind in der modernen Seekriegsführung kaum mehr ein aktuelles Thema, dafür sind amphibische Landungen in den Vordergrund gerückt und haben spätestens seit dem II. Weltkrieg strategische Bedeutung gewonnen. Eine Invasion von See her ist ein überaus komplexes Unternehmen, bei dem es nicht einfach mit einem »An-Land-Setzen« von Soldaten getan ist: Küstenstreifen lassen sich durch Bunkerstellungen, Sperren und Minen sehr gut verteidigen. Weder auf See noch am Strand findet ein Angreifer ausreichende Deckung, geographische Bedingungen, Gezeiten, Wetterlagen bestimmen die Rahmenbedingungen des Angriffs. Ein Angriff gegen einen verteidigten Strand ist material- und verlustintensiv und hat immer etwas den Beigeschmack eines Himmelfahrtkommandos. Nicht immer gelingt die Landung der ersten Welle, nicht immer können sich die gelandeten Kräfte auf dem Landekopf (engl. beachhead) halten und ihn ausbauen. Der Gegner wird versuchen, die Landungskräfte durch Einsatz aller Mittel am Strand aufzuhalten, sie zum Ziel der Gegenstöße durch herangeführte Reserven zu machen, sobald er den Schwerpunkt der Invasion erkannt hat. Der Strand wird zu einer sehr direkten, eingleisigen Killzone, bei dem keine geschickten taktischen Züge, keine Umflankung oder Tricks helfen. Die Kampfform ist sehr direkt, rücksichtslos und geradlinig. Für die gelandeten Truppen kommt es darauf an, den Strand so schnell wie möglich zu verlassen, in das Hinterland vorzustoßen und die Verteidigungslinien des Gegners zu überwinden, bevor er genügend Reserven heranführen kann, um aus dem Landekopf einen Kessel zu machen. Dem Faktor Zeit werden andere Bedenken untergeordnet. Daraus hat sich auch eine Mentalität bei dieser Soldatenart entwickelt, bei der Todesverachtung, die Not-

Die USS Saipan wird auf hoher See aufgetankt. Diese Klasse der LHA (Landing Helicopter Assault) Schiffe sind das Rückgrat einer MAGTF: Sie transportieren neben den Hubschrauberstaffeln Landungsboote und ein Bataillon Marineinfanterie.

Im Bauch der Saipan gehen Marines an Bord der Landungsboote, die sie an einem nordnorwegischen Strand landen werden.

wendigkeit mit dem Rücken zum Meer in die offenen Mündungen zu stürmen und bereitwillig Verluste einzukalkulieren zum Bestandteil des eigenen Mythos, der Selbstsicht geworden ist.

Diese Grundstimmung ist am deutlichsten bei den amerikanischen »Ledernacken« zu finden, dem klassischen Beispiel für eine Landungstruppe. Die USA sind die einzige Großmacht, die nach 1945 ihre amphibische Kapazität weiter ausgebaut und vervollkommnet hat – getreu der eigenen Auffassung als Interventionsmacht und Weltpolizist. Das USMC wurde zum Instrument der Außenpolitik, von den Karibischen Inseln bis zu den Berghängen des Libanon.

USMC – UNITED STATES MARINE CORPS: »DIE LEDERNACKEN«

Es ist fehlleitend, vom USMC als von einer Elite- und Spezialeinheit zu sprechen, so als handele es sich bei dieser Truppe um ein kleines Häufchen ausgewählter Freiwilliger für Kommando-Operationen. Die Marines sind keine Einheit, kein Verband, sie sind eine Teilstreitkraft der USA und stehen auf gleicher Ebene wie das Heer, die Luftwaffe und die Marine: Der Personalbestand des Corps beläuft sich seit Anfang der achtziger Jahre auf rund 195 000 Mann mit etwa 35 000 Reservisten. Zum Corps gehören drei Luftgeschwader mit über 450 Kampfflugzeugen, 20 Hubschrauberstaffeln, 2 Fla-Raketenbataillone, Trainings- und Umschulungsstaffeln. Den Kern der Landungsstreitkraft bilden drei Divisionen mit je neun Infanteriebataillonen, Aufklärungs-, Panzer-, Pionier- und Artillerieeinheiten. Für den Landkampf stehen neben den rund 1300 amphibischen Mannschaftstransportpanzern (LVTP) mehr als 575 Kampfpanzer M 60A1, Panzerkanonen und Haubitzen, Lenkwaffenraketensysteme TOW und Dragon und Panzerjagdhubschrauber zur Verfügung. Das USMC ist eine Waffengattung für sich, maßgeschneidert für die selbständige triphibische Operation, bei der eine Interventions- oder Invasionsstreitmacht zu Wasser, zu Lande und in der Luft mit Unterstützung der Navy aktiv werden kann. Das USMC ist Bestandteil des Konzepts einer schnellen Eingreifreserve (RDF) der Vereinigten Staaten und hat von seiner Aufgabe her eine Gestaltung erfahren, die es erlaubt, innerhalb kürzester Zeit irgendwo auf der Welt eine angemessene Streitmacht einzusetzen – um z. B. amerikanische Einrichtungen oder Interessen zu schützen, alliierte Streitkräfte zu verstärken oder von See her zum Gegenstoß in die Flanke eines Aggressors zu landen. Für diesen Zweck unterhält das USMC selbständige Kampfverbände mit integrierten Luft- und Bodentruppen und Unterstützungsformationen, die »Marine Air-Ground Task Forces« (MAGTF, »mägtäf« ausgesprochen).

Navy RH–53 D Hubschrauber wie dieser gehörten zu dem Kommando, das die Geiseln im Iran befreien sollte. Diese Helikopter mit ihrer großen Transportkapazität geben den Marines neue Landungsmöglichkeiten aus der Luft – jenseits der klassischen Sturmangriffe über den Strand.

Eine MAGTF ist nach den Grundsätzen von Flexibilität und operationeller Unabhängigkeit aufgebaut, die Größe der zum Einsatz kommenden Formation richtet sich nach Aufgabe und Stärke des Gegners. Drei Arten von MAGTFs werden unterschieden:

– MAU – Marine Amph. Unit. Die kleinste Einheit mit einem bataillonsstarken Landungsteam aus Infanterie, Panzern und Artillerieverbänden, nebst einer Pioniereinheit, einem Aufklärertrupp und Nachschub- und Versorgungseinheit.

– MAB – Marine Amph. Brigade. Ein mittelstarker Verband mit einem Regiment Marineinfanterie und stärkeren Kampf- und Kampfunterstützungselementen.

– MAF – Marine Amph. Force. Die größte Einsatzform, deren Kernstück eine Division mit angeschlossenen Marineflieger-Geschwadern ist.

Zur Zeit existieren weltweit drei MAFs, zwei stehen unter dem Kommando des Einsatzraums Pazifik, eine zur Verfügung für den Atlantischen Raum. Alle MAGTFs sind Teil eines »Navy-Marine Corps Team«, d. h. sie sind einsatzmäßig mit bestimmten Schiffen und Flottenverbänden gekoppelt und sind daher von Flug- und Seehäfen unabhängig. Sie können bei Bedarf über Monate eine kontinuierliche Präsenz in internationalen Gewässern aufrechterhalten und sind im Einsatzfall für einen vorgeschriebenen Zeitraum aus eigenen Beständen selbstversorgend. Eine MAU hat rund 2200 Landekräfte, denen ca. 600 Matrosen der Navy unterstützend zur Seite stehen, die MAB – die am häufigsten verwendete Formation – besteht aus 11 200 Marines, 540 Navy-Matrosen und rund 1250 Mann Navy-Personal (wie Kampftauchern, Bombenentschärfungskommandos, Nachrichtenteams usw.). Eine MAB bringt neben 17 Panzern, 30 Geschütze 155 mm und 6 Selbstfahrhaubitzen 203 mm zum Tragen und wird aus der Luft von rund 120 Hubschraubern aller Art und über 100 Kampffliegern unterstützt. Eine MAB ist rund 30 Gefechtstage versorgungsmäßig unabhängig und benötigt zum Transport eine Flotille von 20 Navy-Landungsschiffen. Die MAF verfügt über 35 000 – 50 000 Mann Personal, 600 – 650 Flugzeuge und ist Teil einer Flotte.

Natürlich ist ein solcher Großverband keine Eliteeinheit im eigentlichen Sinne des vorliegenden Buches. Die Ledernacken betrachten sich zwar in ihrer Gesamtheit als Eliteformation und anderen Truppengattungen wie den Fallschirmjägern ebenbürtig, aber es gibt auch in dieser Streitmacht einen Spezialverband, die Aufklärungs- und Vorauskommandos:

»FORCE RECON«.

Diese Spezialeinsatztruppen auf Bataillonsebene werden in den Techniken der Infiltration zu Wasser und aus der Luft, für den Kampf und die Aufklärung hinter den feindlichen Linien geschult und sind besonderen Anforderungen an physischer und psychischer Ausdauerleistung unterworfen. Die Geschichte dieser Aufklärer begann im II. Weltkrieg, als eine Spezialeinsatztruppe aus Angehörigen der »Raider«-Kommandokompanien und der damals versuchsweise im Marine Corps eingeführten Fallschirm-Bataillone zusammengezogen wurde, die aufklärungsmäßig die Landungen auf den Solomon-Inseln vorbereiten sollten. Amphibische Fernspäher wurden aufgrund dieser Erfahrungen kompanieweise im Rahmen der jeweiligen Korps eingegliedert. Gegen Ende des Weltkrieges hatte jede Marinedivision ihre eigene »recconnaissance (kurz: recce) company« und dem Oberkommando »Fleet Marine Force, Pacific« unterstand ein ganzes Bataillon als spezialisierte Verfügungstruppe. Der hauptsächliche Aufgabenbereich und viele Techniken der Infiltration sind bis heute unverändert geblieben: Im Vorfeld der eigentlichen Landung erkunden die Männer von Force Recon die Strandbedingungen, Gezeitenströmungen, Unterwasserhindernisse und Stellungen des Gegners, nachdem sie als Kampftaucher, aus der Luft per Fallschirm, vom Hubschrauber abspringend oder sogar im Schlauchboot in das betreffende Gebiet infiltriert sind. Auch nach der Landungsoperation sollten die »recce troopers« ihre Waffengefährten von der Marineinfanterie durch Aufklärungseinsätze unterstützen. Force Recon Teams können als Pfadfinder bei klassischen Landemanövern agieren oder als Einweisungspersonal am Boden die Luftlandungen größerer Verbände per Hubschrauber vorbereiten. Die Erweiterung des Aufgabenbereichs war ein Resultat der verschiedenen Gefechtsbedingungen, die nach 1945 auf das Marine Corps einwirkten:

Im Koreakrieg waren die Aufklärer Speerspitze und Fühler zugleich und oft weit vor den vorstoßenden Angriffskeilen der Marines eingesetzt, die von ihrem Landekopf bei Pusan über Inchon und Seoul nach Norden vorstießen, nur um am Chosin Reservoir auf die rotchinesische Armee zu treffen. Damals deckten weniger als 15 000 US-Marines den Rückzug der UNO-Streitkräfte gegen mehr als 190 000 Soldaten der rotchinesischen 8. Marsch-Armee! In Korea leisteten die Aufklärer Pionierarbeit bei der Benutzung von Hubschraubern für kommandoartige Einsätze hinter den feindlichen Linien. Diese Erfahrung kam den Marines einige Jahre später in Vietnam zugute: Mit der Entsendung von Marines im März 1965 traten die USA offiziell in den Landkrieg in Vietnam ein, und Force Recon war Augen und Spürnase für die zur Guerillabekämpfung eingesetzten Marineinfanteristen. Die Statistik des 1st Recon Battalion, 1st Marine Division belegt eindrucksvoll den Einsatz einer solchen Aufklärungseinheit: Von 1966 bis 1971 wurden 40 413 Vietcongs oder NVA-Soldaten von den Aufklärern ausgespäht. Bei Gefechtspatrouillen verlor die Einheit 76 Angehörige, tötete 2683 Feinde und nahm 48 Gefangene. Weitere 4019 getötete Gegner gehen wahrscheinlich auch auf die Rechnung der Recce Kompanien, die außerdem 2 597 Artilleriebombardements und 332 Luftangriffe einwiesen.

Die Hauptaufgabe der heutigen Force Recon-Einheiten wird in der Aufklärung, nicht in der Durchführung, von Kampfeinsätzen oder Kommandoaktionen gesehen – obwohl einige Trainingsszenarios sich sogar auf Einsätze wie Gefangenen- und Geiselbefreiung beziehen. Innerhalb der Recce-Kompanien sind unterschiedlich spezialisierte Soldaten zusammengefaßt: Etwa ein Drittel sind als Fallschirmspringer ausgebildet, ein anderer Teil als Taucher. Während die Sprungausbildung durch die Luftlandeschule in Ft. Benning erfolgt, werden die »SCUBA«-Teams zur Fortbildung zu den Special Forces und SEAL's der Navy geschickt, nachdem sie die hauseigene Ausbildung durchlaufen haben. Survivaltraining, Abseilübungen aus Hubschraubern, Ausbildung mit Schlauch-, Schnell- und U-Booten und an den verschiedensten Funkgeräten gehören zum normalen Handwerkszeug der Spähtrupps. Männer, die zum DPT, dem deep-penetration-team, einer gesonderten Fernspähabteilung gehören, sind als Freifaller für die HALO-Infiltration geschult und beziehen die Springerzulage.

Die Bewerbung zu Force Recon kann erst nach Ableistung der Grundausbildung in einem der gefürchteten Marine Boot Camps erfolgen. Ein Freiwilliger muß mindestens einen IQ von 105 und eine Fitneßrate von 250 entsprechend der Marine Corps Testskala haben.

Die Ausbildung zum recce trooper beinhaltet viele nasse Einlagen.

Der Einführungstest – dem während der späteren Ausbildung noch viele weitere folgen werden – beginnt mit einem 10-Meilen-Lauf mit M 16 Gewehr und Splitterweste. Die ersten vier Meilen müssen in weniger als 36 Minuten zurückgelegt werden, dann folgt alle zwei Meilen die Einlage von 50 Liegestützen und »Taschenmesser«, bei denen der auf dem Rücken Liegende Fußspitzen und Finger in der Luft zusammenbringen muß. Nach den zehn Meilen folgt eine zehntel Meile Sprint und Klimmzüge bis zum »geht-nicht-mehr« zur Motivationsprüfung. Danach ein 2-Meilen-Lauf durch einen Sumpf, um zwei Schwimmprüfungen nach Zeit abzuleisten. Zum Abschluß gilt es, einen Hinderniskurs zweimal in weniger als zwei Minuten zu überwinden.

Das Sondertraining, das aus »einfachen« Marines Recon Marines macht, findet in Virginia statt, wo der siebenwöchige Basic Amphibious Reconnaissance Course in Fort Story nahe der Marinebasis in Norfolk abgehalten wird. Ein großer Teil dieser Ausbildung findet im, am und »gerade« aus dem Wasser statt, die angehenden Recon Marines sind selten trocken. Neben Land- und Wassernavigation, Patrouillenführung, Methoden der Aufklärung gehört der Umgang mit den verschiedensten Funkgeräten, die Kooperation mit Luft- und Seestreitkräften, das Absetzen und Aufnehmen aus Hubschraubern, Schlauch- und Schnellbooten zum Schulplan. Körperliche Fitneßsteigerung ist ein Grundziel des Lehrgangs, von hier aus werden die Marines zu Fallschirm- und Tauchkursen überwechseln und auch dort wird das physische und psychische Durchhaltevermögen des einzelnen gefordert. Zu den Abschlußübungen in Virginia gehört ein 2000-Yard-Schwimmen im Meer, mit Ausrüstung und Gewehr, das in 58 Minuten vollzogen sein muß.

Das theoretische Grundwissen bezieht sich neben vielen taktischen Punkten auch auf das Messen und Einschätzen von Unterwasserhindernissen, Gezeitenströmungen und das Skizzieren und Fotografieren geographischer Gegebenheiten im projektierten Landegebiet. Das Legen von Sprengsätzen und Minen, Tarnen und Täuschen und die Durchführung von kleinen Kommandoüberfällen ist auch Teil des Lehrgangsrepertoires und läßt sich historisch auf die Ursprünge der heutigen USMC-Aufklärer zurückführen. Eine der verbandsmäßigen Ahnen der Recon Marines waren die »Raider« Einheiten des II. Weltkriegs: Je ein Bataillon gehörte zur Pazifik- und Atlantik-Flotte und wurde als Vorauskommando und Speerspitze bei zahlreichen Angriffen benutzt.

Ein Absolvent des Fort Story-Lehrgangs findet sich nach Durchführung seiner Spezialisierungslehrgänge in einem »Reconnaissance Battalion« wieder, das Bestandteil einer Marinedivision ist. Aufgabe dieses Verbandes ist die Aufklärung für die Division und der ihr angehörigen Untereinheiten. Das Bataillon hat eine Hauptquartier- und vier Aufklärungskompanien. Sofern der Bedarf innerhalb des Flottenverbandes besteht, kann das Recon Battalion auch eine Fernspäher-Gruppe aufstellen, als »Deep Reconnaissance Element« bezeichnet.

Fernspähaufgaben gehören eigentlich zum Aufgabenbereich der »Force Reconnaissance Company«, kurz Force Recon genannt, einer Elite in dieser Elite: Z. Zt. gibt es nur eine solche Kompanie, 156 Mann stark, ein gewisses Rotationsschema herrscht zwischen den Bataillonen und dieser Aufklärungskompanie, die einen noch höheren Grad an Spezialisierung verlangt. Taktische Grundeinheit der Force Recon sind die Vier-Mann-Teams, das kleinste operative Element der sechs Einsatzzüge. Aufgabe ist die Aufklärung für einen Landeverband tief im Hinterland des Feindes vor und nach der amphibischen Landung.

Seit ihrer Gründung im November 1775 haben die US-Marines in zwei Weltkriegen und zahlreichen Feldzügen gekämpft: Während der Amerikanischen Revolution, dem mexikanisch-amerikanischen Krieg, dem spanisch-amerikanischen Krieg, im Boxeraufstand in China, bei der Bekämpfung des Piratenunwesens an der Nordafrikanischen Küste. Die Ledernacken wurden bei Interventionen in Mittelamerika, als Teil der UN-Streitmacht in Korea und als eine der ersten Bodentruppen in Vietnam eingesetzt. Traditionell dienen Marines auch als Bewachung der amerikanischen Botschaften im Ausland, als Sicherheitskräfte auf Schiffen und in überseeischen Marinestützpunkten. Ob sie aber für Aufgaben wie die der Friedenstruppe im bürgerkriegsgespaltenen Libanon geeignet sind, ist zweifelhaft. Marines sind Sturmtruppen, deren Ausbildung und Ausrü-

Das Monument der Marines auf dem Heldenfriedhof von Arlington ist der berühmten Aufnahme von der Flaggenhissung auf dem Suribach-Gipfel nach der Eroberung von Iwo Jima genau nachgebildet.

stung sie für den Angriff, für das Einnehmen eines Küstenstreifens, einer Stellung prädestiniert. Der Einsatz im Libanon erfolgte ohne politische Konzeption, ohne taktische Maßgaben und ohne Ellbogenfreiheit im Fall eines Angriffs. Letztendlich wurden die Marines dort zu Zielscheiben der rivalisierenden Bürgerkriegsparteien. Das Bombenattentat auf die Unterkunft am Beiruter Flughafen, bei dem hunderte Marines getötet und verletzt wurden, unterstrich nur die Misere dieses Einsatzes.

Commando

> *»Eine stählerne Hand greift von See her die deutschen Soldaten von ihren Posten.«*
> Winston Churchill

Revolutionäre Konzepte scheinen für ihre Einführung nicht selten tragischer Umstände zu bedürfen. Unter normalen Umständen sind die Widerstände, die von Regierungen, Bürokratien und Administrationen gegen Neuerungen ins Feld geführt werden, zu stark, um von Einzelnen überwunden zu werden. Oberstleutnant Dudley Clarke, militärischer Assistent bei General Sir John Dill, dem Chef des Generalstabs des britischen Empire, hätte wahrscheinlich zu

Den Fairbairn-Sykes Commando-Dolch zwischen den Zähnen, das Gesicht geschwärzt, so stellte die britische Propaganda ihrer eigenen Bevölkerung und dem Feind die neue Kämpfergattung vor.

Dudley Clarke, der Stabsoffizier, der die Commandos erfand.

jeder anderen Stunde nur verschlossene Türen und taube Ohren vorgefunden. Aber in den schicksalsträchtigen Junitagen nach Dünkirchen war man für jede Anregung offen: Britanniens Verbündete auf dem Kontinent waren besiegt, das britische Heer bis auf einige Reste zerstört und Dudley Clarke hatte eine Idee, wie man trotzdem den scheinbar übermächtigen deutschen Eroberern entgegentreten konnte. Am 5. Juni hatte Clarke Sir John Dill von seiner Idee berichtet, einen Tag nach der Rückkehr der letzten Boote vom Dünkirchener Strand. Am nächsten Tag sprach der Generalstabschef mit dem Premierminister. Bereits zwei Tage später kam das grüne Licht, eine neue Abteilung wurde im Kriegsministerium geschaffen und Clarke erhielt den Auftrag, das erste Kommandounternehmen zu organisieren. In der Nacht vom 23. zum 24. Juni landeten die ersten »commandos«, 120 Mann, an zwei Punkten entlang der französischen Kanalküste und lieferten deutschen Posten und Streifen ein kleines Scharmützel. Bis auf Dudley Clarke, den eine verirrte Kugel am Kopf streifte, kehrte die gesamte Truppe mit dem Titel »No. 11 Independent Company« unversehrt zurück. Man hatte bewiesen, daß Clarkes Idee durchführbar war.

Bei seinen Überlegungen für das Commando-Konzept war Dudley Clarke von den Beispielen spanischer Guerillas in den napoleonischen Kriegen inspiriert worden. Diese Freischärler – wie andere vor und nach ihnen in der Kriegsgeschichte – kämpften weiter, obwohl die spanische Armee geschlagen war. Und sie versetzten der napoleonischen Armee empfindsame Schläge und Niederlagen, die auf allen Kriegsschauplätzen auf konventionelle Art nicht besiegt worden war. Wie einst Napoleon, so beherrschte nun Hitler das europäische Festland und bedrohte England. Clarke hatte aber auch noch andere Beispiele vor Augen: Er selbst hatte in den dreißiger Jahren in Palästina gedient und erfahren, wie leichtbewaffnete arabische Banden der konzentrierten Macht des britischen Militärs trotz Panzerfahrzeugen, Artillerie und Flugzeugen jahrelangen Widerstand entgegengesetzt hatten. Churchill hatte von »Leoparden« oder Sturmtruppen gesprochen, als er am 18. Juni beim Kriegsministerium anfragte, ob man sich dort Gedanken über die mögliche Aufstellung mobiler, bestbewaffneter kleiner Elitetrupps zur Abwehr deutscher Landungen machen könnte. Clarke griff auf ein anderes historisches Beispiel zurück, um seinen Stoßverbänden einen griffigen Namen zu geben: Während des Burenkrieges hatten kleine berittene Trupps jahrelang eine Viertelmillion reguläre britische Soldaten in Atem gehalten. Unter hervorragender Ausnutzung des Überraschungsmoments, der Dunkelheit und des Geländes waren die Commandos immer wieder vor den britischen Lagern und Stellungen aufgetaucht und hatten mit dem treffsicheren Gebrauch ihrer Mausergewehre Schrecken und Verwirrung verursacht. Ähnlich sollten auch die modernen Commandos verfahren, die sich aus Freiwilligen des Heeres rekrutierten und die mit den besten der verfügbaren Waffen ausgerüstet wurden.

Trotz des erfolgversprechenden Anfangs sollte es noch Monate dauern, bis sich aus den Anfängen des Sommers 1940 die Besonderheiten des Commando-Konzepts durchgesetzt hatten: Generäle widersetzten sich dem Elitegedanken und wiesen indigniert auf die Tatsache hin, daß Kriege nicht von kleinen Verbänden ausgesuchter Spezialisten gewonnen werden. Regimentskommandeure waren wenig erfreut über den Aderlaß an erfahrenen Offizieren, Unteroffizieren und Mannschaften, den ihre Einheiten durch die Freiwilligenmeldungen für Kommando- und Luftlandetruppen erlitten. Außerdem fehlte es an passenden Landungsbooten, an Waffen, Nachrichtenmitteln, Spezialgerät und ausreichender Aufklärung über mögliche

Lord Louis Mountbatten spricht zu den Männern von No. 6 Commando kurz vor ihrem Einsatz, die Männer tragen schottische Baretts der Hochland-Regimenter.

Die Jahre 1941 und 1942 brachten seltsame Versuchsobjekte hervor, wie dieses amphibische Zwei-Mann-Fahrzeug, dessen Erprobung unter „Top Secret" lief. Das „Scorpion Mark I" hatte keine Zukunft und geriet schnell in Vergessenheit.

Ziele. Weder Armee noch Marine hatten in ihren Dienstvorschriften irgendwelche Anweisungen für den Aufbau, das Training oder den Einsatz solcher Sonderverbände. Sollte man anstelle kleiner nadelstichartiger Überfälle großangelegte Aktionen wie die Landungen auf Vaagsö und die Lofoten setzen? Erst unter der dynamischen Führung von Lord Louis Mountbatton, der am 27. Oktober 1941 den Befehl über die Abteilung »Combined Operations« im Kriegsministerium übernahm, konnte sich das Commando-Konzept voll entfalten und zum Grundstein für zahlreiche Spezialeinheiten werden. Eine Vielzahl kleiner und größerer Unternehmungen entlang der französischen Kanal- und Atlantikküsten, in Norwegen und im Mittelmeer verunsicherten die Achsenmächte in den folgenden drei Jahren. Das Kennzeichen der Commandos wurden amphibische Angriffe und Sabotageaktionen, die »Raids« – streifzugartige Operationen im Küstenbereich von kurzer Dauer, die es den angreifenden Spezialverbänden erlaubten den Überraschungseffekt auszunutzen, bevor die Deutschen und Italiener Verstärkungen und schwere Waffen heranbringen konnten. Die Aktionen von Mountbattons Commandos entwickelten das Modell einer besonderen Kampfform, die sich wesentlich von herkömmlichen taktischen Mustern unterschied und heute zu einem der Hauptbetätigungsfelder von militärischen Spezialverbänden geworden ist.

DER RAID – VERSUCH EINER BEGRIFFLICHEN BESTIMMUNG

Das wesentliche Unterscheidungsmerkmal zwischen dem Raid und anderen taktischen Angriffsarten ist der Umstand, daß diese Form des Kommandounternehmens nicht erfolgt, um ein Objekt zu erobern und zu halten, sondern daß die Aufgabe und der Rückzug der Einsatzkräfte (engl. task force) nach Erreichen des taktischen Zieles wichtiger Bestandteil der Operation ist. Der Raid ist zeitlich und geographisch genau begrenzt. Der Zeitfaktor wird zum bestimmenden Element in der Planung, er erlaubt die Ausnützung der Überraschung und bestimmt die Wirkung der an Zahlen und Feuerwirkung zumeist unterlegenen Angriffskräfte. Die Aktion muß so geplant sein, daß es dem Gegner versagt bleibt, Überlegenheit durch Heranführen von Verstärkungen oder Einsatz schwerer Waffen auszuspielen. Die Eroberung und Kontrolle über eine Stellung ist beim Raid nicht Selbstzweck wie bei herkömmlichen Angriffen. Das Angriffsobjekt ist nicht gleich Angriffsziel, dem Objekt kommt nur eine zweitrangige Bedeutung zu – ein Faktor, der oft genug bei der Abwehr von Kommandounternehmen von den Angegriffenen verkannt wurde: Man versucht den Angriff abzuwehren, führt Verstärkungen zum Kampfobjekt anstatt den Commandos den Rückzug abzuschneiden. Andererseits ist die Militärgeschichte voll von Beispielen für Planungsfehler, bei denen die fehlende genaue Definition der Bedeutung von Angriffsziel und Angriffsobjekt zu einer Verzettelung der eingesetzten Kräfte geführt hat.

> »Commandos und andere Special Forces des Zweiten Weltkriegs waren in erster Linie hervorragende leichte Infanterie, eine Tatsache, die heute allzu oft vergessen wird, wenn nach der Mode der 1970er jeder politische Halsabschneider ›commando‹ genannt werden will.«
>
> James Ladd in seinem Buch
> »Commandos and Rangers of World War II«

Das Objekt – die Stellung, das Lager, eine Anlage – ist nur Mittel zum Zweck, der Umstand, der zur Erreichung des Zieles die Einsatzbedingungen bestimmt. Der eigentliche Beweggrund zur Durchführung des Raids kann aus einem oder mehreren der folgenden Punkte herrühren:

(1) Zerstörung des Objekts zwecks Ausschaltung der Stellung oder einer in ihr befindlichen Anlage (z. B. Radarstation), um dem Feind die Nutzung zu verhindern.
(2) Erlangen von wichtigem Informationsmaterial oder Erbeuten von Anlagen aus geheimdienstlichen Gründen.
(3) Ausschalten oder Gefangennahme von Personen, Repräsentanten oder Führungskräften, auch zum Erlangen von Informationen über die Gegenseite, ihre Einsatzkräfte und Dislozierungen (engl.: prisoner-snatch).
(4) Befreiung von Personen – Geiseln oder Gefangenen.
(5) Zerstören einer Anlage aus politischen oder ökonomischen Gründen oder zur Störung der feindlichen Logistik und Rohstoffversorgung (z. B. Ölpipeline, Raffinerie, Pumpstationen).
(6) Zerstörung einer Anlage aus psychologischen Gründen, um den Gegner, seine Regierung oder Bevölkerung mit den eigenen Möglichkeiten für weitreichende Vergeltungsmaßnahmen zu beeindrucken.
(7) Vergeltungsschlag ähnlich den vorangegangenen Punkten aus Rache oder um den Gegner von bestimmten Methoden oder Angriffszielen abzuhalten.

Jeder Konflikt hat seine bestimmten Eigenheiten, weitere Gründe könnten dieser Aufzählung angegliedert werden. Oft läßt sich auch eine genaue Abgrenzung zwischen den einzelnen Faktoren nicht ziehen. Ziele und Absichten werden in einer Aktion verbunden. Raids können dazu dienen, dem Gegner wie eine Nebelwand die eigenen Absichten zu verbergen, ihn über strategische Ziele zu täuschen: Die britischen Kommandounternehmen entlang der norwegischen Küste waren relativ großangelegte Landungen mit starker Unterstützung von Marine und Luftwaffe, die kaum durch die Zerstörungen von industriellen Anlagen und deutschen Garnisonen gerechtfertigt werden konnten: Zwar vernichteten die Commandos auf den Lofoten Öllager und Fischölfabriken und damit eine wichtige Quelle für den deutschen Nachschub an Glyzerin, aber der wirkliche Erfolg lag auf anderen Gebieten: Die britische Landung, die Zerstörung und die Gefangennahme deutscher Soldaten wurde von einem Filmteam aufgenommen und in den Wochenschauen gezeigt. In einer Zeit, in der England immer noch unter den Niederlagen auf dem Festland und im Mittelmeerraum litt, bot dieser Film der britischen Öffentlichkeit eine notwendige moralische Stütze und war darüber hinaus eine wichtige Propaganda, um die amerikanische Bevölkerung zu überzeugen. Strategisch aber bewirkten diese Aktionen, daß Hitler die Absicht einer großangelegten englischen Invasion im Raum Narvik mutmaßte und erhebliche deutsche Truppenverstärkungen nach Norwegen entsandt wurden: Im Juni 1944 waren rund 372 000 deutsche Soldaten in Norwegen stationiert, wo sie militärisch auf einem toten Abstellgleis standen, während diese Divisionen in Rußland und in der Normandie fehlten.

Ein anderes Beispiel für die weitreichende Zielsetzung der Raids unter Führung von Lord Mountbatton war der Angriff auf St. Nazaire in der Loire-Mündung, mit dem Ziel der Zerstörung von U-Boot-Bunkern und des einzigen Trockendocks an der atlantischen Küste, das groß genug war, das Schlachtschiff Tirpitz aufzunehmen. Zwar lag die Tirpitz zu dieser Zeit vor Norwegen (zur Abwehr der vermuteten britischen Invasion), aber die britische Admiralität befürchtete einen Vorstoß gegen die Konvoiroute im Atlantik. Der Angriff gelang, aber Navy und Commandos erlitten schwerste Verluste und nur wenige Einheiten konnten sich zurückziehen. Die Tirpitz blieb vor Norwegen, wo sie im September 1944 versenkt wurde. Auch der großangelegte Angriff auf Dieppe im August 1942 endete in einem Fiasko. Die Commandos operierten bei diesem verlustreichen Angriff an den Flanken des kanadischen Landungskorps. Die Planung basierte auf falschen Feindlagemeldungen und führte zu einem Massaker unter den Kanadiern. Aber wesentliche Aufschlüsse über die Durchführung von amphibischen Großlandungen gegen den Westwall konnten aus dem Debakel gezogen werden. Dieppe war auch das erste Unternehmen, bei dem amerikanische Rangers Seite an Seite mit Kanadiern, Briten und anderen Verbündeten kämpften.

Die Raids der britischen Commandos in den Jahren 1941–43 waren Anfänge einer Entwicklung, die bis in unsere Tage fortreicht und moderne Gegenstücke, wie den israelischen Angriff auf die ägyptische Insel Schadwan zur Demontage einer russischen Radaranlage, hat. Die Fehlschläge und Niederlagen jener ersten Jahre müssen unter dem Gesichtspunkt des absoluten taktischen Neulandes gesehen werden, das hier betreten wurde. Passende Landungsboote, Infiltrationsmethoden und Spezialgeräte wurden auf experimentellem Wege ermittelt, bei denen der Eignungstest oft genug an der französischen Küste stattfand. Bezeichnend aber war die politische Bedeutung der Raids, mit denen den Deutschen und der eigenen Bevölkerung der Wille zum Weiterkämpfen signalisiert wurde. Die deutschen Besatzungstruppen konnten sich nicht in Sicherheit wiegen, einige nadelstichartige Angriffe banden große gegnerische Wachkontingente und verursachten erhebliche Mehrausgaben für die Küstensicherung. Mit relativ geringem Einsatz wurde ein hoher Preis abgefordert – die tatsächlichen Zerstörungen, Material- und Personalverluste nicht eingerechnet.

Dieser politische Charakter des Raids und seine strategische Wirkung sind heute mehr denn je gültig: Raids sind ein halbes Jahrhundert später immer noch ein wichtiges Instrumentarium zur Aufrechterhaltung des Kriegszustandes zwischen den offenen Kriegen und Feldzügen. Die gegenwärtigen Konflikte im Nahen Osten, in Afrika und Lateinamerika sind Beispiel genug.

ACHNACARRY UND DIE FOLGEN

Von Anfang an war das Werden der britischen Commandos vom Einfluß einzelner Personen bestimmt, die in ihrem Charakter, in ihrem Werdegang und in ihren Interessen wenig mit dem klassischen britischen Offizier gemein hatten. Es waren Männer, die nonkon-

Die Commandos (hier bei der Gebirgsausbildung in Schottland) erhielten als erste Truppen die von Amerika eintreffenden Waffen: Die Thompson M 1928 A1 erfreute sich bei den Männern großer Beliebtheit.

Eine ausgedehnte Nahkampfausbildung lieferte die Bausteine des Selbstvertrauens, mit dem die Commandos in den Einsatz gingen.

formistischen und individualistischen Neigungen nachhingen, ihre Freizeit lieber mit Bergsteigen oder auf der Pirschjagd als in der Offiziersmesse verbrachten. Männer wie Oberst »Mad Jack« Churchill, Lord Lovat, Dunford-Slater, Dudley Clarke, J. C. Haydon oder Bob Laycock erachteten es als Selbstverständlichkeit, selbst bei kleineren Operationen persönlich dabeizusein und im Gefecht voranzugehen. Die Stabsoffiziere, die das Commando-Konzept entwarfen, begriffen von Anfang an, daß diese Spezialeinheit nicht nach dem Muster konventioneller Armeeregimenter geführt werden konnte, daß die herkömmliche Militärdisziplin mit ihrem Raster an Methoden und Strafen ein ungeeignetes Mittel zur Kontrolle des neuen Freiwilligenhaufens war. Zwar entsprach die Größe eines Commando mit seinen 24 Offizieren und 435 Soldaten in etwa dem eines Infanteriebataillons, mehrere Commandos waren administrativ und für größere Einsätze in einer Special Service Brigade zusammengefaßt – aber bereits an dieser Stelle enden die Ähnlichkeiten mit regulären Verbänden. Der Troop, das taktische Teilelement eines Commando, hatte im Idealfall etwa 60 Mann und drei Offiziere, nicht die 120 Mann einer Infanteriekompanie. Durch Ausfälle und Fehlstellen im Schnitt auf rund 40 Mann reduziert, wurde der Troop im Gefecht wie ein Zug benutzt und geführt. Kernelement war die 15-Mann-Gruppe, »section«, die von einem erfahrenen Unteroffizier oder sogar einem Leutnant geführt wurde; die Commandos hatten mehr Offiziere und Unteroffiziersdienstgrade in ihren Reihen als eine konventionelle Einheit. Geführt wurde von vorn und durch das persönliche Beispiel.

Manöver fanden unter realistischen Bedingungen mit Bodenladungen und unter scharfem Beschuß statt, hier landet eine Gruppe im Kreuzfeuer zweier Bren-Maschinengewehre.

»Wir tolerieren hier keine Kaffeehausgangster!«
    Charles Vaughan

Das Ausbildungsziel des Commando Lehrgangs im Schloß von Achnacarry, Sitz des Oberhaupts des Cameron-Clans, kann in vier Punkte zusammengefaßt werden: Heranbildung eines Elitebewußtseins wie es in keiner anderen Einheit bestand. Verstehen der Nacht und der Dunkelheit als Einsatzhilfe, nicht als Hindernis. Heranbilden einer Fitness und körperlichen Gewandtheit ähnlich der von Athleten neben der Schulung in der Verwendung aller Infanteriewaffen (auch der des Feindes), und letztlich die Förderung des Angriffswillens zu jeder Zeit und unter allen Umständen. Alle Dienstgrade gingen durch das gleiche Training und bereits hier zeigte es sich, ob Einheitsführer als Führungspersönlichkeiten jenseits von Streifen und Rangabzeichen anerkannt wurden. Auch das Ausbildungspersonal unterlag diesem Wettbewerb – Vaughan gab die Losung aus, daß alle Lehrer immer eine kleine Spur besser, schneller und geschickter als die Rekruten zu sein hatten. Die Betonung lag auf dem persönlichen Beispiel.

Die Begründer der Commandos waren sich einig, daß sie keine Supermänner suchten oder heranzüchten wollten. Vaughan unterstrich, daß die Commandos im Grunde normale Soldaten waren, eher klein als von körperlicher Größe, eher von unscheinbarem Aussehen als von stattlicher Statur – aber Freiwillige, die sich bewußt zu einem Dienst mit außergewöhnlichen Gefahren gemeldet hatten.

Vaughan unterstützte persönliche Bindungen zwischen den Commandos: Von Anfang an sollte der Rekrut alle Etappen des Trainings genau wie die Hindernisse der Parcours zusammen mit einem Freund seiner Wahl bestehen. Diese Teamarbeit, die auch bei der Bedienung von Maschinengewehren, Granatwerfern und Panzerabwehrwaffen ihre Bedeutung behielt, wurde zu einem der Schlüssel zum Erfolg im Commando-Kurs. Zwei Mann sollten sich gegenseitig stets Rückendeckung geben, sich helfen und unterstützen. Das »Kumpel-System« (»me and my pal« hieß sogar ein Hindernisparcour in Achnacarry) bewährte sich so hervorragend in Ausbildung und Einsatz, daß es noch heute bei Spezialeinheiten wie dem SAS und SBS praktiziert wird.

Auch waffentechnisch entsprachen die »raiding parties«, die für ein Unternehmen zusammengestellten Commando-Einheiten, kaum der herkömmlichen Struktur einer Schützenabteilung: Als Dudley Clarke im Juni 1940 mit den ersten Commandos bei Le Touquet französisches Festland betrat, hatte diese Einheit 50 % der zu diesem Zeitpunkt in England befindlichen Thompson Maschinenpistolen – 20 Stück! Die Commandos zogen mehr Bren LMGs, mehr Vickers MGs, mehr Granatwerfer für spezielle Operationen zusammen, als dies gemeinhin üblich war. Sie erhielten Sonderwaffen, hatten eine große Anzahl Faustfeuerwaffen zur Verfügung, experimentierten mit neuartigen Tragewesten für Magazine und Ausrüstung und waren stolz darauf, im Einsatz statt der Suppenschüssel von Stahlhelm ihr Barett oder eine Wollmütze tragen zu können.

Ein Ausrüstungsstück aber wurde wie kein anderes zum Symbol für diese Elitesoldaten – der zweischneidige stilettartige Dolch, den die Instrukteure Fairbairn und Sykes entwarfen und der von der Firma Wilkinson realisiert wurde. Und sie lernten, damit umzugehen: In Achnacarry, dem schottischen Ausbildungslager, stand Nahkampf ganz oben auf dem Lehrplan: Rekruten lernten, wie man einen Posten durch Stich in die Windröhre oder von oben hinter das Schlüsselbein lautlos ausschalten konnte. Sie begriffen, daß man auch ohne Waffen einen Bajonettangriff abwehren konnte und wurden mit den unterschiedlichsten Methoden des Tötens vertraut gemacht; z. B. durch Schlag mit dem Rand des Stahlhelms gegen den Adamsapfel des Feindes.

Der Basislehrgang in Achnacarry war ursprünglich auf drei Monate festgelegt, aber die militärischen Notwendigkeiten erforderten immer wieder Kürzungen. Gefechtsdrill und Sprengtechniken standen im Vordergrund.

Bereits 1940 war man sich unter den Begründern der neuen Einsatztruppe einig, daß die Gefechtsrealität bei Kommandounternehmen im extremen Nahbereich liegen würde, ein Schema von Hinterhalt und Gegenangriff, Mann-gegen-Mann-Kämpfe und guerillaartige Taktiken beinhalten könnte. Die konservative Schießausbildung

Den Vordermann als lebende Brücke im Stacheldrahtverhau, setzt das Commando zum Angriff auf die Stellung an.

auf Ringscheiben mußte daher einer combatgerechten Ausbildung weichen, bei der dem Rekruten das Schießen aus der Hüfte mit Gewehr und Maschinenpistole, das instinktive Handhaben von Pistole, Bajonett und Handgranate zur Selbstverständlichkeit werden konnte.

Der Offizier, der dem Lehrgang in Achnacarry wie kein zweiter seinen Stempel aufdrückte, war ein ehemaliger Ausbildungsfeldwebel der Coldstream Guards und Regimentshauptfeldwebel der »Buffs«, außerdem jahrelanger Boxmeister des Heeres: Oberstleutnant Charles E. Vaughan. Der »Rommel des Nordens« legte Wert auf eine Eigenschaft bei seinen Schülern: Den Willen weiterzumachen trotz Angst, versagender Muskeln und Erschöpfung. Seine Losung – »It's all in the mind and heart« – (Alles ist nur eine Sache des Kopfes und des Herzens;) wurde zum geflügelten Spruch der Commandos.

Achnacarry war nach Meinung der Absolventen die beste Combatschule der Welt: Überlebenstraining, Navigationsübungen und Nahkampf wechselten mit der Kletterausbildung an den schottischen Kliffs ab, die jeder zu bestehen hatte, denn das grundsätzliche Einsatzscenario für die amphibischen Landungen in Frankreich und Norwegen sah eine Ausnützung der unbewachten Steilküsten für die Annäherung vor. Zum Klettern wurden alle möglichen Varianten erdacht: Mit Bergsteigerseilen, Feuerwehrleitern, Wurfleinen und Anker, Seilbrücken und Strickleitern war man bald vertraut. Sturmboote aus Holz, Schlauchboote und Kajaks wurden für die Brauchbarkeit bei Infiltrationen getestet. An Land anzukommen, bedeutete nur den Beginn der Übungen. Das Objekt lag immer einige Kilometer vom Strand entfernt und mußte überland und querfeldein erreicht werden, wobei die übliche Marschgeschwindigkeit der Commandos mit sieben Meilen in der Stunde fast das Doppelte der normalen Infanterienorm betrug! Gefechtsübungen wurden mit scharfer Munition durchgeführt, bei Landemanövern und dem gefürchteten Hindernisparcours schossen die Ausbilder nur knapp über die Köpfe der Schüler, während Blindladungen Wasser und Erde wie Fontänen hochspritzen ließen.

Zahlreiche Experten brachten ihr Wissen in den Lehrstoff des Commando Basic Training Centre ein: Polizeioffiziere wie die Hauptleute Fairbairn und Sykes, ehemals von der Shanghai-Polizei, wo sie Führer und Ausbilder einer speziellen Eingreifreserve waren, die nicht unähnlich der modernen SWAT oder SEK's war. Psychologen leiteten die Auswahl der Freiwilligen. Bergsteiger und Kanuten, die vor dem Krieg internationale Titel errungen hatten, lehrten ihre Techniken. In die Nahkampfausbildung flossen asiatische Kampfsportelemente genauso ein wie Tricks aus Kneipenschlägereien. Aber eine grundsätzliche Ausbildungsphase sollte sich im Einsatz immer wieder bewähren:

Jeder Commando-Soldat sollte in der Lage sein, seinen Auftrag fortzuführen, auch wenn seine Einheitsführer gefallen waren. Der Angehörige eines Troops war nicht nur Befehlsempfänger, die Einsatzbesprechung bezog ihn direkt als Mitbeteiligten ein. Mit dem ersten Tag der Ausbildung lernte er nicht nur, daß er etwas zu tun hatte, sondern auch, warum. Obwohl die Presse die Commandos nicht selten als wilde Banditen, mit Messern zwischen den Zähnen darstellte, wurden Anwärter nach Intelligenz, schneller Auffassungsgabe und seelischer Reife ausgesucht.

Die Commando-Schule in Achnacarry war nicht nur auf die britischen Verbände beschränkt: Freiwillige aus zahlreichen Ländern nahmen an den Lehrgängen teil, unter ihnen Bill Darby's 1st Ranger Battalion, das amerikanische Gegenstück zur britischen Spezialeinheit.*) Heimatlose aus dem besetzten Europa, aus Frankreich, Belgien, Holland, der Tschechei und Polen bildeten ihre eigenen Troops in den Commando-Brigaden und formten 10 (Inter-Allied) Commandos**), aus denen verstärkt Fallschirmagenten und Partisanenführer für Einsätze in den besetzten Ländern gezogen wurde. Das schottische Ausbildungslager war nur ein Schritt in der Ausbildung dieser Männer, von denen viele ihre Einsätze nicht überlebten. Achnacarry wurde für viele Armeen zum Modell für ihre eigene Spezialausbildung. Vaughans Lehren und sein Motto fand seine Fortsetzung in Frankreich und Belgien, in den USA und Kanada, in Norwegen und zahlreichen Ländern der III. Welt. Während der Jahre 1941–45 wurden Commandos in den Mittelmeerraum abkommandiert und Ausbildungskurse auf Malta und Gibraltar, Ägypten und Palästina eingerichtet, die sich eng an das schottische Vorbild anlehnten. Das Commando-Konzept wurde in den verschiedensten Varianten realisiert: Als »Raiding Forces« der Royal Navy, Strandaufklärer und Kampfschwimmer, die mit Kleinst-U-Booten, als Torpedotaucher, mit Kajaks und Fischereikuttern operierten. Wingate schuf in Burma seine »Chindits«, die Amerikaner riefen die 5307th Composite Unit (»Merrill's Marauders«) ins Leben, um hinter den japanschen Linien zu operieren. In Europa waren die Commandos an allen Fronten eingesetzt: Sie schützten Gibraltar vor einem eventuellen deutschen Überfall, waren im Vorfeld der Landungen in Italien und der Normandie und wurden immer wieder als Stoßtrupps, Vorauskommandos und Speerspitze beim Vormarsch in Italien und ins Reich eingesetzt. Army und Royal Marines Commandos waren auf dem asiatischen Kriegsschauplatz und kämpften in den Dschungeln von Burma und Malaysia genauso wie ihre Kameraden, die beim alliierten Vormarsch im Libanon und Syrien den Weg ebneten. Trotz ihrer hervorragenden Leistungen während des Weltkriegs wurde bereits im November 1945 in London die Entscheidung gefällt, die Commandos der Armee aufzulösen und diese Rolle den Royal Marines zu übertragen, die ihre eigenen Commando-Einheiten (No. 41 bis 49) seit dem Oktober 1942 aus Marinebataillonen formiert hatten.

---

*) Es wird geschätzt, daß insgesamt rund 25 000 Mann den Commando-Lehrgang während der Jahre 1942 – 45 durchliefen.

**) Eine der interessantesten und geheimsten Spezialverbände des II. Weltkrieg war X-Troop (oder No. 3) 10 Commando, auch bekannt als »The British Troop«, weil alle Angehörigen dieser Einheit mit falschen englischen Namen und Identitäten ausgestattet waren. Dahinter verbargen sich österreichische, deutsche und ungarische Juden, denen sonst bei der Gefangennahme ein weitaus grausameres Schicksal als anderer Kriegsgefangener gedroht hätte. Aufgrund ihrer Sprach- und Ortskenntnisse wurden X-Troop-Angehörige als Agenten, in deutschen Uniformen oder Zivilkleidern, tief im Hinterland des Feindes eingesetzt: Einige X-Troop-Commandos hatten eine Schlüsselrolle in den Ablenkungsmanövern, mit denen Hitler über die Lage der geplanten Landungsabschnitte in Nordfrankreich getäuscht wurde.

»Per mare per terram – Über See und Land«
Motto der RM Commandos

ROYAL MARINE COMMANDOS

Die Royal Marines, die 1946 den Aufgabenbereich der Armee-Kommandotruppen übertragen bekamen, sind Soldaten der Royal Navy und führen ihre Tradition auf das 17. Jahrhundert zurück. Am 28. Oktober 1664 wurde unter Führung des Herzogs von York, der spätere König James II., das »Maritime Regiment of Foot« gegründet und wie seine modernen Nachfolger, die Royal Marine Commandos, aus den Truhen der Admiralität bezahlt. In den folgenden Jahrhunderten nahmen die Seesoldaten an zahlreichen Eroberungen und Seeschlachten teil: 1900 britische und 40 holländische Marines eroberten im Juli 1704 Gibraltar, in einer ähnlichen Landeoperation erstiegen Marines 1761 die Kliffs der bretonischen Kanalinsel Belle Isle und sicherten die Landung eines Expeditionskorps. Marines unterstützten Schiffsbesatzungen im Mittelmeer, in der Ostsee und im Atlantik, kämpften bei Trafalgar und in der Karibik, nahmen an zwei Feldzügen gegen die amerikanischen Kolonien teil und eroberten deutsche Stellungen bei Zeebrugge 1918 und auf der Walcheren-Insel im November 1944.

Heute haben die Royal Marine Commandos eine Gesamtstärke von weniger als 8000 Mann, hauptsächlich zusammengefaßt in der 3 Commando Brigade. Zu diesem Verband gehören 40 Commando Royal Marines, 42 Cdo RM, 45 Commando Group mit dem Mountain & Arctic Warfare Cadre, einem Hubschraubergeschwader, 29 Cdo Light Regiment Royal Artillery, dem Logistikregiment und Pioniereinheiten. Artilleristen, Instandsetzungstrupps und Pioniere sind traditionell Armeesoldaten, die permanent zu den Royal Marines abgestellt werden. Marineinfanterie-Abteilungen sind außerdem auf Schiffen der Flotte eingesetzt, wo sie seit altersher einen Teil der Geschütze und Fla-Waffen bemannen und Sicherheits- und Prisendienst versehen.

Der Aufgabenbereich der Royal Marine Commandos hat sich in den vier Jahrzehnten seit Ende des II. Weltkriegs erheblich verändert: Waren die Marinesoldaten in den fünfziger und sechziger Jahren die Nachhut des britischen Rückzugs aus den überseeischen Kolonien, so nehmen heute die Aufgaben innerhalb der NATO-

Auch das gehört zum Aufgabenbereich der Royal Marine Commandos – Großbritannien in Fernost zu repräsentieren, wenn es sein muß auch mit Kapelle und im traditionellen Tropenanzug.

Auf den Falklands lieferten sich Paras und Commandos bei dem Vormarsch auf Port Stanley ein Wettrennen mit der doppelten Ladung an Munition und Gepäck auf dem Rücken!

Flankensicherung einen Großteil der Commando-Verbände in Anspruch.

Während in Malaysia, Palästina, Borneo und Aden Guerillabekämpfung im Vordergrund stand, folgten die Marines in den sechziger Jahren den Spuren ihrer Vorgänger im Norden Norwegens: Techniken der arktischen Kampfführung, des Überlebens in Schnee und Eis und das Skilaufen stellten einen scharfen Gegensatz zu den Dschungelübungen und Tropeneinsätzen, die auch heute noch eine Teilaufgabe der Commandos sind. September 69: der erste »internal security« Einsatz in Nordirland, ihm schlossen sich zahllose 4-Monats-Touren an.

Ausbildung:

Ein Veteran der Armee-Commandos von 1942 würde im modernen Grundausbildungscenter von Lympstone viel Vertrautes finden: Zwar leben die heutigen Rekruten in Gemeinschaftsunterkünften, während die Männer von Achnacarry das Privileg der Einquartierung bei Privatleuten genossen, aber das Tempo, die Hindernisläufe, die Drill- und Kliffphasen sind gleich geblieben. Rekruten, die nach Lympstone kommen, haben bereits zu einem früheren Zeitpunkt eine dreitägige Testphase überstanden, in denen ungeeignete Freiwillige ausgesiebt wurden. Auch während der 30 Wochen des Commando-Lehrgangs wird eine nicht geringe Anzahl Anwärter ausscheiden. In den ersten 15 Wochen ist der Alltag mit der normalen infanteristischen Ausbildung angefüllt, Einzel- und Gruppenschießen, Felddienst, Nachttaktik, Konditionstraining. Zu dieser Phase gehört ein Schwimmtest – und falls sich der Rekrut als unsicherer Schwimmer erweisen sollte – Nachhilfeunterricht auf diesem Gebiet. Navigation, nautische Mathematik, Kartenunterricht wird als Theorie in Klassenräumen vermittelt und im Gelände getestet.

Die zweiten 15 Wochen konzentrieren sich auf die Feinheiten fortgeschrittener Infanteriegefechtsführung, der Zusammenarbeit mit Hubschraubern, den Gebrauch von Funk- und Signalgeräten, schweren Panzerabwehrwaffen und einem immer wichtiger werdenden Abschnitt – »CRO«:

»Counter-Revolutionary Operations« ist die englische Bezeichnung für alle Arten der Kleinkriegsführung gegen Terroristen und Guerillas. In einem nahe Lympstone gelegenen Dorf werden die Rekruten im Streifendienst, in der Durchführung von Personen- und Fahrzeugkontrollen und in der Abwehr terroristischer Anschläge unterwiesen. Häuserkampf steht hier auf dem Programm und am Ende stehen praktische wie schriftliche Prüfungen, in denen die Rekruten ihre Kenntnisse der CRO, der gesetzlichen Grundlagen und Dienstanweisungen für Einsätze wie in Nordirland unter Beweis stellen müssen.

Gefechtsmärsche beginnen mit 8-, dann 12-Meilen-Strecken mit einem Gesamtgepäck von 50 Pfund, am Ende der Ausbildung steht ein 30-Meilen-Marsch mit Gewehr und Koppelzeug. Der »30-Meiler« und ein 9-Meilen-Eilmarsch gehören zur Abschlußprüfung, dem Commando Test, in dem alle Einzelheiten der vorangegangenen 29 Wochen zusammenkommen. Einige der Testelemente reichen auf die Tage von Achnacarry zurück – wie der »Tarzan« und der Angriffskurs, eine Hindernisstrecke besonderer Art mit Seilen, Höhen und Tiefen, der mit einer Rutschpartie an einem Seil beginnt. Die Fähigkeit Angst und Erschöpfung zu überkommen, und nicht in Panik zu geraten, wird in dem Ausdauerparcours geprüft, der etwa zweieinhalb Kilometer lang über schwieriges Gelände mit Kliffs und Hügeln führt und dessen Stationen Wasserlöcher, Schlammgruben, Kanalschächte, ein Unterwassertunnel und Drahtverhaue sind. Am Ende dieser Testreihe steht ein 4-Meilen-Lauf zurück zur Kaserne und ein Prüfungsschießen mit dem Sturmgewehr, alles innerhalb

Ob mit den als „rigid raider" bezeichneten Sturmbooten oder per Hubschrauber...

... der Commando-Lehrgang weist die Rekruten in alle Formen der triphibischen Kriegsführung ein.

Winterkampfausrüstung für das norwegische Aufgabengebiet der Commandos.

Die Kriegsform der Zukunft? Royal Marine Commandos in ABC-Schutzanzügen.

von 73 Minuten. Zeitgrenzen sind überall vorhanden – der Tarzanparcours muß in 13 Minuten, der 30-Meilen-Marsch in acht Stunden und der 9-Meiler in 90 Minuten abgeschlossen sein. Das große Finale besteht in einer einwöchigen Manöverübung mit Sturmbooten, Hubschraubern und Fahrzeugen, bei der rund 250 Meilen (zumeist zu Fuß!) zurückgelegt werden und die besonderen Einsatzformen der Royal Marine Commandos zu ihrem Recht kommen. Der Rekrut, der alle diese Hürden genommen hat, erhält das grüne Barett und wird als vollwertiger Soldat in eine der Commando-Abteilungen der Brigade aufgenommen. Bei Eignung steht ihm der Weg in eine der besonderen Einheiten offen, die mit ihrer Spezialisierung die Elite innerhalb der RM Commandos bilden.

Ausstattung für den internen Sicherheitseinsatz in Ulster: Schutzhelm mit Visier, Splitterschutzweste und 37-mm-Schießgerät für Tränengas und Gummigeschosse.

Ein Spezialistentrupp des „Mountain & Arctic Warfare Cadre" in einem norwegischen Gletscher. Zur Sonderbewaffnung dieser und anderer Spezialeinheiten gehört das Colt M 16 im Kaliber .223.

M & AW – DIE »YETIS DER ROYAL MARINE COMMANDOS«

Die Geschichte dieser kompaniestarken Spezialabteilung der Royal Marines begann eigentlich bereits 1947, als die Gebirgsführerabteilung des Commando Training Centre anfing, sich die besonderen Kenntnisse der Kriegsführung auf Skiern anzueigenen. Mit der ab 1970 einsetzenden Neuorientierung der Royal Marines auf ihre NATO-Rolle in der Unterstützung der nordnorwegischen Verteidigung erhielt der Winterkampfbereich eine verstärkte Bedeutung: Alle Commandos und die ihnen angeschlossenen Heeres- und Marineangehörigen mußten nun auf den Einsatz unter arktischen Bedingungen vorbereitet werden.

Das »Arctic Warfare Training« ist ein dreiwöchiger Intensivkurs, in dem die Männer für ihren Norwegeneinsatz die Grundbegriffe des Skilaufens, der Kampfführung nördlich des Polarkreises und des Überlebens in Eis und Schnee erlernen. Das »Arctic Survival Training« ist ein Auffrischungskurs für jene, die bereits den AWT durchlaufen und norwegische Einsatzerfahrungen haben. Beide Kurse stehen unter der Regie des »Mountain & Arctic Warfare Cadre«, der im westschottischen Arbroath beheimateten Lehrabteilung des Landungskorps. Das Rückgrat dieser Kadertruppe bilden Unteroffiziersdienstgrade, die sich im ML 2 Kurs als Gebirgsführer und M & AW Instrukteure qualifiziert haben. Gleichzeitig stellen die Kader eine eigene Spezialeinheit dar – als Kommandotrupp und Aufklärer der 3 Commando Brigade der Royal Marines.

Der elfmonatige ML 2 Kurs (ML steht für mountain leader, Gebirgsführer) gehört zu den schwierigsten Lehrgängen in den britischen Streitkräften. Er steht nur erprobten Unteroffiziersdienstgraden offen. Mehr als die Hälfte der Freiwilligen werden schon in dem siebentägigen Eignungstest ausgesondert und nur einer von fünf Teilnehmern steht ihn in der Regel bis zum Ende durch. Die hohe Ausfallrate wird nicht nur durch die enormen psychischen und physischen Anstrengungen bedingt, die das Training in Eiswüsten und Hochgebirgslagen mit sich bringt: Nicht wenige Teilnehmer müssen wegen Verletzungen ausscheiden, die vom Kletter- und Skitraining herrühren. Der Lehrgang beginnt mit Kliff- und Bergsteigen an der englischen und schottischen Küste, beinhaltet taktische Angriffsübungen, Durchschlagephasen und Survivalunterricht. Die Szenerie wechselt von Schottland nach Dartmoor, von Wales nach Norwegen. Zwischendurch absolvieren die ML-2-Kandidaten den Lehrgang für militärische Skilehrer, den vierwöchigen Scharfschützenkurs der Royal Marine Commandos und den Fallschirmspringerlehrgang in der RAF Basis Brize Norton. Höhepunkt der Ausbildung ist ein vierwöchiger Bergsteiger- und Gletscherkurs in den Schweizer Alpen.

Am Ende ist der Kandidat in allen Aspekten der Winterkampfführung geschult: Er hat als Einzelkämpfer oder als Teil einer Vierer »patrol« Navigationsmärsche über fünfzig Kilometer bei Nacht, in tiefverschneiten Gebieten und mit achtzig Pfund schweren Rucksäcken bestanden und kann maritime Landungen an Steilküsten planen und durchführen. Er ist in der Lage, nach nächtlichem Flug von Schottland an einem Fjord in Nordnorwegen nachts mit dem Schirm abzuspringen, sich sofort zu orientieren, die Luftlandung nachfol-

Nach wie vor legen die Royal Marine Commandos einen Schwerpunkt auf die Bewältigung von Kliffs und Bergen.

gender Kräfte vorzubereiten und sich dann mit einem »Agenten« der norwegischen Alliierten zu treffen, der irgendwo im verschneiten Hochgebirge an einem Koordinatenpunkt dreißig Kilometer von der Landezone auf ihn wartet – all das mit einem Minimum an Schlaf. Die A & MW Kader sind die Schneemenschen der RM Commandos, sie können im Hochgebirge und in Gletscherzonen operieren und in Schneehöhlen übernachten. Auf den Falklands stellten sie dieses Können unter Beweis, als sie das Malo-Haus, eine Schlüsselstellung der Argentinier im Zentralmassiv der Insel, überrannten.

In Norwegen und auf den Falklands haben sich die BV 202 Volvo Schneemobile der Commandos hervorragend bewährt.

Ein 105 mm Geschütz der Commando-Batterie wird in Stellung gebracht.

SPECIAL BOAT SQUADRON (SBS)

Das SBS entstand zur gleichen Zeit wie die Commandos als Verfügungstruppe im Rahmen des Heeres. Ursprünglich waren die Goatley-Faltboote, die Folbot-Kajaks oder Cockle-Kanus nur ein Mittel zum Zweck, eine Transportweise, um Commandos unerkannt anzulanden. Sehr bald aber wurde erkannt, daß der erhebliche Trainingsaufwand und die speziellen Kenntnisse der Kanuten eine eigene Sondertruppe rechtfertigen. Die verzweifelte Lage, in der sich England 1940–41 befand, war das geeignete Klima, in dem regelrechte »Privatarmeen« blühen konnten: Ohne zentrale Leitung und Ordnung entstanden im Heer und der Marine die verschiedensten Spezialeinheiten und Sondereinsatzgrüppchen, wie z.B. die COPPs (Combined Operations Pilotage Parties), eine spezielle Kampfschwimmereinheit zum Aufklären von Strandverhältnissen, Markieren von Unterwassersperren und Einweisen von Landeverbänden. Das »Royal Marine Boom Patrol Detachment« war eine andere Kanutengruppe, die sich auf Hafeninfiltrationen spezialisierte und mit einfachen Paddelbooten arbeitete. Die Einheit führte im Dezember 1942 einen Angriff auf Schiffe im Hafen von Bordeaux durch, der recht erfolgreich war. Andere Einsätze im Mittelmeer schlossen sich an. Diese Angriffsweise, deren Hauptwaffe die Haftmine war, wurde auch vom SBS unternommen.

SBS-Kajak-Team, der vordere Mann führt die schallgedämpfte L 34 A1 Version der Sterling 9 mm Para Maschinenpistole.

Spezialausrüstung der britischen Kommandos mit Survival-Pack, eisernen Rationen, Schlafsack, Funkgerät und Sprengladungen.

Kampfschwimmer/Kanuten-Team: Der Ein- und Ausstieg aus den Faltbooten ist ein heikles Unterfangen. Die Navigationsbretter der Taucher sind auf den vorderen Teilen der Klepper zu erkennen.

Ausstieg aus einem U-Boot. Das Atemgerät ist ein französisches Modell DC 55, in dem die Atemluft zirkuliert und keine verräterischen Blasen auftauchen läßt. Während im II. Weltkrieg das Ausbooten aus Unterseebooten eine selten gebrauchte Infiltrationstechnik war, gehört es heute zum Standardrepertoire.

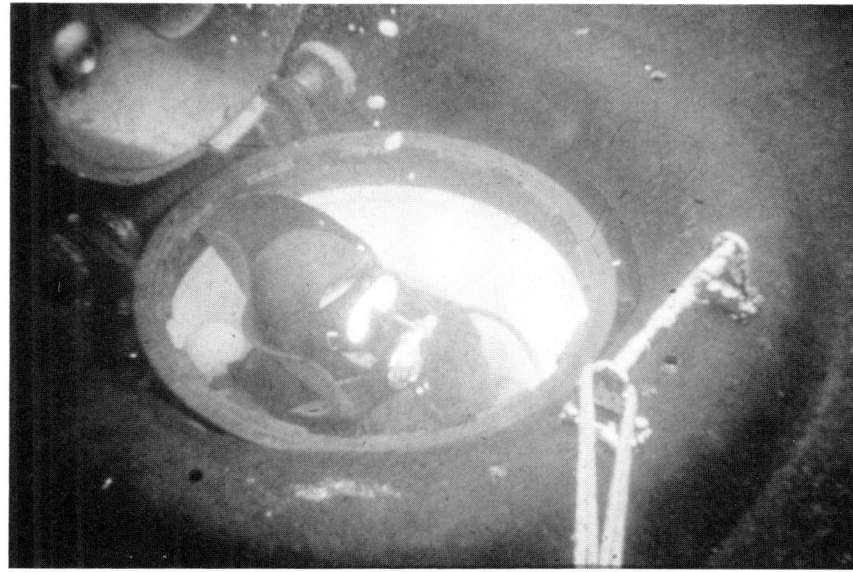

Die erste Special Boat Section entwickelte sich aus eigenständigen Experimenten von No. 6 Commando unter Leutnant Courtney. Am Anfang sollte jedes Commando eine Sektion von 30 Kajakfahrern erhalten – ein Plan, der sich sehr schnell als unrentabel erwies. Statt dessen wurde nur eine Sektion unter Lt. Courtney 8 Commando angegliedert. Diese 17 Mann starke Einheit wurde im Februar 1941 in den Mittelmeerraum verlegt und unternahm dort zahlreiche Kleinkriegsaktionen und Aufklärungsfahrten. In England wurden währenddessen weitere Übungen, aber keine Einsätze mit Kajaks durchgeführt. Eine zweite Special Boat Section entstand als Teil von No. 6: »Troop 101«. Anfängliche Schwierigkeiten vereitelten oder erschwerten die Erfolgsaussichten von Handstreichaktionen mit Paddelbooten. Die zivilen Holz- und Segeltuchkonstruktionen waren für Seen und andere Inlandgewässer entworfen worden, nicht für das Durchfahren von Meeresbrandungen. Es fehlte an Spritzdecken, wasserdichter Kleidung und passenden Navigationsgeräten. Boote gingen verloren und Besatzungen verschwanden spurlos, nachdem sie von U-Booten oder Torpedo-Schnellbooten vor der französischen Küste abgesetzt wurden. Die SBS-Leute machten weiter, trotz der Verluste und Widrigkeiten: Im April 1942 brachten sie Haftminen an Sperrbrechern im Hafen von Boulogne an, andere versuchten sich in einer Serie von Aufklärungsaufträgen an der Kanalküste. SBS-Gruppen operierten gegen die Japaner an der Küste von Nord Sumatra, im Chindwin, Arakan und Irrawaddy Fluß. Von Australien aus wurden zwei Angriffe gegen den Hafen von Singapur durchgeführt.

Zuerst schien es, daß die Auflösung der Kommandotruppen 1946 auch ein Ende des Geschwaders sein würde: Die Royal Marines hatten zwar den Aufgabenbereich der Commandos übernommen, aber keine besondere Verwendung für die Paddler, denen ein wenig der Ruf eines Privatvereins anhaftete – ähnlich wie anderen Privatarmeen des II. Weltkriegs. Die alte Lehrstätte für amphibische Kriegsführung der Royal Marines in Eastney behielt aber die Möglichkeiten des Kajakeinsatzes im Auge und vervollkommnete diese Kleinkriegsführung im »Small Raids Wing«, aus dem später eine Kampftaucher- und Kajaktruppe, die Special Boat Company, ent-

Port Carlos, 21. Mai 1982, die 2. Landungswelle: Im Hintergrund die **HMS Fearless**, das amphibische Hauptquartier für Commodore Clapp und Brigadier Thompson. Paras und Commandos wurden in LCUs (Landing Craft, Utility) an Land gebracht.

stand. 1977 wurde diese Abteilung der RMC in Special Boat Squadron umbenannt. SBS-Teams wurden in der Aufstandsbekämpfung im Sultanat von Oman, in Borneo und zuletzt auf den Falklandinseln eingesetzt.

Das Paddelboot ist immer noch eins der Hauptkampfmittel dieser Einheit – neben der Einsatzart als Kampfschwimmer oder per Fallschirminfiltration. Die Segeltuchboote von einst sind modernen Faltkleppern gewichen. Spezialkleidung und modernste Funkgeräte sind heute eine Selbstverständlichkeit – aber immer noch fordert der SBS-Einsatz ein überdurchschnittliches Leistungsvermögen sowohl körperlicher als auch psychischer Art.

»Schwimmer und Kanufahrer«

Die militärische Bezeichnung der SBS-Angehörigen lautet »swimmer-canoeist«, womit die Grenzen des Verwendungsspektrums dieser Spezialeinheit nur unklar abgesteckt sind. Die SBS-Teams können mehr als nur Schwimmen oder Kanufahren: Sie sind ausgebildete Sprengfachleute, Fallschirmspringer, können die verschiedensten Bootsarten beherrschen, verstehen sich auf das Überleben auf See und an Land und sind gleichermaßen für tropische wie arktische Klimazonen ausgebildet und ausgerüstet! Die Rekrutierung des SBS-Nachwuchses erfolgt aus den Reihen der Royal Marine-

Der Brückenkopf auf den Falklands. Das 7,62 mm NATO Maschinengewehr, brit. Bezeichnung GPMG, ist der belgische, Gasdrucklader FN MAG, eine äußerst zuverlässige und in zahlreichen Armeen bewährte Waffe. Commandos und Fallschirmjäger der britischen Streitkräfte sind auf Zug- und Gruppenebene damit ausgestattet. Auch die Argentinier führten dieses MG ins Feld, das eine verstellbare Kadenz von 650–1000 sch/min hat.

Im Oktober 1985 wurde für die britische Armee eine neue Standardwaffe, das SA–80 im Kaliber .223 eingeführt. Hier zeigt ein Commando die LMG-Version. Ähnlich wie das AUG von Steyr oder das frz. FAMAS ist der gesamte Verschlußteil dieses Gasdruckladers in den Schaft verlegt. Das System hat eine Kadenz von 700–750 sch/min und ist standardmäßig mit einer vierfachen Zieloptik versehen. (Photo: La Gazette des Armes, Paris).

Commandos. Nach einem dreiwöchigen Auswahl- und Testverfahren werden die Anwärter in einem 15-Wochen-Lehrgang in die Feinheiten der Tauch- und Kajakarbeit eingewiesen. Ein vierwöchiger Fallschirmkurs vervollständigt diese Ausbildung, bevor die neuen SBS-Männer zu ihren Sektionen abkommandiert werden, wo sie weiter trainiert werden.

SBS-Teams arbeiten in Manövern und Ernstfällen eng mit den Einheiten des Special Air Service zusammen, die übrigens eine eigene Boottruppe haben. Während des Falklandfeldzuges kämpften beide Verbände Seite an Seite. Sie führten in der Endphase des Angriffs auf Port Stanley eine Ablenkungsaktion durch, bei der sie von den Spezialisten des Raiding Squadron in Flachbooten an Land gebracht wurden. Frühzeitig entdeckt, wurden vier der Rigid Raider Boote zerstört. Ihre Fahrer schlossen sich den Kampftrupps des SBS und SAS an und kämpften als Infanteristen weiter. Für die Spezialisten des SBS begann der Einsatz im Südatlantik lange vor Eintreffen der Landungsstreitmacht: Zum Auftakt wurden einige Commandos per Fallschirm von einer C 130 abgesetzt und von einem U-Boot aufgenommen, mit dem das Team den restlichen Weg nach South Georgia zurücklegte. Mit Gemini-Schlauchbooten ging der Trupp an Land und bereitete die Eroberung vor. SBS-Schwimmer und Kanuten erkundeten mit dem SAS die San Carlos Bucht, wiesen die Landeboote ein und sorgten dafür, daß argentinische Posten auf einem nahegelegenen Berg keine Meldungen mehr absetzen konnten. SBS-Teams operierten als Aufklärer auf den Falklandinseln seit dem 1. Mai 1982, drei Wochen vor der Landung. Allem Anschein nach agierten SBS-Teams auch auf dem argentinischen Festland zusammen mit SAS-Einsatzgruppen.

»COMACCHIO COMPANY« – NEUE ZEITEN, NEUE AUFGABEN FÜR DIE ROYAL MARINES

1918, am Ende des I. Weltkrieges, hatten die Royal Marines eine Stärke von 55 603 Mann, dreimal so viel wie bei Ausbruch der Feindseligkeiten. 1944, im Jahr der Normandie-Invasion, trugen 78 400 Mann das Abzeichen mit Globus und Löwenkrone. Heute sind es rund 7 900 Offiziere und Mannschaften. Natürlich hat die Commando Brigade, das Kernstück der britischen Marineinfanterie, längst nicht mehr die personellen und ausrüstungsmäßigen Möglichkeiten, eine amphibische Landung gegen einen verteidigten Strand durchzuführen. Es ist auch fragwürdig, ob die klassische Truppenlandung – wie sie auf den Inseln des Pazifiks, an den Stränden Siziliens, bei Anzio oder in der Normandie das Bild prägten – heute überhaupt noch sinnvoll wäre: Die moderne Waffentechnik, der massive Einsatz von Hubschraubern und andere Veränderungen des Kriegsbildes ermöglichen heute weniger blutige und kostenreiche Angriffsmethoden. Die administrative Anlandung von Truppen, Gerät und Fahrzeugen ist an die Stelle des Sturms gegen Minensperren, Drahtverhaue und MG-beherrschte Strände getreten. Handstreichartige Überfälle, Raids und kleinere triphibische Unternehmen kennzeichnen den Aufgabenbereich der Royal Marine-Commandos in den Jahrzehnten nach 1945, die mit zahlreichen Konterguerilla-Einsätzen angefüllt waren.

Die Bedrohung der nationalen Sicherheit der europäischen Staaten durch international operierende terroristische Gruppierungen erfordert ein Umdenken, von dem auch so spezialisierte militärische Verbände wie die Royal Marine-Commandos nicht ausgespart bleiben: Der maritime Sektor bietet Terroristen, die mit einem gewissen technischen Einsatz arbeiten, eine Vielzahl von Angriffszielen, denen eins gemeinsam ist – sie sind schwer zu schützen:

- Aufgrund ihrer Eigenheiten liegen Kraftwerke aller Art immer an großen Gewässern oder an der Küste. Das gleiche gilt für Ölraffinerien, Öllager und andere Energie-Industrien. Eine Annäherung über oder unter Wasser ist leicht, Abwehrmaßnahmen einschließlich Sensoren sind nur begrenzter Schutz.
- Schiffe können, ähnlich wie Flugzeuge, Ziele terroristischer Angriffe und Geiselnahmen werden. Bisher wurden von 47 angegriffenen Schiffen 11 zerstört und 8 entführt. Ähnlich wie ein Flugzeug stellt ein Schiff bei einer Befreiungsaktion aufgrund der Größe und Mobilität erhebliche Probleme dar.*
- Ölbohrtürme und Ölförderanlagen. Die Abhängigkeit moderner Industriestaaten vom Öl sichert jedem terroristischen Angriff auf eine solche Einrichtung ein hohes Maß an Publizität zu. Abgesehen von der Umweltgefährdung durch brennendes oder auslaufendes Öl, ergeben sich auch versorgungstechnische Engpässe, die sich als Mittel der Erpressung geradezu anbieten.

Großbritannien bezieht zwei Drittel des im Lande benötigten Rohöls aus eigenen Förderanlagen in der Nordsee. Zwar sind Dutzende von Bohrtürmen vorhanden, aber die gesamte Fördermenge läuft über zwei Pumpstationen, die bei Ausfall nicht kurzfristig ersetzt werden können. Im Fall eines terroristischen Anschlags wäre eine Ölkrise im Land vorprogrammiert. Diese Bedrohung ist nicht fiktiver Art, wie ein Blick auf verschiedene Organisationen beweist: Die PLO unterhielt bereits Anfang der siebziger Jahre eine Kampftaucherschule im libanesischen Tripoli und ist stetig bemüht, ihre maritime Komponente zu erweitern. Palästinensische Terroristen wurden in den verschiedensten Ländern als Kampfschwimmer in maritimer Sabotage ausgebildet, so in Libyen und der Sowjetunion. Darüber hinaus sind Länder wie der Iran und Libyen im Besitz von Klein-Unterseebooten und anderer Seekampfmittel, die sich für derartige Anschläge sehr gut eignen.

Auf Veranlassung der britischen Regierung wurde im Sommer 1977 das »Oilsafe«-Programm unter Federführung der Royal Marines eingeleitet. Zum ersten Mal wurden Commandos mit den Schwierigkeiten der Verteidigung und Besetzung einer Bohrinsel vertraut gemacht. Es zeigte sich auch, daß man nicht einfach eine Commando-Kompanie aus ihrer normalen Diensttätigkeit für einige Wochen herauslösen und in dieser Spezialaufgabe drillen konnte. Der Schutz maritimer Ziele vor terroristischen Angriffen erfordert eine Spezialeinheit, die das ganze Jahr über Einsatzbereitschaft hält und ständig auf dem neuesten Trainingsstand ist. Im Mai 1980 wurde die »Comacchio Company« aus der Taufe gehoben, die ihren

---

* Nach einer Bombendrohung sprangen im Mai 1972 Spezialisten der Royal Marine Commandos per Fallschirm über dem Atlantik ab, um zu dem auf hoher See befindlichen Schiff Queen Elizabeth II zu gelangen und es nach Bomben abzusuchen – eine Aktion, die nicht ohne Verluste ablief.

Beide Aufnahmen machen Größenverhältnisse und enorme Schwierigkeiten der Bewältigung von terroristischen Anschlägen auf maritime Ziele deutlich. Tanker und Bohrtürme haben immense Ausdehnungen, die jedes Einsatzteam einkalkulieren muß.

Namen nach dem Comacchio-See in Italien trägt, an dessen Ufer sich das 43 Commando im April 1945 bei einem Angriff auf stark befestigte Stellungen auszeichnete.

Comacchio Company (heute als Group bezeichnet) ist eine Abteilung von etwa 500 Mann mit der besonderen Aufgabe der Terroristenabwehr im maritimen Bereich. Die Einheit wird für Einsätze gegen Bohrinseln, Tanker und Ölförderanlagen genauso ausgebildet, wie sie zum Schutz von Hafen- und Pumpanlagen, beim Sicherheitsdienst in Nordirland und in der Bewachung anderer empfindlicher Ziele ausgebildet wird. Die Einheit arbeitet eng mit der Polizei zusammen, in deren Verwaltungsbereich Ölanlagen und Bohrtürme vor der Küste fallen. Sie unterhält aber auch enge Kontakte mit dem SAS, und es kann erwartet werden, daß bei einer Aktion gegen terroristische Attentäter beide Abteilungen Hand in Hand an die Bewältigung der Lage gehen.

Comacchio Group ist ein Mischverband von etwa 500 Mann. Neben der Führungsgruppe mit ihrer sehr großen nachrichtendienstlichen Abteilung zur Analyse und Auswertung von Szenarios und Bedrohungslagen, unterhält der Verband mehrere Einsatzbereitschaften, von denen mindestens eine durchgehend 24 Stunden

„Fast-roping", das schnelle Heruntergleiten an einem Spezialseil ohne Karabiner und nur mit den Händen kontrolliert ist ein brauchbares Mittel um schnell auf einem Schiff oder einer Bohrinsel zu landen.

lang abrufbereit ist. Jede dieser Gruppen zerfällt in drei Einsatzelemente, die den besonderen Bedingungen entsprechen:

- Die »sniper section«, einer Gruppe Scharfschützen und Beobachter Teams
- Zwei Gruppen SBS Schwimmer-Kanuten mit voller Tauchausrüstung
- Zwei Infanteriezüge Commandos

Hollywood-Filme und Romane haben ein falsches Bild von den enormen Schwierigkeiten entworfen, die ein Anti-Terror-Einsatz auf hoher See mit sich bringt. Man muß sich nur ein Szenario vorstellen, bei dem eine Bohrinsel gekapert und die Regierung mit der Sprengung erpreßt wird: Die Einsatzkräfte würden stunden- und tagelang auf Booten und Schiffen bereitstehen, während die Verhandlungen laufen – ungeachtet der Wetter- und Wellenverhältnisse. Käme es zum Einsatz, so müßten die Kampfschwimmer eine erhebliche Strecke unter Wasser zurücklegen, vielleicht nachts, vielleicht bei rauher See. Eine Gezeitenströmung beträgt in der Nordsee 7 – 8 Knoten, ein Schwimmer hat eine Geschwindigkeit von einem halben Knoten! Auch gute Sportler wären hinreichend erschöpft, nachdem sie ein, zwei Meilen bei rauhem Wetter in der Nordsee schwimmen müßten. Für die SBS Männer beginnt aber bei Erreichen der Bohrinsel erst die wirkliche Arbeit. Mindestens an einer Stelle, wenn es die Situation erfordert vielleicht auch an zwei oder drei Stellen, muß der Bohrturm erstiegen werden, um Wachen auszuschalten, Sprengladungen zu entschärfen und die Landung des Restverbandes einzuleiten – eine Aufgabe, die nicht nur reine Körperkraft und erhebliche Reserven erfordert, sondern auch noch in aller Stille und mit größtem taktischen Verstand durchgeführt werden muß. Das Vorausteam der Taucher kann immer wieder mit einer plötzlichen Veränderung der Lage, mit unerwarteten Hindernissen oder Problemen anderer Art konfrontiert werden, die eine radikale Abkehr vom Plan und ein Improvisieren vor Ort erzwingen. Im entscheidenden Moment erfolgt dann die Landung der Infanteriezüge per Hubschrauber. Auch hierbei kann nicht damit gerechnet werden, daß den Comacchio Commandos die Landezone der Bohrinsel zur Verfügung steht. Terroristen wären dumm, diese nicht durch Kräne, Tonnen oder Gerät zu verstellen. Also muß abgeseilt werden, und die besonders ausgesuchten Royal Marines der Luftlandegruppen sind vorbereitet, 20 – 25 Meter im »fast-roping« Verfahren auf das Deck zu fallen.

Natürlich sind die Angehörigen dieser Spezialeinheit der Royal Marine Commandos keine neuen Rekruten, sondern erfahrene Soldaten, die nun eine weiterführende Ausbildung erhalten, um sie mit den baulichen Strukturen von Bohrinseln, Terminals und Schiffen vertraut zu machen. Auf dem Unterrichtsplan stehen natürlich solche einsatzspezifischen Punkte wie der Gebrauch von Tränengas, Sprengfallenerkennung und Entschärfung, Waffengebrauch bei Geiselbefreiung. Eine der schwierigsten und zeitraubendsten Aufgaben der Comacchio Group-Führer ist die Zusammenarbeit mit den verantwortlichen zivilen Polizei- und Verwaltungsstellen, die erst in die Möglichkeiten und Grenzen dieses Einsatzverbandes eingewiesen werden müssen, um in der Lage zu sein, im Ernstfall die richtigen Entscheidungen zu fällen.

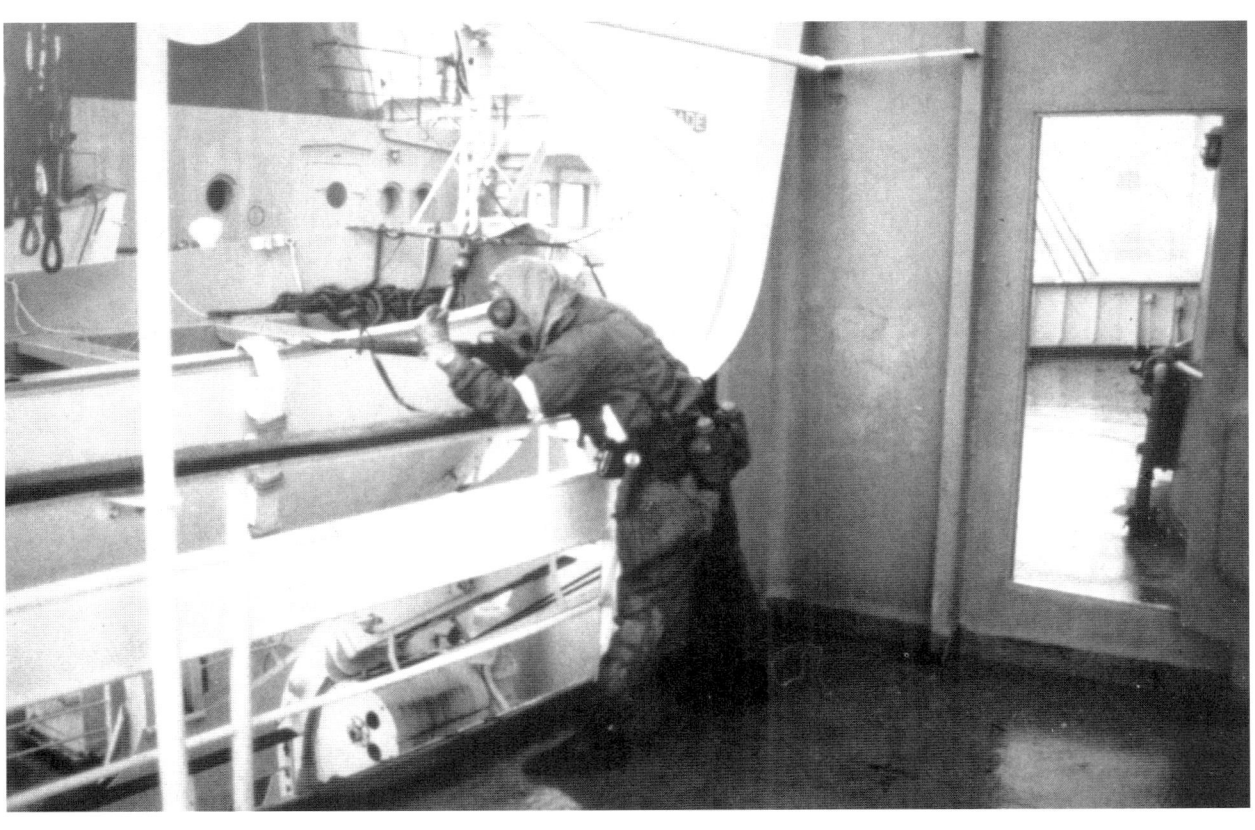

Comacchio-Spezialisten im Einsatz auf dem Zielobjekt.

HOLLAND: MARINIERS UND KORPS COMMANDO TROEPEN

Die Niederlande sind nicht gerade für ihre Armee berühmt, mitunter werden die holländischen Streitkräfte mit ihrer Gewerkschaft und dem von langen Haaren und wilden Bärten geprägten Erscheinungsbild in der deutschen Presse als abschreckendes Beispiel zitiert – so als könne man die Schlagkraft einer Armee an ihrer Haarlänge messen. Innerhalb der NATO aber werden die holländischen Partnertruppen als zuverlässig und professionell geschätzt: Der Kommandolehrgang gehört zu den härtesten Kursen seiner Art innerhalb des Atlantischen Bündnisses. Die Mariniers haben in zahlreichen Einsätzen – in Krisengebieten und als Anti-Terror-Kommando im eigenen Land – ihre Leistungsfähigkeit unter Beweis gestellt.

»Qua Patet Orbis – wohin wie Welt reicht!«

Die Gründung der königlichen Marineinfanterie fällt in den gleichen Zeitraum wie der ihrer britischen Waffenbrüder: Am 10. Dezember 1665, zu Beginn des zweiten Seekriegs der holländischen Staaten mit England, wurde das Korps von Admiral Michiel de Ruyter ins Leben gerufen. Anderthalb Jahre später nahmen die Mariniers an ihren ersten Landungsaktionen entlang der englischen Küste teil und bewiesen ihren Wert. Die Korpsgeschichte weist

Holländische und englische Marines arbeiten bei Ausbildung und Manövern eng zusammen. Zur Standardbewaffnung der Mariniers gehört nach wie vor die Uzi-Maschinenpistole israelischer Herkunft, Kaliber 9 mm Parabellum.

andere Namen auf: Kijkdun als Ort einer Seeschlacht, in der holländische Matrosen und Marineinfanteristen eine vereinigte französisch-englische Flotte bekämpften, oder New York, das 1673 von einer Landungstruppe eingenommen wurde. Im folgenden Jahrhundert kämpften Holland und England Seite an Seite im Spanischen Erbfolgekrieg und holländische Mariniers verteidigten zusammen mit Royal Marines Gibraltar. Mariniers dienten in den überseeischen Kolonien Hollands, während des Boxeraufstands in Peking und

Holländische Marineinfanteristen der United Kingdom/Netherlands Coambined Landing Force in Nordnorwegen.

Wie die britischen Commandos sind die Mariniers für den Dschungeleinsatz trainiert und ausgerüstet, hier bei einem verregneten Biwak.

verteidigten Rotterdam und die Maasbrücken im II. Weltrkieg. Nach 1945 wurden die Mariniers auf Brigadestärke gebracht. Heute hat das Korps eine Gesamtstärke von rund 2 800 Mann, einschließlich der 170 Offiziere und 800 Unteroffiziere. Der Verband untersteht der Navy und ist operativ eng an die britischen Royal Marine Commandos angelehnt.

Neben den Abteilungen von Mariniers, die auf Schiffen abkommandiert sind, unterhält das Korps zwei Amphibische Kampfverbände (ACG-Amph. Combat Groups) von je 600 Mann: Beide Verbände sind Eingreifreserven und entsprechend strukturiert, um unabhängig zu operieren. Sie bestehen in ihrem Kern aus zwei Schützenkompanien zu je vier Infanteriezügen und einer schweren Kompanie mit Mörsern, Panzerabwehrwaffen und Maschinengewehren. Der erste Kampfverband ist in Doorn in den Van Braam Houckgeest Kasernen stationiert und innerhalb der NATO-Verteidigungsstrategie zusammen mit der britischen 3 Commando-Brigade für den norwegischen Einsatzraum vorgesehen. Die 2nd ACG ist auf Curacao und Aruba stationiert und Teil der Verteidigungsreserve für die niederländischen Antillen.

In der NATO haben die »Koninklijke Mariniers« stets einen engen Kontakt zu den belgischen Para-Commandos und den amerikanischen Marines gehalten, aber die Zusammenarbeit mit den britischen Landungskräften geht traditionell auf den II. Weltkrieg zurück, als Holländer ihren eigenen Troop im 10 Interallied Commando hatten und holländische Marines mit der Princess Irene Brigade in der Normandie landeten. Ausbildungs- und waffenmäßig haben sich die Mariniers eng an die britischen Commandos angeglichen, so daß beide Verbände ohne Verständigungs- oder Nachschubschwierigkeiten in der »UK/NL Landing Force« kooperieren können.

85 % Berufssoldaten

Zwar hat Holland die allgemeine Wehrpflicht eingeführt, aber nur 15 % der Mariniers sind Rekruten aus dieser Schicht. Offiziere und Unteroffiziere müssen sich für 10 bzw. 6 Jahre mindestverpflichten und erfahren eine ausgedehnte militärische, wissenschaftliche und berufstechnische Ausbildung. Der hohe Anteil an Führungsdienstgraden und Berufssoldaten ist nicht nur ein Zeichen für den Elitecharakter der Mariniers, sondern deutet vor allem auf ihre Kaderfunktion hin: Im Krisenfall können die holländischen Streitkräfte durch »Beurlaubte« und Reservisten innerhalb kürzester Zeit verstärkt werden. Nach der Grund- und Gefechtsausbildung in Doorn, wo sich auch die Spezialeinheiten der Mariniers befinden (wie z. B. die »Nahkampfeinheit«, aus der Spezialisten für den Anti-Terror-Einsatz herangezogen werden), erfolgt in Texel die Ausbildung an Schlauchbooten und Landefahrzeugen. Spezialkurse als Scharfschützen, Minentaucher, Funker oder in anderen Kategorien werden an eigenen Schulen des Korps oder an Heeresschulen durchgeführt. Eine besondere Einheit für den Gebirgs- und Winterkampf ist die »Whiskey-Kompanie«, eine Spezialeinheit der Mariniers, Gegenstück zum M & AW Cadre der Royal Marine-Commandos. Für Einsätze in Nord-Norwegen ist W Coy in die britisch-niederländische Landungsgruppe eingegliedert und dient ihr als Aufklärungs- und spezieller Verfügungsverband.

Korps Commando Troepen – KCT

1950 wurde diese Korpsverfügungstruppe als Kommandoeinheit wieder aktiviert, nachdem sie gegen Ende des II. Weltkriegs aufgelöst worden war. Die KCT entstand aus dem 2nd Troop, No. 10 Interallied Commandos, der holländischen Spezialeinheit in englischen Diensten, als Holland von Deutschland besetzt war. Ursprünglich sollte die Commando Troepen eine kompaniestarke Spezialeinheit für taktische Unternehmungen im Hinterland des Angreifers sein, aber ab 1964 wurde der Auftrag der Einheit geändert:

In erster Linie ist die Kompanie heute eine Aufklärungs- und Fernspähabteilung der Heeresleitung, in zweiter Linie ist sie ein Ausbildungszentrum für Heer und Marine, verantwortlich für die einsatzgerechte Durchführung von Spziallehrgängen in Survival, Para-Commando-Einsätzen, Einzelkämpfer-Verhalten und aller Arten von Navigation, dem Umgang mit Kajaks und Flachbodenbooten im holländischen Kanalsystem. Diese Art Ausbildung konzentriert sich in zwei Phasen: Die Grundausbildung von neun Wochen für Kandidaten der Commando Troepen, der Kommandolehrgang von 8 Wochen, an dem auch Angehörige anderer Truppenteile, wie z. B. die Mariniers teilnehmen. Der Lehrgang findet vornehmlich in der freien Natur statt und kann seinen Ursprung im englischen Achnacarry nicht verleugnen. Obwohl Holland kaum Berge oder Kliffs aufweisen kann, stehen Kletterpartien auf dem Programm. Eine Durchschlageübung beendet den Kommandolehrgang, bei dem die Absolventen fast 200 km in vier Tagen zurücklegen müssen – zu Fuß mit rund 80 Pfund Ausrüstung und Gepäck, stetig auf der Hut vor Verfolgern, denen es auszuweichen gilt.

Die Absolventen, die diesen Test bestehen – und nicht wenige werden bei Versagen zu ihren Einheiten zurückgeschickt – sind für besondere Verwendungen als Spähtruppführer und Ausbilder vorgesehen. Die Rekruten, die sich direkt zu den Kommandotruppen beworben hatten, werden nach Durchlaufen des Lehrgangs in die 104. Wrnverkcie Commando Kompanie überstellt, eine Fernspäheinheit des 1. Niederländischen Armeekorps, wo sie ihre Spezialausbildung als Aufklärer und im HALO-Springen bekommen. Absolventen dieser Kompanie gehen als Reservisten in das 305. Bataillon Kommandotruppen über, der Verfügungstruppe der Nationalen Territorialverteidigung.

EIN ZUG UND EINE SCHULE

11. 6. 1977, 04:50 Uhr: Stundenlang hatten die Marineinfanteristen in den getarnten Erdlöchern auf diesen Moment gewartet, die Staffel F-104 Starfighter, die im Tiefflug über der Silhouette des Intercity-Zuges 747 erschien, war das Zeichen zum Angriff. Das ohrenbetäubende Dröhnen der Jets wird schlagartig von anderen Geräuschen begleitet. Mehrere MG-Schützen nehmen die Kanzel des Triebwagens unter Feuer, andere schießen auf die Verbindungselemente zwischen den Waggons. Einige Schemen rennen auf den Zug zu, Sprengladungen reißen die Türen auf. Eine Einsatzgruppe von dreißig Mariniers stürmen die Waggons, in denen sich Geiseln und Geiselnehmer seit 19 Tagen aufhalten. Das Rattern der MGs verstummt auch dann nicht, als die ersten Körper aus den Türöffnungen auf den Bahndamm fallen – das Deckungsfeuer auf die Waggons gilt keinen erkennbaren Gegnern, sondern bildet einen Feuervorhang zwischen dem Aufenthaltsbereich der 51 Geiseln und den Positionen der neun südmolukkischen Terroristen. Es verhindert, daß sich die Geiselnehmer ihren Opfern nähern können. Einzelne MG-Schützen waren angewiesen, mehrere Minuten lang Dauerfeuer zu schießen. Gleichzeitig werden die Geiseln über Megaphon angewiesen, sich auf den Boden zu werfen. Nur zwei Geiseln finden bei dem Sturm ihren Tod: Eine Frau, die in ihrem Erste-Klasse-Abteil abseits von den anderen Geiseln schläft, wird gleich zu Beginn des Angriffs von einem Geiselnehmer erschossen. Eine der Geiseln kommt den Lautsprecheraufforderungen nicht nach, gerät in den Kugelhagel zwischen Terroristen und Befreiungskommando – ein ähnlicher Fehler führte zum Tod einer Geisel in der legendären Befreiungsaktion von Entebbe.

Zeitparallel zu dem Angriff auf den Zug, findet im 18 km entfernten Bovensmilde die Befreiung einer zweiten Gruppe Geiseln statt: Dort hatten vier Molukker 105 Kinder und vier Lehrer überfallen, während ihre Kumpanen sich des Zugs bemächtigt hatten. Am 27. Mai werden die Kinder von den Geiselnehmern freigelassen, nachdem sie an einer Darminfektion erkrankt sind. Die Aktion gegen das Schulgebäude bleibt unblutig: Mit einem Schützenpanzer der Gendarmerie rammen die Mariniers eine Glasziegelwand ein und brechen durch die Eingangstür. Während das FN MAG auf dem M 113 für die notwendige Geräuschkulisse sorgt, überraschen die Einsatzkräfte die vier Molukker in ihrer Schlafecke. Die Geiseln sind unversehrt.

Für die Befreiungsaktion waren Spezialisten aus dem Korps Mariniers, der Kommandotruppen, anderer Armee-Einheiten, der Gendarmerie und der Luftwaffe zusammengezogen worden. Während die Verhandlungen liefen und noch auf eine gewaltlose Lösung des Geiseldramas gehofft wurde, erarbeitete ein Stab Modelle für Befreiungsaktionen. Auf dem Luftwaffenstützpunkt Gilze-Rijen bei Breda übten die Scharfschützen und Mariniers mögliche Einsatzmethoden an einem baugleichen Zug wie dem Geiselzug 747, der bei Assen auf freier Strecke stand. Starfighter übten die Tiefflugkehre über dem Zug, von deren Lärm eine kurzfristige schreckhafte Lähmung der im Zug Eingeschlossenen erhofft wurde. Mit der Stoppuhr in der Hand wurden die Bewegungsabläufe beim Eindringen in die Waggons getestet. Sprengversuche an den Türen wurden durchgeführt und eine Unmenge von Platzpatronen verschossen. Jede Einzelheit, die man über den Zug, die Passagiere und die Geiselnehmer in Erfahrung bringen konnte, wurde mit den Einsatzkräften besprochen. Vor allem das Verhalten der Terroristen, der »Tangos« im NATO-Code, war wichtig – wo sie schliefen, wo sie sich tagsüber im Zug postiert hatten, welche Waffen und Kleidung sie trugen. Kampftaucher des Korps hatten sich über einen Schiffahrtskanal neben der Zuglinie an den Bahndamm angenähert und waren nachts unter den Zug geklettert, um Mikrophone anzubringen, mit denen die Einsatzleitung die Gespräche im Zug abhören und sich über die Verfassung von Geiseln und Geiselnehmer ständig ein Bild machen konnte. Von einer nahen Scheune aus hielten Beobachter den Zug im Blickfeld ihrer Infrarotgeräte und versuchten anhand der Wärmezonen festzustellen, wo die Geiseln schliefen und in welchen Zugabteilen die Terroristen die Nacht verbrachten. Nachts krochen die Männer der Einsatztrupps über die Felder und legten nur 50 m vom Zug getarnte Stellungen an, von denen sie zum Zug sprinten konnten, wenn der Befehl zum Zugriff kommen sollte. Nach mehr als zwei Wochen waren die Hoffnungen beim Krisenstab auf ein

Aufgeben der Molukker gesunken, immer wieder wurde mit der Erschießung von Geiseln gedroht. Die Lage im Zug hatte einen kritischen Punkt erreicht. Noch einmal mußte der Angriff verschoben werden. Dichter Morgennebel machte die Pläne am 10. Juni zunichte. Erst am nächsten Morgen waren die Bedingungen günstig, mit dem ersten Licht des Morgengrauens brach der Feuersturm los, den nur drei der neun Terroristen überlebten.

Ähnlich wie ihre britischen Nachbarn haben auch die holländischen Sicherheitsbehörden in Ausnahmefällen keine Bedenken, Militär einzusetzen. Eine zivile Bereitschaftspolizei existiert in beiden Ländern nicht. Die holländische Gendarmerie, die »Koninklijke Marechausee«, ist aus dem Militär hervorgegangen und nimmt u. a. militärpolizeiliche Aufgaben wahr. Der Einsatz von Assen im Juni 1977 ist auch nicht der erste Fall, bei dem die Mariniers gewaltsam Geiseln befreien. Zwei Jahre zuvor hatten einige Häftlinge in der Turnhalle eines Zuchthauses während eines Gefangenengottesdienstes Wärter und Pfarrer in ihre Gewalt gebracht. Nach tagelangen fruchtlosen Verhandlungen griffen die Mariniers an: Die Oberlichtfenster der Turnhalle wurden zerschossen, der Raum mit Flutlicht erhellt, während der Stoßtrupp wild mit Platzpatronen um sich schießend auf die Geiselnehmer eindrang und sie mit körperlicher Gewalt überwältigte. Auch bei der Schule von Bovensmilde wurde vornehmlich nur mit Platzpatronen geschossen – die Anwendung tödlicher Gewalt konnte von den Marineinfanteristen verhindert werden, weil die vier Molukker rechtzeitig aufgaben. Anders im Zug – hier eröffneten die Terroristen sofort das Feuer auf die heranstürmenden Soldaten.

Die Geiselbefreiung von Assen wurde durch den parallelen Überfall auf die Schule kompliziert – eine Methode, derer sich die südmolukkischen Gewalttäter schon bei ihrer ersten spektakulären Aktion im Dezember 1975 bedient hatten. Damals gaben die Geiselnehmer nach zwei Wochen zäher Verhandlungen auf, nachdem sie sich eines Zuges und des indonesischen Konsulats in Amsterdam bemächtigt hatten. Im März 1978 mußten die Mariniers noch einmal einschreiten, als drei Molukker sich im Regierungsgebäude von Assen mit 71 Geiseln verschanzt hatten. Wenige Minuten bevor eine Frist ablief, nach der die Geiselnehmer jede halbe Stunde zwei Geiseln töten wollten, stürmte die Spezialeinheit. Die drei Terroristen konnten gefangen genommen werden. Die Geiseln kamen unverletzt frei – zwei Kandidaten für den ersten Geiselmord waren bereits ausgesucht und von den übrigen Gefangenen getrennt worden.

Fallschirmjäger – Soldaten der Dritten Dimension

Wenn man von Eliteverbänden und Spezialeinsätzen redet, kommen automatisch die Fallschirmjäger ins Gespräch. Sie sind die Elitetruppe par excellence, die ausgewählte Creme jedes Heeres. Das Aussteigen aus einem Flugzeug, mehrere hundert Meter über der Erde, sich nur auf das Funktionieren eines zusammengefalteten Bündels Kunstseide und Nylonstränge verlassend, ist ohnehin nicht jedermanns Sache. Dies aber über Feindgebiet nachts zu tun, mit der Möglichkeit, direkt in die Mündungen wartender Gegner zu gelangen, braucht einen besonderen Mann. Die Besonderheiten des Luftlandeeinsatzes – ob mit dem Schirm, dem Lastensegler oder dem Hubschrauber – verlangen, daß dieser Soldat nicht nur über eine ausgesprochen gute Kondition verfügen muß, sondern auch in der Lage ist, im kleinen Verband ohne die Sicherheit und Rückendeckung eines größeren Truppenteils, rückwärtiger Verbindungen und Nachschublinien zu kämpfen, und wenn es sein muß, sich auch allein zurechtzufinden und sich zu seinem Haufen durchzuschlagen.

Fallschirmjäger verfügen über einen besonderen »esprit de corps«, einer Grundhaltung, die Worte wie »unmöglich« nicht zu kennen scheint. Auch das »innere« Verhältnis, die Beziehungen von Mannschaften zu Unteroffizieren und Offizieren sind anders als bei normalen Verbänden – das gemeinsame Erlebnis des Springens verbindet. Mehr als bei anderen Truppen muß der Offizier und Unteroffizier der Fallschirmtruppe oder vergleichbarer Kommandoverbände durch das persönliche Beispiel führen – nicht umsonst läßt es sich kaum ein Kommandeur nehmen, beim Springen als erster in der Tür zu stehen. »Innere Führung« wurde in der Fallschirmtruppe schon jahrzehntelang praktiziert, bevor die Bundeswehr diesen Modebegriff schuf.

Das Luftlandekonzept – die Möglichkeit der Umklammerung eines Gegners durch luftgelandete Spezialverbände in seinem Rücken – hat sich transnational entwickelt, von Rußland ausgehend über Deutschland, Großbritannien und Nordamerika, und auch heute noch ist etwas von dieser internationalen Verbundenheit der Fallschirmjäger über nationale Grenzen und ehemalige Fronten hinweg zu spüren.

DIE ANFÄNGE

Die Möglichkeit des sanften Falls aus großer Höhe hat die Menschen seit dem ausgehenden Mittelalter fasziniert. Leonardo da Vincis zeichnerischer Entwurf eines Fallschirms ist die erste bekannte Darstellung, die ein praktikables Luftlandemodell zeigt. Aber bereits die Chinesen des 14. Jahrhunderts müssen Fallschirmsprünge gekannt haben, denn in einer Schrift, die der französische Missionar Vasson aus Peking mitbrachte, wird beschrieben, wie anläßlich der Thronbesteigung eines Kaisers 1306 Akrobaten zur Belustigung der Menge von Türmen mit Schirmen absprangen. In Europa war es der Ungar Fausto Veranzio, der 1617 die Möglichkeit der sanften Landung mit einem viereckigen Schirm demonstrierte. Mit dem Aufkommen der Heißluftballone nahmen dann auch die Fallschirmversuche zu. Jean Pierre Blanchard konstruierte 1784 einen Rettungsschirm, mit dem ein Luftschiffer abspringen konnte. Blanchard ließ bei seinen bezahlten Schauflügen mit dem Gasballon seinen Hund mittels Schirm zur Erde gleiten. Andere Luftschiffer folgten diesem Beispiel und retteten sich bei verschiedenen Anlässen mit großen Leinwandsegeln, die den Fall der Gondeln bremsten, als ihre Ballons platzten oder Risse bekamen. Im 19. Jahrhundert brachten englische und französische Luftschiffer das Fallschirmwesen mit Riesenschrit-

Deutscher Rettungsschirm für Ballonfahrer im I. Weltkrieg, der Fallschirm war noch nicht am Mann, sondern in einem festen Container außerhalb des Ballonkorbs angebracht.

hatte. Einige Männer, so Graf Schlieffen, könnten ein feindliches Hauptquartier im Handstreich nehmen, wenn man nur in der Lage wäre, den Fallschirmsinkflug lenkbar zu gestalten.

Der I. Weltkrieg brachte den standardmäßigen Einsatz von Rettungsfallschirmen für Kampfflieger, Ballonbeobachter und die ersten Fallschirmagenten. Aber der Einsatz von luftgelandeten Stoßtrupps oder ganzer Einheiten, der vielleicht eine wirkliche Alternative zu den festgefahrenen Frontstellungen und blutigen Frontalangriffen gewesen wäre, blieb aus: Wohl hatte ein Offizier des amerikanischen Expeditionskorps, Colonel »Billy« Mitchell, die Idee, einen Kampfverband der 1. U.S. Infanteriedivision per Fallschirm im Rücken der deutschen Verteidigungsstellungen von Metz abzusetzen, aber General Pershing war von der praktischen Durchführbarkeit des Vorhabens nicht überzeugt. Die Operation wurde zwar geplant, schließlich verschoben und geriet dann durch den Waffenstillstand in Vergessenheit. Nach 1918 wurde zwar in den verschiedensten Armeen mit der taktischen Luftlandung experimentiert, aber lediglich in Italien, der Sowjetunion und dem nationalsozialistischen Deutschland wurde die Entwicklung eigenständiger Fallschirmtruppen konzentriert vorangetrieben.

Russischer Übungsturm des Wehrsportverbandes Ossoviachim, ähnliche Türme werden heute noch in der UdSSR und z. B. auch in Großbritannien zur Fallschirmjägerausbildung benutzt.

ten voran, das Ehepaar Poitevin stellte mit seinem 30 kg schweren, halbkugelförmigen Schirm von 14 m Durchmesser einen Höhenrekord von 2000 m auf, der erst 1931 überboten wurde!

Bis zum I. Weltkrieg aber sollte der Fallschirm lediglich als Rettungsmittel für Ballonfahrer und Piloten beschränkt bleiben, obwohl die taktische Möglichkeit der Luftlandung von Truppen bereits im 19. Jahrhundert die Phantasien der Zeitgenossen Napoleons erregte. Eine Zeitlang fürchtete man in England sogar, daß die Franzosen das Inselreich mit einer Flotte aus Gasballons überfallen würden. Deutsche Generalstäbler machten sich zum ersten Mal im April 1889 Gedanken über die militärischen Möglichkeiten des Fallschirmabsprungs, als der amerikanische Luftschiffer Leroux eine Vorführung auf dem Übungsplatz der Militärluftschifferabteilung in Schöneberg bei Berlin gab, indem er aus 1000 m Höhe absprang und sicher vor den Augen des Chefs des großen Generalstabs, Graf Waldersee, landete. Der ebenfalls anwesende Generalquartiermeister und spätere Stabchef Schlieffen erkannte sofort die Überraschungsmöglichkeiten, die eine entsprechend motivierte Truppe mit dem Fallschirm

Eine Gruppe italienischer Fallschirmspringer mit dem Salvatore-Schirm. Dieses Bild zeigt die Männer bei der Inspektion kurz vor einem Einsatz im Juli 1940.

Die Italiener leisteten die Pionierarbeit auf diesem Gebiet: 1927 hatten sie mit dem »Salvatore« einen brauchbaren Rückenfallschirm mit einer Reißlinie, die am Flugzeug eingehakt wurde, um beim Absprung durch das Abreißen des Verpackungsacks den Entfaltungsvorgang des Fallschirmes einzuleiten. Im November dieses Jahres erfolgte der erste Massenabsprung, zehn Jahre später hatte sowohl das italienische Heer als auch die Marineinfanterie fest organisierte Fallschirmjägerbataillone. Jedoch kam es weder in Abessinien noch im II. Weltkrieg zu spektakulären Luftlandeoperationen dieser Truppen. Anders in der Sowjetunion – hier war Fallschirmspringen dank des Wehrsportverbandes »Ossoviachim« zum Volkssport geworden. Bis 1936 waren über 1,4 Millionen Jugendlicher in den Genuß eines Sprunges von einem der rund 600 Sprungtürme gekommen. 80 000 Mann hatten die volle Sprungausbildung durchlaufen. Unter Federführung von Marschall Tuchatschewski (der 1936 einer stalinistischen Säuberungswelle zum Opfer fiel) entwickelte sich die Fallschirmtruppe zu einem Elite- und Spezialverband innerhalb der Sowjetluftflotte. Fallschirmsoldaten erhielten besondere Vergünstigungen, eine besondere Uniform und waren durch Abzeichen vor der übrigen Armee herausgestellt. Allerdings wurde auch höchster Einsatz verlangt: Lange Zeit experimentierten die Russen mit den verschiedensten Absetzverfahren. Die Springer verließen den Flugzeugrumpf durch eine Luke und hangelten sich entlang der Tragflächen, bis sie auf ein Zeichen des Sprunglehrers losließen. Besonders geeignete Soldaten wurden für den Sprung aus großer Höhe, in der Regel 4500 m, ausgebildet. Ähnlich dem modernen HALO*-Verfahren ließen sich die Springer dabei bis auf 500 m Höhe durchfallen und öffneten dann den Rückenschirm manuell.

* HALO: »high altitude, low opening«

Die russische Luftwaffe versuchte sich auch in der Verwendung von Lastenfallschirmen zum Absetzen von schweren MGs, Motorrädern mit Beiwagen, Mörsern und ähnlichem schweren Gerät. Parallel dazu ging man auf die haarsträubendsten Ideen ein, von denen man sich ein Luftlandeverfahren ohne Fallschirm erhoffte. Aus extrem tieffliegenden Maschinen mußten Soldaten in hohe Schneewehen springen, andere wurden zu zweit oder viert in Container gesetzt, die, mit Rädern versehen, abgesetzt wurden, um dann nach mehr oder weniger wilder Fahrt zum Stillstand zu kommen. Ähnlich wie diese Container, so wurden auch große Säcke mit Stroh ausgepolstert und zum Absetzen von Soldaten benutzt. Natürlich waren alle diese Experimente von schwersten Unfällen begleitet und wurden bald eingestellt.

Nachdem der taktische Einsatz luftgelandeter Elitesoldaten bereits Anfang der dreißiger Jahre in Manövern der Roten Armee bewiesen war und 1931 bei der Bekämpfung asiatischer Banditen die Feuertaufe erlebte, folgten Massensprünge ganzer Bataillone und Regimenter. 1935 und 1936 demonstrierte die junge Sowjetmacht ihr neugewonnenes militärisches Selbstbewußtsein, indem sie ausländische Beobachter zu Armeemanövern einlud, bei denen Tausende von Fallschirmjägern zum Einsatz kamen. Im übrigen Ausland war man über die Dimensionen dieser Absprünge überrascht, blieb aber dem militärischen Wert solcher Massenlandungen gegenüber skeptisch. Der erste Fallschirmjägereinsatz der Militärgeschichte wurde mit geringem Erfolg im Krieg gegen Finnland durchgeführt: Im November 1939 landeten sowjetische Fallschirmtruppen bei Petsamo, später erfolgte eine zweite Luftlandung gegen die Mannerheim-Linie. Hauptsächlich aber wurden drei der vier existierenden Fallschirmjäger-Brigaden als normale Infanterie eingesetzt. Die vierte Brigade war bereits 1939 nach Asien verlegt worden und als Infanterie gegen die Japaner benutzt worden. Erst im Juni 1940 erfolgte wieder ein sowjetischer Luftlandeeinsatz bei der Besetzung von Bessarabien. Trotz dieses vielversprechenden Beginns hatten die sowjetischen Luftlandetruppen, die sich beim Einmarsch der Deutschen gerade in der Phase einer Umstrukturierung in Korps befanden, wenig Anteil am Sieg über Deutschland. Es mangelte vor allem an brauchbaren Transportflugzeugen zur Verwirklichung großangelegter Luftlandeunternehmen. Wann immer die Rote Armee eine oder mehrere ihrer Brigaden zum Fallschirmeinsatz delegierte, endete die Operation in einem verlustreichen Fiasko, bei dem die Fallschirmjäger ohne Jagdschutz mit zu wenig Transportmaschinen über ein zu großes Areal verstreut wurden, ohne Hoffnung auf Entsatz, Nachschub und Luftunterstützung. Die meiste Zeit waren die sowjetischen Fallschirmjäger während des »Großen Vaterländischen Krieges« als Gardeschützen aus dem Bereich der Luftwaffe heraus zum Heer abkommandiert.

GRÜNE TEUFEL DER LUFTWAFFE

Anders als die meisten europäischen Länder begriff man in Deutschland sehr früh die Möglichkeiten, die ein Absetzen großer Verbände aus der Luft bringen konnte. Durch die Versailler Friedensbedingungen eingeengt, hatte sich die Reichswehr bereits im Rahmen der Verträge von Rapallo 1922 mit den Sowjetstreitkräften verbündet. Deutsche Piloten wurden in Rußland ausgebildet und so blieb es nicht aus, daß die Reichswehr und ihr Nachfolger, die Wehrmacht, an den Entwicklungen des sowjetischen Fallschirmwesens regen Anteil nahm. Es ist mehr als ein Indiz für die Zusammenarbeit, daß auch die deutsche Fallschirmtruppe, als sie in den Jahren 1935 und 1936 aus den ersten Versuchseinheiten bei Heer und Luftwaffe entstand, schließlich Bestandteil der Luftwaffe und nicht des Heeres wurde.

Von Anfang an herrschte bei den Einheiten der neuen Waffengattung ein etwas anderer Ton als bei den regulären Verbänden der Wehrmacht. Die Fallschirmjäger waren ohne Ausnahme Freiwillige, die sich teilweise von traditionsreichen und geachteten Regimentern zu dieser neuen und unerprobten Truppe gemeldet hatten. Offiziere, Unteroffiziere und Mannschaften fühlten sich durch das gemeinsame Erlebnis des Fallschirmsprunges besonders verbunden und waren sich mehr als in anderen Einheiten des Umstandes bewußt, aufeinander angewiesen zu sein. Auf der anderen Seite aber waren die Soldaten dieses Luftwaffenverbandes einer verstärkten Grundausbil-

„Grüne Teufel" bei der Erdkampfausbildung mit dem G 34 als lMG und auf Dreibeinlafette zur Feuerunterstützung. Waffentechnisch stellte das deutsche Modell 34 den Durchbruch zu einem leichten, luftgekühlten Maschinengewehr mit Gurtzuführung und Wechsellauf dar, das der Infanterie eine bis dahin unerreichte Feuerkraft gab.

Eigens für Fallschirmjäger wurde das FG 42, eine Sonderwaffe, von der Firma Rheinmetall-Borsig entwickelt, das Gewehr, MPi und LMG ersetzen und der Luftlandetruppe ein Mehr an Feuerkraft kurz nach der Landung geben sollte. Selbst der Griff wurde so geformt, daß die Waffe auch vom Springer in der Luft hängend geschossen werden konnte. In seiner Konzeption und Leichtbauweise ist das FG 42 der Vorläufer der modernen Sturmgewehre.

dung unterworfen, die sich nicht nur in der normalen infanteristischen Gefechtstaktik erschöpfte: Motorradfahren und Kraftfahrzeugausbildung, Sprengen und Minenlegen gehörten dazu. Die Infanterieausbildung wurde um Elemente bereichert, die bis dahin nicht zum normalen Ausbildungsstand eines Rekruten gehört hatten: Pistolenschießen, waffenloser Nahkampf, der Umgang mit Signalmitteln und Funkgerät. Die Fallschirmjäger waren die ersten Soldaten, die mit Maschinenpistolen ausgerüstet wurden, später kamen andere Sonderwaffen hinzu. Vier Monate dauerte diese Grundausbildung, bis die Rekruten in der Fallschirmschule die Springerunterweisung erhielten.

Über die Verwendung der neuen Waffengattung war man sich im deutschen Generalstab lange Zeit nicht im klaren: Obwohl die russischen Manöver den massiven Einsatz ganzer Regimenter vorgeführt hatten, sah man im übrigen Europa den Fallschirmeinsatz eher in der Durchführung handstreichartiger Überfälle, Sabotageunternehmen oder Störung rückwärtiger Verbindungslinien. Zwei Ereignisse waren prägend für diese Einstellung gewesen:

Im Oktober 1916 wurden der Oberleutnant Maximilian von Cossel und der Feldwebel Windisch 80 km hinter den russischen Linien bei Rowno mit dem Flugzeug abgesetzt. Sie zerstörten eine für den feindlichen Nachschub lebenswichtige Eisenbahnlinie durch Sprengladungen und wurden 24 Stunden später an einem vorher abgesprochenen Treffpunkt wieder von einem deutschen Flieger aufgenommen und zurückgebracht. Dieses Kommandounternehmen hatte auf französischer Seite ein Gegenstück. Am 20. Oktober 1918 sprangen

Die durch die Schirmkonstruktion bedingte eigenartige Ausstiegsweise der deutschen Fallschirmjäger im Hechtsprung.

Ein moderner Bundeswehr-Fallschirmjäger beim Freifallsprung: Vorn der Reserveschirm mit Höhenmesser, links an der Brust der Griff zum Auslösen des Hauptschirms. Das HALO-Springen, bei dem in großer Höhe ausgestiegen und bis zu einer geringen Öffnungshöhe (high altitude, low opening) durchgefallen wird, hat neben dem sportlichen Aspekt eine militärische Verwendung zur Infiltration von Kommandos. Die neuen, matratzenförmigen „Airfoil" Schirme bieten Möglichkeiten, kilometerweit zu einem Zielpunkt hinzugleiten.

zwei französische Offiziere, Major Evrad und Oberleutnant Emrissin mit einem Soldaten in den Ardennen hinter den deutschen Stellungen ab. Mit Lastenfallschirmen hatte der kleine Trupp auch eine erhebliche Menge Sprengstoff und ein Funkgerät mitgebracht. Über eine Woche lang verübten die drei Franzosen kleine Sabotageakte und meldeten ihre Beobachtungen per Funk. Als die Deutschen sich zurückzogen, schlugen sie sich zu den eigenen Linien durch. Dem Einsatz solcher Zerstörertrupps galt in den Jahren vor 1939 das Hauptaugenmerk der militärischen Fachwelt und tatsächlich wurde diese Art Kommandounternehmen zu einem wesentlichen Aufgabengebiet für Fallschirmjäger und Fallschirmagenten.

Anders aber im deutschen Generalstab, wo sich die Befürworter der massierten Luftlandeoperationen, unter ihnen der Kommandeur der Fallschirmjäger, Generalleutnant Student, durchsetzen konnten. Bei den Überlegungen zur deutschen Blitzkriegsstrategie, die ja auf dem schnellen Vorstoß motorisierter und gepanzerter Angriffskeile

Moderne Sprungausbildung heute:

Der Ausstieg am Turm in der Luftlandeschule der Bundeswehr.

Rechts und nächste Seite oben.
Sprung mit Reißleine vom Hubschrauber.

Bergen des Schirm am Boden.

beruhte, boten der überraschende Angriff aus der Luft auf Schlüsselstellungen entlang der Vormarschwege neue Lösungsmöglichkeiten. In Norwegen, Holland und Belgien erfüllte die neue Waffengattung die in sie gesetzten Hoffnungen: Der oft beschriebene Handstreich der Gruppe Witzig auf das Sperrfort von Eben Emael, bei dem zum ersten Mal Lastensegler zum direkten Angriff auf die Stellung des Gegners verwendet wurden, die Eroberung von Stellungen und Festungswerken, Brücken, Verkehrsknotenpunkte und des Flughafens von Rotterdam-Waalhaven machten den schnellen Vormarsch durch Belgien und Holland erst möglich. Bei der Besetzung von Norwegen hatten Fallschirmjäger die per See und aus der Luft angelandeten Gebirgsjäger des Generals Dietl entscheidend unterstützt. Der Einsatz der Kampfgruppe Schmidt bei Dombas – bei der ein kleiner Haufen von Jägern eine Riegelstellung im Gudbrandstal zwischen der norwegischen Armee und einem englischen Expeditionskorps einrichteten und vier Tage lang hielten – bewies den operativen Wert dieses hochmotivierten Eliteverbandes, der von Anfang an darauf trainiert war, gegen zahlenmäßig überlegene Feindkräfte ihren Kampfauftrag zu erfüllen, auch wenn die eigene Landung, der Nachschub und die Unterstützung nicht planmäßig erfolgten.

Die Blitzkriegssiege blendeten aber auch die deutsche Führung bei der korrekten Einschätzung ihres Luftlandekonzepts: Zwar war es in Holland und Belgien gelungen, dem Angriff der Panzerkeile durch das Legen eines »Fallschirmjägerteppichs« aus einzelnen Stützpunkten den Weg zu ebnen, aber viele der Teilziele der deutschen Fallschirmjäger waren nicht erreicht worden. Oft hing der Erfolg einzelner Aktionen nur am sprichwörtlichen seidenen Faden. Die Verluste der Jäger und der luftgelandeten Infanterie waren erheblich gewesen. Dort, wo Holländer und Belgier sich nicht durch das überraschende Auftauchen der »grünen Teufel« in Panik versetzen ließen und weiter Widerstand leisteten, zeigte sich, wie riskant Luftlandeunternehmungen waren und wie verletzlich die oft ver-

Landung eines deutschen Fallschirmjägers während der Invasion von Norwegen.

Ein anderes Bild von der Invasion in Norwegen, das deutlich die Spezialausrüstung der deutschen Fallschirmjäger zeigt: Randloser Helm, Knochensack, Munitionsbandolier und Springerstiefel.

Als normale Infanterie an der Ostfront. Nach Kreta verloren die Fallschirmjäger das Interesse Hitlers.

Die Rekruten der Luftlandetruppe wurden in der Fallschirmschule eingehend auf den Gebrauch des deutschen Schirms vorbereitet – in der Übungshalle lernten sie an zahlreichen Geräten das Hängen und Drehen in der Luft, das Abrollen bei der Landung, das Packen und Bergen des Schirms. Das deutsche Schirmmodell »RZ« (»Rückenpackung-Zwangsauslösung«) hatte einen Durchmesser von knapp neuneinhalb Metern und bestand aus 28 Feldern weißer Seide. Das Gurtzeug aus breiten Riemen war der wesentliche Nachteil dieses Modells. Der Springer hing hauptsächlich an einem Bauchgurt in leichter Vorlage des Körpers und mußte sich bei der Landung mit einer Vorwärtsrolle abfangen, um Verletzungen zu vermeiden. Knieschützer und Bandagen waren beim RZ notwendig. Der vergleichbare X-Schirm der Briten und Amerikaner ließ den Mann senkrecht im Gurtzeug hängen und ermöglichte ihm durch die vier Halteriemen eine Steuerung des Schirms bei der Landung. Anders als beim X-Modell mit seinem zentralen Schnellverschluß auf der Brust, mußte der deutsche Springer nach der Landung mühsam vier Riemenverschlüsse öffnen, um sich aus dem Gurt zu befreien – ein zeitraubendes Unterfangen, bei dem der Fallschirmjäger seinem Angreifer hilflos ausgesetzt war. Die Sprungausbildung am Boden, die »Parterre-Akrobatik«, sollte dem angehenden Jäger die notwendige Geschicklichkeit zur Bewältigung dieser Nachteile vermitteln. Sie gipfelte in der Ableistung der sechs Trainingssprünge, die mit dem Einzelsprung aus 200 m Höhe eingeleitet und mit dem zugweisen Massensprung aus weniger als 150 m endete. Bei diesen letzten Sprüngen mit gefechtsmäßiger Ausrüstung schlossen sich am Boden Kampfübungen an. Bei erfolgreichem Abschluß der Schulsprünge erhielt der Rekrut nun das »Fallschirmschützenabzeichen«, die metallene, ovale Medaille, die einen niederstürzenden Adler im Lorbeerkranz zeigt, der das Hakenkreuz in den Klauen hält. Es wurde auf der linken Seite der Luftwaffenuniform getragen.

streut Landenden in den ersten Momenten nach Absprung und Landung sein konnten. Fallschirmjäger konnten beim Sprung ihre Langwaffen nicht mitführen, weil diese ein Abrollen bei der Landung gefährlich behinderten. Gewehre und MGs wurden deshalb in Container verladen, die unter den Tragflächen der Ju 52 oder in Bombenschächten eingeklinkt, am Ziel mit Lastenfallschirmen abgeworfen wurden. Beim Sprung waren die Jäger deshalb in der Luft und kurz nach der Landung leicht angreifbar, aus diesem Grund war fast jeder deutsche Springer mit der Heerespistole P 38 (oder der älteren 08) oder dem neuen Maschinenpistolenmodell 38/40 ausgestattet. Beide Waffen hatten aber nur eine begrenzte Reichweite aufgrund der in ihnen verwendeten 9 mm Parabellum Patrone. Bei Kampfentfernungen über 100 – 150 m blieben die Fallschirmjäger wehrlos, bis sie ihre Container gefunden und ausgepackt hatten.

Dieser Nachteil konnte etwas ausgeglichen werden, wenn die Soldaten direkt auf oder neben der Stellung des Feindes mit Schirm oder Lastensegler anlandeten und ihn überrumpelten. Student nannte diese Angriffsart die »direkte« Methode. Das »indirekte« Konzept sah eine Landung in einigen Kilometern Entfernung vom Angriffsobjekt vor, bei dem sich die Truppe unentdeckt in Ruhe sammeln, ihre Container und Waffen aufnehmen und dann im Geschwindmarsch zum Zielpunkt gelangen konnte. Beide Methoden hatten ihre Vor- und Nachteile und hingen von der Beschaffenheit des Zieles, der Verteidigungsstellungen des Gegners, seiner Sicherheitsvorkehrungen, Reserven und vielen anderen variablen Faktoren ab. Zur Planung gehört deshalb ein möglichst genauer Feindlagebericht, dessen Auswertung nicht vom Wunschdenken, sondern von einer kühlen Analyse der gegebenen Verhältnisse geprägt sein muß. Die deutsche Luftlandeplanung tendierte stark zur Benutzung der direkten Methode, die in Holland und Belgien so überragende Erfolge gebracht und mit der man dort die gegnerischen Truppen demoralisiert hatte. Dabei wurde zu wenig die Tatsache beachtet, daß auf alliierter Seite die Fallschirmtruppen und ihre Taktik analysiert und Gegenmaßnahmen eingeleitet wurden. In Kreta sollte sich dies in verhängnisvollen Verlusten erweisen.

KRETA

Als Churchill von den ersten Landungen der Deutschen auf der Mittelmeerinsel hörte, soll er geäußert haben, er erachte den Angriff als eine willkommene Gelegenheit, deutsche Fallschirmtruppen zu töten. Kreta wurde zur Schlachtbank für die grünen Teufel, die bis dahin fast für unverwundbar und unbesiegbar gehalten wurden. Kreta sollte das Meisterstück Students und der Luftwaffe Görings werden: Die Eroberung einer strategisch wichtigen Insel aus der Luft, »Operation Merkur«. Für den Angriff standen neben dem Luftlande-Sturmregiment und den drei Fallschirmjägerregimentern der 7. Fliegerdivision die 5. Gebirgsdivision bereit, die mit Transportflugzeugen und Booten auf die Insel gebracht werden sollten, sobald die mit Fallschirmen und Lastenseglern in zwei Wellen am 20. Mai 1941 landenden Jäger Flughäfen erobert und Brückenköpfe gebildet hatten. Merkur ist bis zum heutigen Tag das Lehrbuchbeispiel für eine Luftlandeoperation, der mit schweren Verlusten erkaufte Sieg der Fallschirmjäger fast eine Legende, Lernstoff für Generationen von Luftlandeoffizieren von Ft. Bragg bis Tel Aviv. Aber Kreta ist auch ein Lehrstück für Fehler: Die nach dem direkten Angriffsprinzip eingesetzten 8100 Fallschirmjäger trafen auf einen zur Verteidigung vorbereiteten und entschlossenen Gegner, der die möglichen Schwerpunktziele ihrer Angriffe vorausgesehen hatte: Entgegen den deutschen Feindlageberichten lag nicht nur die ständige britische Garnison von wenigen tausend Mann auf der Insel, sondern rund 40 000 Mann; Truppen, die aus Griechenland kamen und aus Ägypten und Palästina zur Unterstützung abkommandiert wurden. Der deutsche Generalstab ging in seiner Planung von einem demoralisierten Gegner aus, der – von den die Invasion einleitenden Bombardierungen zermürbt – kaum in der Lage wäre, den Elitesoldaten Hitlers lange Zeit zu widerstehen. Die deutsche Aufklärung erwartete keinerlei griechische Truppen auf Kreta und glaubte fest daran, daß die einheimische Bevölkerung die Angreifer als Befreier begrüßen würde.

Merkur wäre fast zur ersten großen Niederlage des Nazi-Reiches geworden und hätte damit wahrscheinlich auch die Entwicklung der Luftlandetheorie bereits in ihren Anfangsjahren beendet. Keine der in der ersten Welle gelandeten Einheiten erreichte ihre Operationsziele, ganze Kompanien waren binnen weniger Minuten aufgerieben. Zahlreiche Fallschirmjäger wurden bereits in der Luft an ihren Schirmen hängend vom wohlgezielten Gewehrfeuer der Tommies und Anzacs* getroffen. Einige Einheiten sprangen direkt in die Stellungen der Verteidiger hinein, andere gerieten in das Kreuzfeuer und die Hinterhalte der kretischen Bevölkerung. Die Bombardierung und Erdkampfunterstützung der Luftwaffe zeigte nicht die erhoffte Wirkung, die zweite Welle von Fallschirmjägern sprang mit entscheidender Verspätung ab. Nachrichtenverbindung zum Hauptquartier der Invasionsstreitmacht in Athen waren mangelhaft und die für das Gelingen des Merkur-Plans so notwendige Koordination der in verschiedenen Landezonen (LZs) verstreuten Bataillone blieb aus. Sehr bald sahen sich Students Männer konzentrierten Angriffen durch Panzer und Bren-Carrier, den leichten britischen Schützenpanzern, ausgesetzt, die laut Feindlagebericht überhaupt nicht auf der Insel, sondern in Alexandria waren!

Daß es den zahlenmäßig unterlegenen deutschen Kräften schließlich doch gelang, den Briten die Insel abzuringen, lag u. a. am Kampfgeist der Fallschirmjäger: Auch kleine, von ihren Stammeinheiten isolierte Gruppen, operierten auftragsgemäß offensiv und banden guerillakriegsartig entscheidende Mengen Verteidiger, die ohnehin zu defensiv in ihren Stellungen verharrten. Mit Beginn der Invasion brachen auf englischer Seite die Nachrichtenverbindungen zusammen, und es entstand bald ein verzerrtes Bild von der zahlenmäßigen Stärke der gelandeten Invasionsstreitmacht. Gegenangriffe in der ersten Nacht nach der Landung, die vielleicht die Wende gebracht hätten, blieben aus. Einige wichtige Schlüsselstellungen wurden von den Verteidigern in dieser Nacht kampflos geräumt. Auf britischer Seite mangelte es darüber hinaus an Artillerie, Granatwerfern, Fla-Waffen und Panzerfahrzeugen. Die RAF hatte bereits am 20. Mai die Initiative verloren. Als die Neuseeländer nach 48 Stunden zum Gegenangriff ansetzten, war es bereits zu spät. Sie stießen auf den erbitterten Widerstand versprengter Luftlandegruppen, für die es scheinbar das Wort »Niederlage« nicht gab. Ständigen Tiefflieger- und Stuka-Angriffen aus der Luft ausgesetzt, zogen sich die Verteidiger schließlich aus ihren Stellungen entlang der Nordküste Kretas zurück. Am 27. Mai war im englischen Hauptquartier die Entscheidung gefallen, daß die Insel nicht mehr zu halten war. Die Evakuierung begann.

Die Eroberung Kretas war ein beispielloser Sieg für die deutsche Luftwaffe, deren Fallschirmjäger sich gegen eine Übermacht behauptet hatten und deren Bomber nicht nur die Eroberung der Insel möglich machten, sondern auch der Royal Navy schwerste Verluste zufügten, die sie schließlich zwang, die Bergung der kretischen Garnison abzubrechen. Aber die Angreifer hatten auch schwerste Verluste erlitten, besonders im Offiziers- und Unteroffizierskorps, Piloten, Absetzer und andere Fachkräfte. Allein 170 Ju 52 waren bei der Invasion verloren gegangen. Etwa 4000 Mann bezahlten den Angriff mit ihrem Leben, hunderte Gebirgsjäger ertranken bei dem von der Royal Navy vereitelten Versuch, die Insel per Schiff zu erreichen, über zweitausend Soldaten wurden verwundet. Hitler war angesichts dieser Verlustziffern davon überzeugt, daß die Tage der Luftlandetruppe gezählt waren. Der Überraschungseffekt sei verloren gegangen. Von nun an sollten die grünen Teufel nur noch im Erdeinsatz verwendet werden. Als eine Art Feuerwehr wurden sie überall dort eingesetzt, wo die Lage besonders prekär war – in Rußland, in Nordafrika, in der Normandie, in Italien, in den Ardennen...

Auf alliierter Seite wurde der deutsche Erfolg auf Kreta unabhängig von den schweren Verlusten der Fallschirmjäger gesehen. Kreta bewies die immensen Möglichkeiten großangelegter Landeunternehmen aus der Luft. Sowohl in Großbritannien wie in den USA war die deutsche Operation der Anstoß für den entschlossenen Aufbau

---

* Neben britischen Soldaten bestand die Besatzung Kretas vornehmlich aus den rund 25 000 Angehörigen der 6th Australian und 2nd New Zealand Divisions – im engl. Sprachgebrauch »Anzacs« abgekürzt.

eigener Fallschirmjägerdivisionen. Bis dahin hatten die Zweifler und Konservativen in den Planungsstäben Londons und Washingtons die Oberhand gehabt. Kreta widerlegte ihre Argumente. 1941 ging die Initiative in der Entwicklung der Fallschirmjäger-Waffe in Deutschland verloren und wurde in England und Amerika aufgegriffen. Auch hier sollte es nicht ohne tragische Fehler und Umwege gehen ...

Rote Barette und Falkland-Schlamm

»*Utrinque Paratus*«
(»Bereit für alles«) Motto des britischen Parachute Regiment

»Raaaagggght turrrrn!« Absätze stampfen auf den Asphalt, wie Hirtenhunde umkreisen Feldwebel die Rekruten, Hände schlagen gegen die fleckenlos gesäuberten und mit weißen Paraderiemen versehenen Selbstladegewehre. Offiziere mit Sam Brown-Gürteln und gezogenem Säbel, ein letzter Glimmer imperialer Geschichte. Ein Hauptfeldwebel mit unter dem Arm geklemmten Schrittzirkel, glitzernde Bajonette, rote Barette und die Regimentsfahne, im Hintergrund eine Dakota als schweigender Wachposten. Es war alles sehr britisch, sehr traditionsreich: Ein neuer Schub Rekruten übte für die Abschlußparade der Grundausbildung.

Die Szene wiederholt sich in periodischen Abständen, denn »Browning Barracks«, die Kaserne des britischen »Parachute Regiment«, ist nicht nur die Heimat der drei Bataillone des Regiments, sondern auch Grundausbildungsstätte. Wie andere traditionsreiche Regimenter der Armee, so sind die »Paras« zusammen mit den Gurkhas in Aldershot angesiedelt, einer kleinen Ortschaft in der Grafschaft Hampshire, südlich von London, die sich zu Recht und mit Stolz Heimstätte der britischen Armee nennt. Das »Depot«, wie die Kaserne beim Regiment heißt, ist eine Ansammlung kubischer Neubauten mit viel Rasen und breiten Straßen, kaum zu unterscheiden von den übrigen Vorortsiedlungen Aldershots. Zäune, Stacheldraht und Absperrungen fehlen – die englische Armee ist ein akzeptierter Teil der Gesellschaft und sieht keine Notwendigkeit sich auszugrenzen. Namen an den Gebäuden, das Pegasus-Zeichen vor dem Hauptquartier machen den Besucher sofort auf die Geschichte der Einheit aufmerksam: Bruneval, Normandy, die Dakota vor dem Regimentsmuseum. Die Kampfeinheiten des Regiments verbringen relativ wenig Zeit hier. Großbritannien hat auch heute noch überseeische Verpflichtungen, zum Zeitpunkt der obigen Szene, im Frühjahr 1983, war 3 Para (oder korrekt »Third Battalion, The Parachute Regiment«) auf Wachdienst in Belize, 1 Para hatte zeremonielle Aufgaben in Edinburgh und 2 Para war in der Salisbury-

Ebene auf Manöver. Andere Einsätze können die Paras nach Skandinavien (1 Para gehört der NATO Einsatzreserve AMF-L an), in den Bereich der »BAOR«, British Army of the Rhine« nach Deutschland, nach Zypern oder auf die Falklands führen. »The Depot« in Aldershot aber ist für jeden britischen Fallschirmjäger mehr als nur ein rückwärtiges Verwaltungszentrum, hier durchläuft der Rekrut die wesentlichsten Monate seiner Militärzeit, die Grundausbildung, und hierher kehrt er für Ausbildungsphasen zurück. Aldershot ist die Schule, in der man zum Soldaten wächst, der Platz in der Tradition und Training, dem Fallschirmjäger ihren Stempel aufdrücken.

Bevor ich nach Aldershot kam, hatte ich Arnheim besucht, wo die Alliierte Luftlandearmee und die britischen Fallschirmjäger des II. Weltkrieges ihren schlimmsten Aderlaß in einer bereits legendären und nichtsdestotrotz furchtbaren Kesselschlacht gegen deutsche Eliteverbände der Fallschirmjäger und SS-Panzer erfahren hatten. Am Ortsrand von Oosterbeck sind die Gefallenen der 1st Airborne Division begraben worden, zusammen mit ihren Waffengefährten von der Polnischen Fallschirmjägerbrigade, die in einem selbstlosen Einsatz in das Fla-Feuer des sich immer enger ziehenden deutschen Einschließungsringes sprangen, um bei der Evakuierung der Briten über den Niederrhein zu helfen. Katholiken liegen hier neben Pres-

Tradition

Sucht man nach einem roten Faden in den britischen Streitkräften, nach einem Kern, der wie ein zentrales Thema das soldatische Verhalten regelt und das Denken beeinflußt, so kommt man unweigerlich auf die Tradition. Mehr als jede andere Armee, die der Verfasser kennengelernt hat, haben die britischen Streitkräfte die Regimentstradition gefördert und sie zur Grundlage gemacht, auf der der »esprit de corps« – Kampfgeist und Inspiration – aufgebaut und in Zeiten der Not herausgezogen werden kann. Anders als die meisten Armeen bezieht sich eine solche Regimentstradition nicht nur auf Siege, sondern auch auf Niederlagen: Ruhm, lernt der Tommy, kann nicht nur in siegreichen Angriffen und erfolgreichen Kriegen liegen, sondern auch in solchen Niederlagen wie Dünkirchen, der Angriff der Leichten Brigade im Krimkrieg oder dem Untergang des 44th Regiment of Foot bei Gandamak während des 1. Afghanischen Krieges. Welche andere Nation würde sich solcher blutigen Metzeleien erinnern, wie sie Wellingtons Truppen bei ihrem Rückzug in Spanien erfuhren, oder einen Untergang wie den von Isandhlwana, glorifizieren?

Tradition ist der Schlüssel und das Motto britischer Regimenter, die sich nicht selten, wie bei Waterloo, Ypern oder auf den Falklands, gegenüber einem überlegenen Gegner behauptet haben. Dem oberflächlichen Beobachter mag es manchmal fast so erscheinen, als ob der englische Soldat nicht so sehr mit dem Gedanken zum Sieg als mit dem olympischen Motto inspiriert wird – Gewinnen ist nichts, eine Teilnahme an den Spielen alles. Und tatsächlich ist etwas von dem Sportgeist, des »Playing the Game«, von Oxford und Eton auch in die Gedankenwelt der Armee eingedrungen, wie es Wellington und Kipling, jeder zu seiner Zeit, betont haben.

Die Tradition beruht auf der Geschichte des Regiments, die bei manchen Einheiten – wie z. B. dem Royal Regiment of Fusiliers oder den Blues & Royals – über 300 Jahre zurückverfolgt werden kann und deren Fahnen die Schlachtbänder von Minden, Tel-el-Kebir und Gallipolli neben anderen Namen aus Amerika, Spanien und Südafrika tragen. Tradition regelt Drillzeremonien und Bekleidungsdetails, wie die rote Spitze des weißen Barettbusches der Fusiliers – nach der Schlacht von Waterloo tauchten Wellingtons Fusiliere den Wollbusch ihrer Tschakos in das Blut der französischen Grenadierregimenter, deren wiederholte Angriffe sie zurückgeschlagen hatten. Die Tradition wird bis zum heutigen Tag bewahrt und ist im Bewußtsein auch der einfachen Soldaten allgegenwärtig: Bei einem freundschaftlichen Fußballspiel zwischen Angehörigen der französischen und britischen Schutzmacht in Berlin feuerten die Männer des gerade in Berlin stationierten Fusilierbataillons ihre Mannschaft mit rhythmischen Rufen »Waterloo-Waterloo« an – zur Verärgerung der französischen Infanteristen, deren Regiment auch an jener Schlacht teilgenommen hatte.

Obwohl auch die britische Armee Tapferkeit und herausragendes Verhalten als individuelle Leistung mit Orden wie dem MBE (Medaille des Britischen Empires), dem Militärkreuz oder, als größte Auszeichnung, dem Viktoriakreuz honoriert, sind solche Verleihungen ein wichtiger Bestandteil der jeweiligen Regimentsgeschichte und werden mit Gemälden, Plaketten und Erwähnungen in der Messe und im Einheitsmuseum herausgestrichen. Das Erhalten eines Viktoriakreuzes (VC) – meistens post mortem – zeigt nicht nur die todesverachtende Tapferkeit des Trägers, sondern wirft auch sein Licht auf das Regiment, das solch einen Mann hervorgebracht hat. Um die Mentalität der britischen Armee – und die der Fallschirmjäger – zu verstehen, muß man in die Geschichte zurückgehen, die jeder neue Rekrut – »crow« (Krähe) im Armeeslong – im Detail zu lernen hat. Bevor er sein weinrotes Barett erhält, muß er ein Kreuzverhör über die Geschichte und vergangenen Leistungen des Regiments bestehen.

byterianern und Juden. Als Fallschirmjäger fühlte ich eine stille Verbundenheit mit jenen, die hier mit Männern aus Amerika, Kanada und dem übrigen Commonwealth starben, damit Europa wieder frei sein konnte. Einer gleichen und viel stärkeren Verbundenheit begegnet man in den jungen Rekruten des Parachute Regiment, die sich als letztes Glied in einer Kette von Männern sehen, die seit 1940 der roten Fahne mit dem Pegasus und dem Motto »Utrinque Paratus« – »bereit für alles« folgten, um Geschichte zu machen.

Regimentsgeschichte:

Die Anfänge der britischen Fallschirmjäger gehen auf die Zeit zurück, die Churchill Englands dunkelste Stunde nannte, dem Sommer von 1940 nach der Zerstörung des britischen Expeditionskorps bei Dünkirchen. Die Walze der deutschen Militärmacht hatte Polen, Dänemark und Norwegen überrollt, hatte den belgischen und holländischen Widerstand beiseitegefegt und war mit Guderians Panzer durch Frankreich gestoßen. Englands Verteidigungsmacht lag tot und zerstört auf den Straßen Flanderns und an den Stränden des Kanals. Deutschland holte bereits zu einem neuen Schlag aus, England erwartete jeden Moment eine Invasion. Überall in Großbritannien warnten Plakate vor deutschen Fallschirmjägern und Lastenseglertruppen, die jederzeit aus dem grauen Himmel herabregnen konnten. Es bedurfte eines besonderen Mannes mit einem ungetrübten Optimismus, um überhaupt an eine Zeit denken zu können, in der Großbritannien wieder die militärische Initiative ergreifen konnte. Winston Churchill, der seinen Landsleuten nur Jahre von »Blut und Tränen« versprechen konnte, bis die Gefahr gebannt sei, befahl bereits am 22. Juni 1940 die Gründung einer Fallschirmtruppe als gemeinsames Unterfangen von Heer und Luftwaffe, die Freiwillige dafür aus allen Regimentern und Waffengattungen ziehen konnten. England hatte zu diesem Zeitpunkt keinerlei Erfahrung mit Luftlandetruppen und es sollte noch des besonderen Anstoßes von Kreta bedürfen, um die Vorbehalte der konservativen Kräfte im Planungsstab des Empire zu überwinden.

Das britische Heer zahlte blutig für die Versäumnisse in den Jahrzehnten zwischen den Weltkriegen. 1940 mußte man vom Punkt Null anfangen. Es fehlte an allem, an einem Fallschirmmodell, an klaren Vorstellungen und Ideen, an Informationen über die entsprechende Entwicklung auf deutscher Seite. Geschwaderkapitän L. A. Strange, RAF, und Major John Rock, Royal Engineers, erhielten lediglich den Befehl, die „Organisation der britischen Luftlandestreitmacht zu übernehmen". Der Zivilflughafen von Manchester, Ringway, wurde als »Central Landing School« designiert und die RAF stiftete sechs klapprige Whitley-Bomber. Fallschirme und Fallschirmpacker kamen von der Air Force, man mußte jedoch bald feststellen, daß der für Piloten entworfene, manuelle Irvin-Rettungsschirm sich keinesfalls für den automatischen Absprung ausgerüsteter Infanteristen eignete. Der X-Schirm entstand aus Elementen des Irvin und eines verbesserten Automatschirms, der von Sir Quilter und James Gregory entworfen wurde: Bei diesem Schirm lösten und spannten sich zuerst die Fangleinen zwischen Gurtzeug und Schirm, bevor sich die Halbkugel des Schirms voll entfaltete. Der Öffnungs-

Englischer Fallschirmjäger im „Smock", wie die weite Überjacke genannt wurde, unter der das Koppelzeug beim Sprung verdeckt war. Die übrige Ausrüstung ist im Seesack an das Schirm-Gurtzeug angebunden.

ruck war sanfter, die Entfaltung sicherer als beim deutschen RZ-Modell. Als Versuchskaninchen standen der neuen Schule die Männer des wenige Wochen zuvor aufgestellten »Commando No. 2« zur Verfügung, einer Freiwilligeneinheit, die kurzerhand zum Nucleus der neuen Fallschirmtruppe abkommandiert war. Das Kriegsmini-

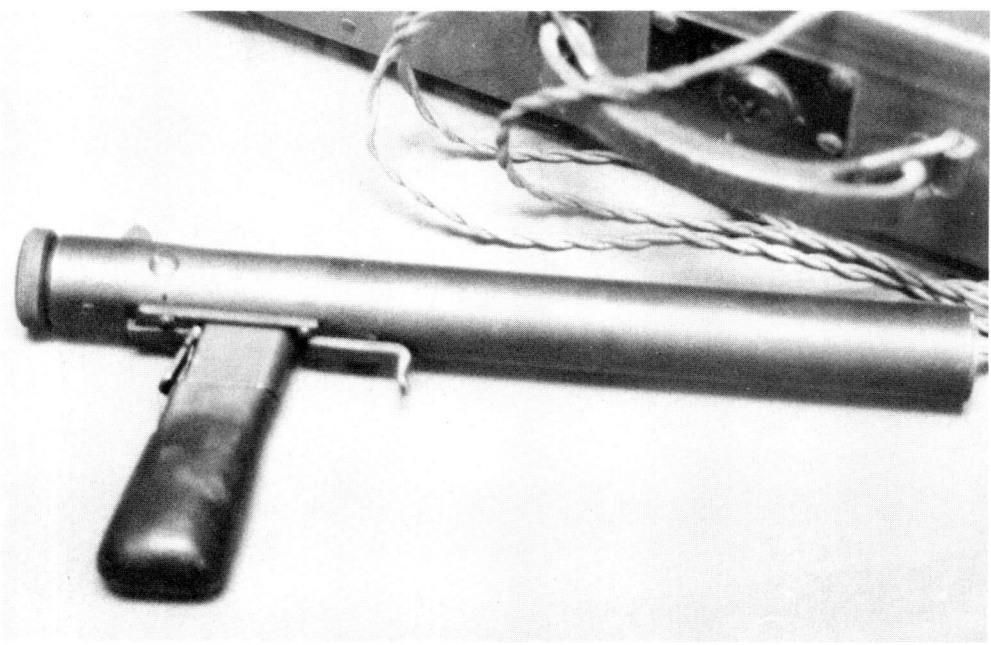

Die Welrod Mk II ist eine schallgedämpfte Repetierpistole, Kaliber 7,65 mm, die für Sondereinsätze und Kommandounternehmen 1942–43 entwickelt wurde. Vornehmlich für Agenten des OSS und SOE gedacht, wurde sie auch von Commandos und Paras gebraucht und bis in die 50er Jahre verwendet.

sterium hatte sein Scherflein zur Entwicklung der neuen Waffengattung beigetragen, indem es den zerfetzten Fallschirm, Helm und Springerkombi eines deutschen Fallschirmjägers lieferte, der in Holland vor die Mündungen einer britischen Einheit gelandet war.

Die deutschen Fallschirmjäger, die 1940 scheinbar aus dem Nichts aufgetaucht waren, hatten nicht nur Schrecken und Furcht ausgelöst, sie regten auch die Phantasie der Zeitgenossen an und waren Gegenstand mancher Schauermärchen und Greuelpropaganda: Nicht nur, daß die in Holland und Belgien eingesetzten deutschen Luftlandetruppen zahlenmäßig erheblich überschätzt wurden, die Gerüchte in England überschlugen sich: Ernstgemeinte Zeitungsberichte erschienen, in denen »Augenzeugenberichte« zitiert wurden, nach denen die Deutschen als Nonnen, Priester und Postmänner verkleidet abgesprungen waren, mit den Waffen unter der Kutte versteckt. Nach einer Six-Pence-Aufklärungsbroschüre »The German Parachute Corps« von P. E. Popham waren die Soldaten Hitlers mit 20–30 cm hohen Federabsätzen an ihren Springerstiefeln ausgerüstet, die den Träger bei der Landung hoch in die Luft schnellen ließen!

Berücksichtigt man die Bedingungen, unter denen Major Rock und sein Entwicklungsstab im Sommer 1940 ihre Arbeit begannen, ist es mehr als erstaunlich, in welch kurzer Zeit sie eine praktikable Luftlandetechnik und brauchbare Ausrüstung entwarfen. Natürlich ähnelte Kleidung und Helm der englischen Fallschirmjäger sehr dem deutschen Vorbild, aber dank ihres besseren Schirms konnten die Briten die besonderen deutschen Schutzvorrichtungen wie Knieschoner, Bandagen und Kreppstiefel weglassen. Ähnlich wie die Luftwaffe benützte die RAF längliche Abwurfcontainer für sperrige Ausrüstung, aber für die persönlichen Waffen des Soldaten wurde eine längliche gepolsterte Tasche vorgesehen, die der Fallschirmjäger nach Verlassen des Flugzeuges und der Entfaltung des Schirms sofort von den Haltegurten zu lösen hatte. Die »valise« hing dann an einem Strick fünf, sechs Meter unter dem Springer und hinderte ihn nicht beim Abrollen. In dieser Art konnten Gewehre und MGs mitgenommen werden. Mit der Einführung der Sten-Mpi hatten auch die Engländer eine der deutschen MP 38/40 vergleichbare leichte automatische Waffe, die beim Sprung einfach quer über der Brust unter das Gurtzeug geklemmt werden konnte.

No. 2 Commando wurde durch Freiwillige aus der Guards Brigade aufgestockt und in 11th Special Air Service Battalion umbenannt. Das erste Fallschirmmanöver erfolgte im November 1940, vier Monate später sprangen 7 Offiziere und 31 Mann zu einem ersten Kommando-Unternehmen in Süditalien ab. »Operation Colossus« war nur ein halber Erfolg, das Ziel, eine Wasserleitung, wurde nur beschädigt, aber die Aktion bewies, daß die neue Waffengattung operationsfähig war und mit der RAF kooperieren konnte. Langsam entwickelte sich die 1st Parachute Brigade, deren erstes Bataillon aus dem 11th SAS entstand, im Oktober 1941 kamen die ersten Lastensegler-Verbände nach Ringway, als Kern der im Aufbau befindlichen Luftlandedivision. Generalmajor Frederick A. M. Browning, vormals Kommandeur der Guards Brigade, erhielt das Kommando über die neue Eliteeinheit, deren infanteristische Ausbildung sich eng an das Kommandotraining der ersten Freiwilligen von No. 2 anlehnte. Im Februar 1942 erlebten die Paras mit dem Angriff auf die Küstenradarstation bei Bruneval ihre erste Feuertaufe. Die von ihnen erbeuteten Teile und Unterlagen über die bis dahin ultrageheime Würzburg-Radaranlage, die mit den Angreifern zusammen von Navy-Schiffen evakuiert wurde, sollte sich in den kommenden Jahren noch als unbezahlbar erweisen.

Die Anfänge der Sprungausbildung in England wurden noch mit Korkhelmen durchgeführt und begannen mit Fesselballonsprüngen – wie heute auch!

Schwere Waffen wie das Bren-Maschinengewehr mußten mit Containern abgeworfen werden, während die leichten Stens auseinandergenommen am Mann blieben.

> **Das rote Barett**
>
> Bis zum Sommer 1942 trug jeder Freiwillige in der neuen Waffengattung die Uniform seines alten Regiments: Kilts und Tartan-Hosen, Balmoral-Mützen, Schiffchen oder die an der Nase klebenden »Cheese-Cutter« Mützen der Garde. Das einzige gemeinsame Abzeichen war das blau-weiße Fallschirmspringer-Abzeichen auf dem Ärmel, eine besondere Einheitsmarkierung fehlte, wie es z. B. die Garde mit ihrer Bärenfellmütze hatte. Verschiedenfarbige Barette kamen dem Generalstabschef Sir Alan Brooke zum Vorschlag, am Ende hatte sich die Wahl auf die Farben Weinrot und Blau verengt.
>
> Eine namenlos gebliebene Stabsordonnanz mußte die jeweiligen Barette auf seinem Kopf vorführen, schließlich fragte man ihn, welcher Farbe er den Vorzug gäbe. Er optierte für rot, weil ihn das Blau zu sehr an »irgend eine Arbeitsdiensttruppe« erinnere. Es blieb bei dem roten Barett und die Wahl des Schreibstubensoldaten wurde in vielen anderen Armeen nachvollzogen. Heute ist das rote Barett weltweit das Symbol der Fallschirmtruppe.

Im November 1942 erhielt die Fallschirmjägerbrigade ihre Befehle für Nordafrika. Ein Bataillon sprang in Algerien, zwei in Tunesien ab, wo sie bis zur deutschen Aufgabe im Mai 1943 gegen Kälte, Sandstürme, Wüstensonne und deutsche Gebirgs- und Fallschirmjäger kämpften. Mehr als ein Drittel der heute 28 Fahnenbänder beziehen sich auf Schlachten in dieser Zeit. Von den ursprünglich 2000 Mann der Brigade wurden 1700 getötet und verwundet. Hier erhielten sie auch ihren neuen Ehrentitel – die Deutschen nannten die englischen Fallschirmjäger »Rote Teufel – Red Devils«. In der Zwischenzeit entstand in England eine zweite Fallschirmjägerbrigade mit Freiwilligen des Wessex und Royal Fusiliers Regimentes. Andere kamen aus den »Queen's Own Cameron Highlanders« und brachten ihre Dudelsackpfeifer in die Regimentsmusik ein. In Indien wurden Bataillone und später eine ganze Brigade aus freiwilligen Indern und Gurkhas aufgestellt. Eine vierte Brigade folgte mit Verbänden, die aus in Palästina stationierten Briten rekrutiert war. Ende 1943 zählte das Parachute Regiment offiziell elf Bataillone, die im ganzen Empire verstreut waren. Mit dem Eintritt Amerikas in den II. Weltkrieg wurde auch das Transportproblem gelöst. Die englischen Whitley und Halifax-Bomber hatten sich als hoffnungslos ungeeignet für das Absetzen von einer größeren Anzahl Springer oder zum Ziehen der Lastensegler erwiesen. Mit der C 47 »Dakota« des U.S. Army Air Corps hatten die Alliierten ein robustes Standardflugzeug für diese Aufgaben, das 1943 in immer größeren Stückzahlen diesseits des Atlantiks eintraf. Der Weg zur Alliierten Luftlandearmee und großangelegten Operationen mit mehreren Divisionen stand offen.

Am Vorabend der Invasion in der Normandie hatte Großbritannien zwei Divisionen (1st und 6th Airborne Div.) Luftlandetruppen zur Verfügung, die Fallschirmjäger, Fallschirmpioniere und Lastenseglertruppen mit schwerem Gerät einsetzen konnten. Neben Briten und Kanadiern existierte in der 1. Division auch die aus Exilpolen geformte polnische Brigade, deren Traumziel – die Befreiung Warschaus – sich nie erfüllen sollte.

Während die erste Division in England als Reserve verblieb, sollte die »Sechste« zusammen mit den amerikanischen Fallschirmjägern von der 82nd und 101st Airborne Division im Hinterland des Atlantikwalls landen, um wichtige Straßenknotenpunkte, Brücken und Küstenbatterien zu erobern und bis zum Eintreffen der seegelandeten Invasionskräfte zu halten. Obwohl die Absprünge und Lastenseglerlandungen durch Windeinfluß und Navigationsfehler nicht wie geplant verliefen, erfüllten die Roten Teufel die ihnen gestellten Aufgaben. Drei Monate lang kämpfte die Division nach der Landung als Infanterie und führte den Ausbruch aus dem britischen Landungskopf von Caen als Avantgarde an. Mit erbeuteten und improvisierten Fahrzeugen erreichten Verbände der 6th Airborne am 26. August die Seine und öffneten so den Weg nach Paris.

Noch während der Normandie-Kämpfe verwirklichte sich ein langgehegter Traum alliierter Planer – die Gründung einer Luftlandearmee aus den beiden britischen und den drei amerikanischen Divisionen (17th, 82nd und 101st) unter dem Kommando von Generalleutnant Lewis Brereton, USAAF. Brereton hatte 1918 zum Planungsstab der 1st Infantry Division gehört, der die Luftlandung hinter den deutschen Linien bei Metz vorbereiten sollte. Ein Leutnant jener Division, Matthew B. Ridgway, kommandierte nun die drei Divisionen des 18th U.S. Airborne Corps. Ridgway hatte die 82nd seit dem Februar 1942 aus dem Nichts aufgebaut und war mit der ersten Welle in der Normandie abgesprungen. Die alliierte Luftlandearmee vereinigte alle Elemente unter einem Kommando – die Dakota-Staffeln der Lufttransportgeschwader, die Lastensegler-Regimenter, britische und amerikanische Paras, die Männer der französischen und polnischen Exilverbände. Was nun noch fehlte, war eine geeignete Aufgabe für diesen Verband, der in seiner Weise erstmalig und einzigartig in der Militärgeschichte war. Bis zum Ende des Weltkrieges sollten noch Dutzende von Einsatzmöglichkeiten in Erwägung gezogen werden, wie z. B. die Eroberung Berliner Flughäfen und Schlüsselstellungen im Zuge eines westalliierten Vorstoßes auf die Reichshauptstadt.

Die meisten dieser Vorhaben wurden schnell wieder verworfen, aber die Arnheim-Operation – oder genauer bezeichnet »Market-Garden« – bot alle Möglichkeiten einer großangelegten Luftlandung mit strategischer Bedeutung: Der Plan Montgomerys sah eine längliche Zone vor, in der die Fallschirmjäger Ortschaften, Straßenkreuzungen und Brücken über den Rhein und seine Nebenflüsse eroberten und besetzt hielten, bis eine Kolonne aus Panzern und motorisierter Infanterie sie erreichte. Breretons Luftlandearmee sollte den Fallschirmjägerteppich verwirklichen, von dem Student und andere Pioniere des Luftlandekonzepts geträumt hatten – eine Schneise durch die Verteidigungsstellungen des Feindes. Ziel der Stoßrichtung der gesamten Operation war die nördliche Umgehung, ein kühner, energischer Vorstoß der alliierten Armeen über die norddeutschen Ebenen und in das Ruhrgebiet hinein. Ein Angriff, der das Ende des Krieges zu Weihnachten 1944 bringen sollte!

Das Hotel Hartenstein, Hauptquartier der eingeschlossenen Paras bei Arnheim, heute ein Museum der tragischen Luftlandeoperation Market-Garden.

Zwei der Verteidiger des Kessels im Garten des Hartenstein.

Die 101st, die »Screaming Eagles«, wurden auf die Brücken und Übergänge über die Wilhelmina- und Willems-Kanäle angesetzt, die 82nd, die »All American Division«, hatten die Brücken über die Maas und Waal bei Grave und Nijmegen zu erobern, während die Paras der britischen 1st Airborne die am weitesten entfernten und wichtigsten Eisenbahn- und Straßenbrücken bei Arnheim zu besetzen hatten. Nachträglich gesehen war der gesamte Plan bestechend einfach und erfolgversprechend: Die Bodentruppen sollten Arnheim spätestens 48 Stunden nach der Landung erreichen, und wie der Kampfverlauf in Holland beweisen sollte, waren die Fallschirmjäger durchaus in der Lage, die ihnen gesetzten Zielobjekte zu erreichen, zu erobern und mehr als 48 Stunden lang zu halten, sogar gegen konzentrierte Gegenangriffe mit Panzern, Sturmgeschützen und deutschen Elitetruppen. Ähnlich wie bei der deutschen Landung auf Kreta erfolgten britischerseits bei der Arnheim-Planung Fehlanalysen der nachrichtendienstlichen Informationen über die gegnerischen Kräfte vor Ort, über deren Kampfmoral und Bewaffnung. Market-Garden war in einigen Punkten von Wunschvorstellungen geprägt, die sich besonders in bezug auf die Schnelligkeit des Panzervorstoßes entlang der einzigen Straßenachse Eindhoven – Nijmegen – Arnheim als trügerisch erweisen sollte. Market-Garden war zu 90 % ein Erfolg, aber der Vormarsch entlang des Korridors geriet ins Stocken, einige der Verbände sprangen zu weit von ihren Kampfzielen ab und verloren kostbare Zeit und das bei Luftlandeoperationen und Kommando-Angriffen hochwichtige Überraschungsmoment beim Anmarsch. Nach tagelangen erbitterten Kämpfen in und um Arnheim mußte sich der Rest der britischen Paras zurückziehen: Von den 10 005 Mann der Division gelang nur 2 163 Überlebenden der Ausbruch aus dem Kessel von Oosterbeck. Mehr als 5000, von ihnen 3000 verwundet, fielen in deutsche Gefangenschaft. Das fehlende Zehntel Erfolg war zum Angelpunkt des Ganzen geworden: Der Vorstoß über den Rhein, auf den Montgomery gehofft hatte, sollte erst im folgenden Jahr – und dann an anderer Stelle – durchgeführt werden. Arnheim ist heute eines der gewichtigsten Argumente, das Gegner der Luftlandeidee in die Diskussion werfen können. Für die Paras aber steht Arnheim für mehr als nur eine Niederlage: Fünf Viktoria-Kreuze wurden verliehen, vier davon posthum. Arnheim ist Symbol für den Widerstandsgeist, den Aufopferungswillen und den großen Mut, zu dem die Männer mit dem roten Barett fähig sind.

Die letzte britisch-amerikanische Luftlandung am 24. März 1945 diente der Sicherung des Rheinübergangs bei Wesel. In der »Operation Varsity« landeten 21 000 Soldaten der britischen 6th Division und der 17th U.S. Airborne mit 1700 Flugzeugen und 1350 Lastenseglern jenseits des Rheins und ermöglichten den Vorstoß der Zweiten Armee nach Norddeutschland hinein. Das Ende des II. Weltkrieges bedeutete auch ein vorläufiges Ende der Entwicklungen des Luftlandekonzepts in Großbritannien: Das Airborne Corps wurde schrittweise reduziert, drei Jahre später existierte nur noch die »16th Independent Parachute Brigade Group«, die Zahlenkombination 1 und 6 in Erinnerung an die beiden Divisionen der Kriegsjahre. Auch der Aufgabenbereich der Fallschirmjäger wurde nun ein anderer: Aus dem Avantgarde-Verband, der der Armee als Vorausabteilung den Weg ebnen sollte, wurde nun eine Art strategische Reserve.

Die Feuerwehr eines schrumpfenden Weltreiches

Die Siegesglocken im Mai 1945 läuteten auch das Ende des britischen Empires ein. In einem schmerzhaften und blutigen Prozeß sah sich Großbritannien gezwungen, Stück für Stück des Weltreichs aufzugeben und die Kolonien in die Unabhängigkeit zu entlassen. Mehr als andere Regimenter der britischen Armee wurden die Paras für die Rückzugsgefechte des Empires herangezogen. Der östliche Mittelmeerbereich war der erste Schauplatz dieser neuen Einsatzrolle: Nachdem die 2nd Independent Parachute Brigade (die 1948 in die 16th umbenannt wurde) bereits in Italien und Südfrankreich Einsätze mit Absprüngen in der Abschlußphase des II. Weltkrigs erfahren hatte, wurde sie im Oktober 1944 in Griechenland eingesetzt, um dort Banden und kommunistische Insurgentengruppen zu bekämpfen. Dieser Einsatz war ein Vorgeschmack auf die kommenden Polizeiaufgaben, bei der die Brigade u. a. auch Versorgungsaufgaben für die griechische Zivilbevölkerung wahrnahm. Im Juni 1945 folgte Palästina: Die 6th Airborne Division wurde von England in das britische Mandatsgebiet verlegt, wo sich Juden und Araber nicht nur gegenseitig einen Untergrundkrieg lieferten, sondern auch gegen die englische Verwaltung mit terroristischen Mitteln kämpften. Drei Jahre lang unternahmen die Paras undankbare Polizei- und Sicherheitsaufgaben, bis sich London entschied, das Mandat an die UNO zurückzugeben. Die zweite Brigade der Division kam zur Rheinarmee, während die übrigen Verbände aufgelöst wurden. Die fünfziger Jahre waren durch Einsätze am Suez-Kanal, in Malaysia, Zypern und am Persischen Golf gekennzeichnet. In einer gemeinsamen Aktion mit französischen Fallschirmjägern sprang die Brigade am Suez-Kanal ab, während israelische Truppen in den Sinai einmarschierten. Es sollte die letzte Fallschirmaktion der britischen Paras werden. Der militärische Sieg am Kanal wurde nicht politisch ausgewertet, unter dem Druck der neuen Großmächte USA und UdSSR mußten sich England und Frankreich zurückziehen.

Zypern blieb der Hauptstationierungsort der Brigade bis zum März 1964. UNO Friedenstruppen übernahmen dann offiziell die Sicherungsaufgaben von der britischen Armee, aber englische Fallschirmjäger sollten auch in den nachfolgenden Jahrzehnten auf die Mittelmeerinsel zurückkehren – als UNO-Verband, der sein Barett für die Dauer dieser Abkommandierung mit der himmelblauen Mütze der Friedenstruppe vertauscht. Kompanie- und bataillonsweise Einsätze schlossen sich in den sechziger Jahren an: In Borneo, Britisch-Guayana und auf der Karibikinsel Anguilla übernahmen die Fallschirmjäger Sicherungsdienste, wobei sie sich mehr und mehr an eine völlig neue Aufgabe gewöhnten – die Abwehr und Bekämpfung von Guerilleros. In Zusammenarbeit mit dem SAS erhielten die Paras in Brunei und Borneo eine Ausbildung in Kleinkriegstaktik im Dschungel und entwickelten sich zu Counterinsurgency-Spezialisten. Die ursprüngliche Einsatzkonzeption der Luftlandetruppe kam natürlich dieser neuen Aufgabe sehr entgegen. Die Männer mit dem roten Barett lernten bereits in der Grundausbildung das Operieren in kleinen selbständigen Verbänden ohne Nachschublinien, Stellungen und Basen. Die Patrouillentätigkeit im Dschungel ähnelte sehr der Zeitphase nach der Landung, denn auch hier wußte niemand, was ihn hinter der nächsten Wegbiegung erwarten würde. Die Labour-

AMF-Zusammenarbeit: Ein deutscher Hubschrauber setzt britische Fallschirmjäger ab.

Regierung, die sich für einen Rückzug aus den Kolonien eingesetzt hatte, sah trotz allem die Fallschirmjäger als teuren Luxus an, der angesichts einer zukünftig lediglich defensiven Rolle der britischen Streitkräfte durchaus entbehrlich war. Bereits in der zweiten Hälfte der sechziger Jahre wurden Stimmen im Parlament laut, die für eine totale Abschaffung der Brigade und der Luftlandekapazität plädier-ten. Einsparungen im Verteidigungsetat führten schließlich im März 1977 zur Auflösung der Brigade mit ihren Unterstützungsverbänden. Lediglich das Regiment mit seinen drei Bataillonen blieb bestehen, aber die britische Armee verfügte damit nur über eine sehr begrenzte Luftlandekapazität.

Zwei neue Aufgaben kamen mit den siebziger Jahren auf die

Zwei britische Paras mit ihrem Schneemobil im ABC-Einsatz in Norwegen.

Abwurfpalette mit Aufklärungsjeep, wie er bei der Landung in Suez 1956 eingesetzt wurde. Auf dem Hintersitz ist das Fallschirmpaket für diesen Lastenabwurf zu erkennen. Die Waffen, zwei Vickers-K MGs Kaliber .303

verkleinerte Einheit zu: Nordirland war zu einem ständigen Problem geworden. Der dortige Terror forderte auch von den Paras einen laufend wachsenden Blutzoll, und bis zum heutigen Tag vergeht kein Jahr, in dem nicht ein Bataillon des Regiments seinen Viermonatsturn in Ulster ableistet. Mit der Entwicklung der NATO Eingreifreserve AMF-Land bekam auch das Fallschirmjägerregiment seinen neuen Aufgabenbereich zugewiesen: Im Fall eines Einsatzes der AMF an der nördlichen NATO-Flanke hat das Regiment ein arktisch ausgebildetes und ausgerüstetes Bataillon abzustellen.

1 Para, das erste Bataillon, hat diese Aufgabe und konnte daher nicht auf den Falkland-Inseln verwendet werden, als dieser Konflikt Großbritannien in den ersten offenen Krieg seit 1956 hineinzog. Dieser Krieg im Südpazifik, den die englischen Streitkräfte nur um Haaresbreite und dank dem professionellen Leistungsstandard von Paras und Commandos gewannen, deckte natürlich auch die Mängel des britischen Heereswesens und das Fehlen einer durchstrukturierten Luftlandebrigade auf.

GRUNDAUSBILDUNG

»Man kann über unsere Trainingsmethoden sagen was man will, aber wir wissen wenigstens, sie funktionieren!«

Ein britischer Fallschirmjägeroffizier nach dem Falklandkrieg

Der Stolz auf die eigene Einheit ist nicht nur ein Resultat der Regimentsgeschichte, der kollektiven Erfolge des Verbandes. »Esprit de Corps« und individuelles Selbstbewußtsein resultiert auch – und oft zu einem viel größeren Maß – aus dem Anforderungsprofil, dem das Mitglied dieses Korps mit dem Bestehen der Ausbildung entsprochen hat. Die Härten und Schwierigkeiten der Trainingsphasen, die oft als Schikanen empfundenen Drillmethoden, Ausrüstungsinspektionen und Exerzierübungen, die Gepäckmärsche und Hindernisparcours erfüllen mehr als nur den Selbstzweck der Fitneßsteigerung. Sie sind nicht nur ein ehrwürdiges Ritual, oder ein Mittel zum »Brechen des individuellen Willens«, für das sie oft verkannt werden (und in der Vergangenheit mitunter auch mißbraucht wurden). Sie dienen vielmehr dazu, die Leistungsbereitschaft auszuloten, den Rekruten an seine Grenzen zu führen, und ihm den Weg zur Eigenüberwindung aufzuzeigen.

Richtig angewandt dienen die verschiedenen Elemente der Grundausbildung dazu, dem angehenden Elitekämpfer ein auf Leistung – nicht auf falsche Einbildung – aufbauendes Selbstbewußtsein einzugeben, das ihm in schwierigen Situationen helfen wird, auch scheinbar unmögliche Aufgaben anzugehen. Gleichzeitig sollte diese Einstiegsphase aber auch Hürde sein, um jene Anwärter herauszufinden, die später als unsichere Kantonisten den ganzen Verband gefährden könnten und im Krisenmoment zum toten Gewicht werden. Das Training der britischen Paras und ihr Auswahlverfahren ist beispielgebend in seiner Kompromißlosigkeit. Es entstand aus dem Commando-Kurs des II. Weltkriegs und ist in ähnlicher Art bei den Royal Marine Commandos, den holländischen, belgischen Spezialeinheiten und in vielen anderen Ländern nachgeahmt worden. An dieser Stelle soll daher ein etwas ausführlicherer Blick auf die Etappen der Recruit Training Division in Aldershot geworfen werden.

Vom »Crow« zum »Tom«

Anders als die deutsche oder französische Armee bestehen die britischen Streitkräfte seit Jahrzehnten aus Berufssoldaten. Die Engländer haben keine Probleme mit einer solchen Einrichtung, auch ohne nationalen Wehrdienst sind die Streitkräfte in der Gesellschaft akzeptiert und erfreuen sich großer Beliebtheit. Der soziale Status eines Berufssoldaten ist verhältnismäßig hoch, die Armee ist längst nicht mehr – wie etwa im 18. oder 19. Jahrhundert – Auffangbecken für Versager, Lumpenproletariat und Ungelernte. Die Streitkräfte haben keine Nachwuchssorgen – im Gegenteil: Es melden sich weit mehr Freiwillige zum Dienst in der Garde, den Marine Commandos oder Fallschirmjägern, als gebraucht werden, obwohl gerade diese Verbände ihren Aspiranten keine berufliche Ausbildung versprechen, die auch im Zivilleben nützlich sein könnte, wie etwa die technischen Dienste.

Ein Jugendlicher, der nach dem roten Barett strebt, muß zuerst eine Anzahl gesundheitlicher Überprüfungen über sich ergehen lassen, bevor er als Kandidat für die Grundausbildung akzeptiert wird. Das Parachute Regiment betrachtet sich selbst als eine Eliteeinheit in einer kleinen, professionellen Streitmacht. Die britische Wirtschaft mag ihre Schwierigkeiten haben, von Streiks und Inflation gebeutelt sein, aber die Armee weigert sich, Teil eines sozialen Netzes zum Auffangen von Arbeitslosen zu werden. Man kann es sich leisten, bei der Auswahl der Rekruten wählerisch zu sein. Die wenigsten, deren Meldung für das Fallschirmjäger-Regiment akzeptiert wurde, waren vorher arbeitslos. Die Mehrzahl hat eine abgeschlossene Berufsausbildung hinter sich. Entsprechenderweise findet man auch keine Vorbestraften oder Jugendarrestanten unter den Rekruten. Die Armee versteht sich nicht als Rehabilitierungszentrum für Gestrauchelte.

Das rigorose Ausleseverfahren wird auch in den 22 Wochen der Grundausbildung im »Depot« des Regiments fortgesetzt: Genügend Anwärter stehen auf den Wartelisten. Lehrgangsklassen mit weniger als 50 % Absolventen sind die Norm, nicht die Ausnahme, bei den Paras. Der Ausbilderstab in Aldershot steht in der Verantwortung gegenüber den Männern in den drei Bataillonen, die sich darauf verlassen, daß nur solche Anwärter das rote Barett erhalten, die bereit sind, für ihre Kameraden einzustehen. Besser in Aldershot einige Aspiranten verlieren, als sich plötzlich in Belize oder South Armagh mit einem Kameraden zu finden, der im entscheidenden Moment versagt.

Es gibt eine Menge Gründe, in den 22 Wochen ausgesiebt zu werden: Die ständigen körperlichen Anforderungen können verdeckte Gesundheitsprobleme auftauchen lassen oder aber den Willen zum Durchhalten zermürben. Wiederholte Fehlleistungen in der Waffensicherheit, Verstöße gegen die Disziplin, eine passive oder negative Einstellung genügen als Gründe, um den Weg zur Kleiderkammer einschlagen zu müssen. Manchen wird noch einmal eine zweite Chance gegeben – so etwa bei Verletzungen während der Ausbildung – und sie werden zu einem späteren Rekrutendurchgang zurückversetzt. Andere werden aus ihrer Verpflichtung gegenüber der Armee entlassen oder werden auf eigenen Wunsch zu einer anderen, weniger anforderungsreichen Einheit versetzt.

Selbstdisziplin und Motivierung werden als die Schlüsselelemente zum Erfolg in der Grundausbildung erachtet: Kondition ist wichtig, aber man kann körperliche Schwächen durch Willensstärke ausgleichen. Bereits die Wartezeit bis zur Zulassung für die Grundausbildung testet das Beharrungsvermögen – es kann ein ganzes Jahr dauern, bis ein Freiwilliger seinen Ruf nach Aldershot erhält. Dorthin zu gelangen ist bereits ein Erfolg für sich, von drei jungen Männern, die sich beim Rekrutierungsbüro für die Paras melden, schafft es vielleicht einer!

Das Regiment hat jahrzehntelange Erfahrungen im Einschätzen von Anwärtern. Die Paras sind stolz auf die physischen Härten ihrer Ausbildung und beginnen sehr früh, den Anwärtern jegliche diesbezügliche Illusionen zu rauben: Nachdem die Anwärter im Depot eingekleidet, geschoren und einer Anzahl medizinischer Tests unterzogen wurden, beginnt die »Auswahlwoche«, eine Serie von BFTs,

Alle 3 Abbildungen: Hindernisbahn und Trainasium

wie die Basis-Fitneß-Tests abgekürzt werden. Einige entschließen sich bereits jetzt zur Umkehr, andere erweisen sich als zu schwach und müssen Browning Barracks wieder verlassen. Nach dieser ersten Woche, die nur ein schwacher Vorgeschmack ist, beginnen die ersten sieben Wochen Grundausbildung:

Die Rekruten heißen »Crows« (Krähen) und sind deutlich als Anwärter erkenntlich: Statt des Baretts, dessen sie sich erst noch würdig erweisen müssen, tragen sie Tarn-Feldmützen. In Formation angetreten, müssen sie überall lauthals Kadenzen brüllen und jede Strecke im Laufschritt zurücklegen. Die ersten Wochen sind mit der einführenden Waffenausbildung, Grundzügen der Taktik, Sport und dem Paradedrill angefüllt, der so sehr zum Sinnbild der britischen Armee geworden ist und laut Dienstvorschrift »Disziplin, Koordination und die Gewohnheit wachsamer Folgsamkeit gegenüber den Befehlen Vorgesetzter produziert«. Ohne sein Wissen wird jeder seiner Bewegungen und Fortschritte aufmerksam von den Korporälen und Feldwebeln beobachtet. Die Leistungen ihrer ersten BFTs sind der Standard, an dem ihre jetzigen Leistungen gemessen werden. Fast ein Drittel des Tages ist mit Laufen, Konditionstraining, Geländemärschen und Hindernisparcours angefüllt. Erst die

vierte Woche bringt Geländeübungen, Navigationsmärsche und das erste Feldcamp, das den Krähen eine Vorstellung vom Manöveralltag bringt. Als Teil des Theorieunterrichts lernen sie die Geschichte des Regiments, seine Schlachten, VC-Träger, die Absprünge bei Arnheim, am Rhein und in der Kanalzone von Suez. Nach dieser Woche schließt sich ein weiterer BFT an, dann tritt der Lehrgang zur Parade vor das Depot und demonstriert Formationsdrill und die individuellen Kenntnisse der Regimentsgeschichte. Sie sind jetzt etwas mehr als unbeleckte Rekruten, sie erhalten das Barett, dürfen Wachdienst im Depot leisten und brauchen nicht mehr im Laufschritt antreten.

Die Wochen sechs und sieben konzentrieren sich auf die Schießausbildung mit Sturmgewehr und GPMG, dem FN MAG, dem Umgang mit der Sterling Maschinenpistole und den verschiedenen Handgranatentypen. Aber die körperliche Ertüchtigung läßt nicht nach, schrittweise werden die Anforderungen hochgeschraubt, das Tempo verschärft, die Strecken länger. „Basic Wales" folgt, eine Woche in den Brecon Beacons, einem zugigen, ewig verregneten Hochplateau in Südwales, wo die Crows ihr erstes Survivaltraining erfahren, Streifen und Navigationsmärsche durchführen, im Gelände campieren, Nachtangriffe machen und scharfe Gefechtsübungen erleben.

Die achte Woche stellt für den Lehrgang einen ersten Wendepunkt dar: Bis jetzt konnten Freiwillige sich noch entpflichten lassen und das Handtuch werfen, gleichzeitig aber wird vom Ausbildungskader eine erste Bilanz gezogen: Jeder Rekrut wird in allen Dienstbereichen bewertet und diskutiert; wer den Standard nicht erreicht, wird zu diesem Zeitpunkt ausgemustert, die Züge haben jetzt bereits 30 – 40 % ihres Mannschaftsbestandes verloren.

Die nächsten drei Wochen stellen eine Vertiefung des bisher Gelernten dar, zusätzlich stehen die Zug- und Kompaniewaffen auf dem Lehrplan: Pistolen (die 9 mm FN High Power), MPs, die 66 mm LAW-Bazooka, die 84 mm Karl Gustav R-Pak, die drahtgelenkte Milan-Rakete. Ein Testschießen mit dem Gewehr folgt, bei dem jeder Soldat 70 Schuß aus den unterschiedlichsten Stellungen und auf verschiedene Entfernungen abgibt. Wer unterhalb der Norm liegt, wird nachgeschult und muß die Schießübungen noch einmal durchführen. Die Paras sind die Feuerwehr des Empires und mußten in der Vergangenheit in Burma, Aden und Kenya an den Krisenpunkten eingesetzt werden. Im heutigen Restweltreich stehen Belize, Brunei oder Hongkong auf dem Fahrplan, zusätzlich der

Die Standard-MPi des britischen Heeres, die zusammen mit dem 7,62 Selbstladegewehr in den nächsten Jahren durch eine neue .223 (5,6 mm × 45) Waffe abgelöst wird. Die Sterling ist eine einfache, zuschießende, rückstoßladende 9 mm Para MPi, die auf der Sten-Konzeption beruht.

alljährlichen Rückkehr nach Nordirland, wo das rote Barett ein verhaßtes Symbol und Zielscheibe ist. Schnelles Reagieren und Erkennen, ein sicheres Auge und genaues, diskriminierendes Schießen entscheiden über das Überleben in Ulster. Jede Nachsicht auf den Schießplätzen des Depots wäre gegenüber den Soldaten und Kommandeuren ungerecht, die mit dem derart schlecht ausgebildeten Soldaten auf Patrouille gehen müßten. Das Sporttraining andererseits wird noch eine Stufe verschärft, denn es geht auf die Woche vor der Sprungausbildung zu, bei der all jene herausfallen, die ungeeignet für das Fallschirmspringen sind oder es nicht verdient haben. Die Tradition dieser Testwoche – der zwölften seit Beginn der Grundausbildung – geht auf den II. Weltkrieg zurück. Alle Angehörigen der Armee, die sich in Brize Norton das Springerabzeichen holen wollen, müssen durch dieses Nadelöhr.

Die Woche beginnt mit dem »milling«, und nur die sportbegeisterten Briten konnten sich so etwas einfallen lassen: Ein Boxkampf mit 16-Unzen-Handschuhen, bei dem es nicht auf Stil oder Finessen ankommt, sondern nur darauf, eine Minute lang Schläge wie wild auszuteilen und einstecken zu können. Danach leitet ein 10-Meilen-Gefechtsmarsch mit voller Ausrüstung und 30-Pfund-Rucksäcken eine Übung ein. Der Querfeldein-Eilmarsch muß in 105 Minuten abgeschlossen sein. Wer länger als zwei Stunden braucht, ist durchgefallen. Ein anderer Test findet auf Gruppenebene statt. Je acht Mann müssen eine 180 Pfund schwere Metalltrage über 7,5 Meilen bergauf und bergab im Laufschritt transportieren, während die Ausbilder genau auf den persönlichen Einsatz jedes einzelnen achten. Das psychische Verhalten unter Streß wird laufend getestet. Eine Begründung für die Poliersucht der Armee, die sich während der Grundausbildung auf spiegelnde Schuhe, hochglanzgewienerte Fußböden und Ausrüstungsteile konzentriert: Wer sich noch nicht einmal mit diesen einfachen, alltäglichen Routineschikanen abfinden kann, nur weil sie ihm sinnlos erscheinen, wird auch nicht mit anderen Anforderungen fertig werden.

Das Trainasium ist eine derartige Hürde während der Testwoche, die mehr das psychische Vermögen als die körperliche Gewandtheit auf die Probe stellt: Ein zehn Meter hohes Klettergerüst mit Seilen, schmalen Fußstegen und Querstangen, an dem sich die Crows selbst überwinden müssen und zwischen einzelnen Absätzen springend und schwingend ihrer Höhenangst gegenüberstehen. Die Beurteilung der Leistungen bei den Hindernisparcours, den Wettrennen und Kletterübungen unterliegt nicht dem Ausbildungskader, sondern einer unabhängigen Gruppe von Offizieren und Feldwebeln, die den Leistungsstandard für das ganze Regiment bestimmen.

Zwei weitere Wochen in den Brecon Beacons schließen sich nun an, in denen die Rekruten eine einsatzgerechte Combatausbildung erfahren, bei dem neben der individuellen Leistung die Zusammenarbeit im Team hervorgehoben wird: Kernstück von »Advanced Wales« sind Gruppen- und Zugübungen im scharfen Schuß auf einer großflächigen Schießanlage mit fernbedienten Klappscheiben: Die Koordination von Feuer und Bewegung unter Ausnützung jeder vorhandenen Deckung wird zum Schwerpunkt dieser Ausbildung mit Sturmgewehr und MP. Der Schütze soll reaktionsschnell die in unterschiedlichen Entfernungen auftauchenden Klappscheiben erkennen und unter Ausnutzung des Geländes bekämpfen – zuerst einzeln, dann im Team und in der Gruppe. Die britische Armee lehrt ein Schulterdeutschießen, das in Nordirland und auf den Falklands eindeutige Erfolge hatte: Mit der Waffe auf Einzelfeuer eingestellt, werden zwei Schüsse auf das Ziel abgegeben – schnell, instinktiv

Die „längste Minute" im Milling.

Das Baumstammrennen simuliert eine Situation, wo Munition oder schwere Ausrüstungsteile unter Zeitdruck zu transportieren sind.

ohne Verwendung der Visiereinrichtung – bevor man in die Deckung abtaucht. Dieser »doubletap« geht auf Überlegungen aus dem II. Weltkrieg zurück und ist so etwas wie das Markenzeichen britischer Elitetruppen geworden. Das Schießen im Rennen wird im Gegensatz dazu als Munitionsvergeudung erachtet. Das SLR hat nur 20-Schuß-Magazine, und die Chancen, die geringe Zielfläche eines Gegners zu treffen, der das Feuer aus der Deckung oder einem Schützengraben eröffnet, sind gering.

Der zweite Teil von »Advanced Wales« konzentriert sich auf FIBUA (fighting in built-up areas), dem Erlernen von Gefechtstaktiken in bebautem Gelände. Später, in den Bataillonen, wird der Schütze als Teil einer Vier-Mann-Streife, dem »brick« (Ziegel), operieren und lernen müssen, nach dem dünnen schwarzen Lauf eines Armalite .223 oder Colt AR 15 Ausschau zu halten, mit dem die IRA ihre Heckenschützen ausrüstet. Zu einem späteren Zeitpunkt wird er auch mit den vollelektronischen FIBUA-Anlagen Bekanntschaft machen, die von der britischen Armee in den Salisbury Plains und dem Sennelager bei Paderborn eingerichtet wurden: Eine rekonstruierte Häuserzeile aus Londonderry, komplett mit Hecken, Autowracks, Mülleimern und sprechenden Figuren in Pubs und Haustüren. In diesen modernsten Häuserkampfanlagen werden die Reaktionen des Schulpersonals per Videokameras überwacht, Heckenschützen-Einschläge und Sprengfallen simuliert.

Der beste Teil der Grundausbildung beginnt nach diesem Aufenthalt in Wales: Die vier Wochen Springerschule im RAF-Stützpunkt Brice Norton in Oxfordshire. Erstaunlich wenig hat sich über die Jahrzehnte seit jenen ersten Pioniertagen von Ringway verändert. Die Fallübungen und das Rollen am Boden, die Behandlung von Zwischenfällen in der Luft oder beim Entfalten des Schirms sind immer noch die gleichen wie in den Anfängen von 1942. Die Essenz ist in drei Worten zusammengefaßt: Ausstieg, Flug und Landung, was sich für die Schüler mit Angst, Erleichterung, Panik übersetzt. Der Absprung wird an Flugzeugattrappen der C-130 Hercules geprobt. Flug- und Landungsphase werden durch Sprünge auf Sportmatten oder von verschiedensten Türmen und Maschinen simuliert, bei denen die angehenden Fallschirmjäger an Gummiseilen und Riemen hängen und Ausweichmanöver durchexerzieren. Erst in der dritten Woche wird es ernst: Wie in Ringway wird für den ersten Sprung eine Ballonkanzel verwendet. Aus 800 Fuß Höhe wird der entscheidende Schritt über die Schwelle vollzogen – noch ohne den Fahrtwind und das dröhnende Propellergeräusch der Transportmaschine. Wenn das englische Wetter mitspielt, findet der erste der insgesamt sieben Schulabsprünge am nächsten Tag statt. Bis 1981 wurde aus einer Höhe von 800 Fuß abgesprungen, aber nach einem tödlichen Unfall entschied sich die RAF, weitere 200 Fuß als Sicherheit hinzuzufügen, um mehr Zeit für das Öffnen des Reserveschirms oder das Enthedern der Fangleinen zu geben, falls sich Komplikationen einstellen. Die vier ersten Sprünge ohne Ausrüstung oder Waffen sind noch Spaß, die nächsten drei Sprünge – einer zur Nachtzeit – erfolgen mit Gepäck, Waffencontainer und Ausrüstung. Nach dem achten Sprung erhalten die Schüler ihre »wings«, sie beziehen von nun an Springerzulage und können bei Sprungverweigerung bestraft werden.

Die letzten zwei Wochen konzentrieren sich auf Übungen mit Luftlandeeinlagen, in denen das in den bisherigen Ausbildungsphasen Erlernte zu einem ganzen Komplex zusammenkommt. Eine Folge von Prüfungen ermittelt noch einmal die individuelle Leistung, sowohl in körperlicher Hinsicht als auch in der Zusammenarbeit im Team, in der Gruppe und im Zug. Jeder der Rekruten wird in den Sitzungen der Ausbilder und Lehrgangsleiter durchgesprochen, seine Leistungssteigerung und Motivation wird kritisch untersucht, seine Schwächen und Stärken aufgezeigt. Sechs Monate sind seit dem Eintritt der Crows in das Depot vergangen. Vom ursprünglichen Lehrgang sind etwa ein Drittel bis ein Viertel der Rekruten übrig. Einige der Lücken wurden durch Absolventen vorhergehender Lehrgänge aufgefüllt, die noch einmal eine zweite Chance erhalten hatten.

Sie sind keine Krähen mehr – nach dem Slang der britischen Armee. Aus den Anfängern während der Grundausbildungszeit wurden »Toms«, nach dem sprichwörtlichen Tommy oder Tommy Atkins, dem Sinnbild britischen Berufssoldatentums. Zur Abschlußparade dürfen sie bereits die Fangschnüre ihrer zukünftigen Bataillone tragen, deren Farben blau, rot und grün die Zugehörigkeit zur jeweiligen Kampfeinheit signalisieren. Als vollausgebildete Soldaten werden sie von nun an unterschiedlich behandelt und sind voll verantwortlich. Physische Härten, Geländemärsche und Konditionstraining aber werden auch zum Alltag im Bataillon gehören. Obwohl die drei Fallschirmjägereinheiten genauso wie die Royal Marine Commandos zur Einsatzreserve der britischen Verteidigungsstreitkräfte gehören und permanent in irgend einem Winkel der Welt im Einsatz sind, findet sich genügend Zeit, den Fitneß-Standard aufrechtzuerhalten, für den sie berühmt sind. Anders als die Garde – die direkt vom Zeremoniendienst in London und Edinburgh in die Falklands verlegt wurde und große Schwierigkeiten mit den Gepäckmärschen des Feldzugs hatte – hat sich das Ausbildungssystem der Paras und Marines bewährt, als es darum ging, quer über die Hügel und Marschfelder der East Falklands mit voller Ausrüstung auf die Stellungen der Argentinier vorzudringen. Nach Meinung zahlreicher Offiziere hat der Falkland-Feldzug gezeigt, daß die Methoden des Depots, die sich im Prinzip seit den Tagen des II. Weltkriegs kaum geändert haben, immer noch der richtige Weg sind, Elitesoldaten zu produzieren. Der Schweiß und die Zeit, das lange, kostenreiche Training, das Aussortieren und die Überstunden, die das Trainingspersonal von Aldershot investierte, machten sich in den naßkalten, blutigen Tagen auf den Schafsinseln bezahlt.

FALKLANDS – KRIEG AUF DEN SCHAFSINSELN

Am 2. April 1982 überfielen argentinische Invasionsstreitkräfte die kleine britische Garnison auf den Falkland-Inseln, nach vier Stunden erbitterten Widerstands mußten die Royal Marine Commandos sich auf Befehl des britischen Gouverneurs Sir Rex Hunt ergeben. Am nächsten Tag verabschiedete der UNO Sicherheitsrat eine Resolution, die den sofortigen Rückzug der argentinischen »Befreier« von der von Briten bewohnten Inselgruppe forderte. Am gleichen Tag

Falklandinseln: Auf einem improvisierten Schießstand werden die 7,62 mm NATO Selbstladegewehre eingeschossen. Der vordere Para hat sich ein langes 30-Schuß LMG Magazin organisiert. Die hintere Waffe hat eine Montage für Nachtsichtgeräte.

erklärte Premierministerin Thatcher die Absicht ihrer Regierung, eine Streitmacht in den Südatlantik zu entsenden. Die »Task Force«, wie das Expeditionskorps genannt wurde, setzte sich aus rund 28 000 Mann zusammen und verfügte über mehr als einhundert Schiffe. Kern des Verbandes, der antrat, britisches Recht und britische Ansprüche 8000 Meilen entfernt von London zu verteidigen, war die 3rd Commando Brigade und die 5th Infantry Brigade.

Das zweite und dritte Bataillon des Fallschirmjägerregiments verstärkte die 3rd Commando Brigade und kämpfte zusammen mit den Royal Marine Commandos No. 40, 42 und 45. 1 Para fiel für den Einsatz in den Falklands aus – diese Einheit gehörte zur schnellen Eingreifreserve der NATO, AMF, und war gerade auf einem Vier-Monats-Turn in Nordirland. Die Rückeroberung der Inseln wurde von Paras und Commandos angeführt, sie bildeten die Vorhut im Marsch auf Port Stanley, die Spitzen der beiden Zangenarme, die sich systematisch vom Landekopf in San Carlos auf die Bergkette vor der Inselhauptstadt zu bewegte.

In der Nacht vom 20. zum 21. Mai waren die ersten Truppen gelandet. SBS und SAS hatten den Weg geebnet, und wie in alten Zeiten war die Landung durch eine Offiziersaufklärung vorbereitet worden, zu der sich Fallschirmjäger- und Commando-Offiziere zusammengefunden hatten. »Für alle Fälle« war die Handvoll Offiziere mit genügend Feuerkraft versehen, um eine ganze Kompanie Argentinier aufhalten zu können – fast jeder Zweite hatte sich mit einem Maschinengewehr ausgestattet! Nach der Landung war es 2 Para, die bei Goose Green den ersten Feindkontakt hatte: Während 45 Commando und 3 Para nordwärts über die Berge in Richtung auf Douglas und Teal Inlet marschierten, passierte 2 Para Darwin und stieß bei Goose Green auf die Argentinier, die in ausgebauten Stellungen den 600 Briten zahlenmäßig 3 zu 1 überlegen waren. Im Expeditionskorps war man sich bewußt, daß der Ausgang dieser ersten Schlacht sehr die Moral beider Seiten bestimmen und für die folgenden Tage ein Beispiel setzen würde. 2 Para führte einen Nachtangriff durch, der mehrmals im Feuerhagel argentinischer MGs und Mörser liegenblieb. Schließlich obsiegte die bessere Disziplin und eiserne Moral der Fallschirmjäger, die sich trotz der Verluste an die Erdbunker und Schützengräben der Argentinier heranarbeiteten. Das erste von zwei Viktoriakreuzen wurde bei diesem Angriff gewonnen. Oberstleutnant Herbert Jones setzte sich in der entscheidenden Phase an die Spitze des Sturms und fiel bei dem Versuch, in einer Flankenbewegung die Gräben aufzurollen. Mehr als 1 000 »Argies« ergaben sich in Goose Green, 2 Para hatte 18 Tote und 35 Verwundete.

Da eine ganze Anzahl Hubschrauber gleich zu Anfang der Auseinandersetzungen an Bord eines Transportschiffes durch Treffer argentinischer Exocet-Raketen vernichtet wurden, konnte der ursprüngliche Plan, den Vorstoß über Land hauptsächlich durch Heli-Transporte zu unterstützen, nicht mehr verfolgt werden. Die ver-

Schwer bepackt beginnt eine Gruppe den Vormarsch nach Stanley.

bliebenen Hubschrauber wurden für Nachschub, Landungsaufgaben und zum Transport der Artillerie benötigt. Für die Infanterie hieß das, daß der Vorstoß über die nassen Hochplateaus der Insel zu Fuß erfolgen mußte – »tabbing« wie es die Paras nannten. Zusätzliche Munition, Verpflegung, Kleidung und Schlafsäcke mußten auf dem Rücken transportiert werden. Bereits auf der Schiffsreise durch den Südatlantik hatte man die persönliche Ausrüstung neu verteilt und Versuche unternommen, zusätzliche Ladungen in den Rucksäkken aufzunehmen. Am Ende marschierten nicht wenige Commandos mit einem Gepäck von über 100 Pfund! Der Wettlauf zwischen Paras und Royal Marines nach Port Stanley wurde zu einer legendären Ausdauerleistung, bei der sich die harte Ausbildung beider Elitetruppen bezahlt machte. Der Marsch – »yomp« im Commando-Slang – wurde durch die klimatischen Bedingungen erschwert: Ständiger Regen, oft genug mit Hagel und Schnee vermischt, Temperaturen unter null Grad und das Fehlen jeglichen Schutzes vor den Naturgewalten bestimmten das Terrain. Es gab keine Bäume, keinen Wald oder Höhlen, keine Scheunen oder Häuser, wo man Unterschlupf hätte finden können. Der Boden war matschig – noch nie hatte die britische Armee in ihrer langen Geschichte in einem derart nassen Gelände kämpfen müssen, das den Bau von Schützenlöchern, Unterständen und Stellungen zu einem steten Kampf gegen den Grundwasserstand und absackende Seitenwände werden ließ. Der Standardstiefel der britischen Armee versagte kläglich. Mehr als 40 Mann mußten wegen schweren Fußerkrankungen, dem schon im I. Weltkrieg berüchtigten, durch ständige Nässe herbeigeführten »trench foot«, evakuiert werden. Wie so oft mußten die Mannschaften leiden, weil Verwaltungsbürokraten versagt hatten: Bereits im

Die Bodenbedingungen auf den Inseln waren nicht gerade dazu geeignet, Erdbefestigungen anzulegen. Das Klima – im Südatlantik war Winter – trug zu den Problemen des Feldzuges bei.

Januar 1982 war ein neuer, hochschaftiger und wasserabweisender Stiefel, das Ergebnis von mehr als fünf Jahren Forschungsarbeit, in die Depots ausgeliefert worden. Die Auslieferung kam durch Verzögerungen im Nachschubwesen, durch den Dienst nach Vorschrift der Kleiderkammerbullen, für den Feldzug zu spät! Das Klima war beiden Seiten feindlich gesonnen und stellte auf argentinischer Seite einen wesentlichen Faktor im Niedergang der Truppenmoral dar: Mit ungenügender Kälteschutzkleidung, Mangel an Schlaf und schlechtem Verpflegungsnachschub hockten die jungen argentinischen Wehrpflichtigen in ihren Stellungen und wurden durch die Kälte zermürbt. Sie hatten wenig Vertrauen in ihre Offiziere, die im Hinterland in requirierten Farmhäusern saßen und warme Mahlzeiten aßen, während in die vorderen Linien kaum genügend Combatrationen gelangten, die zudem kalt gegessen werden mußten, weil es an Kochgelegenheiten mangelte.

Am Ende konnten die britische Task Force die Oberhand gewinnen, weil sie vom Moment der Landung an die Initiative an sich rissen und behielten. Die Tommies waren moralisch und trainingsmäßig wesentlich besser auf den Einsatz vorbereitet. Sie hatten selbst während der wochenlangen Überfahrt auf den Transportschiffen ihre Ausbildung nicht vernachlässigt und Konditionstraining betrieben, so daß sie zum Zeitpunkt der Landung körperlich topfit und taktisch auf ihre Aufgaben vorbereitet waren. Und hätte es noch eines Beweises gebraucht, so wurde er in der letzten Phase, beim Angriff auf die Hügelstellungen vor Port Stanley geführt. Bis zum 10. Juni waren die britischen Einsatzkräfte vor dieser Bergkette konzentriert worden – 3 Commando Brigade wurde jetzt von den Scots und Welsh Guards der 5th Infantry Brigade unterstützt. Zur Angriffsvorbereitung wurde ›K‹ Company, 42 Commando, mit Hubschraubern in einer Luftlandeaktion gegen Mount Kent angesetzt. Hier, auf dem höchsten Hügel mit Blick auf Port Stanley, hatte sich G Squadron, Special Air Service Regiment, eingenistet, nachdem Aufklärungsteams festgestellt hatten, daß der strategisch wichtige Berg nur von leichten Feindpatrouillen gesichert wurde. Trotz argentinischer Gegenangriffe hielten sich die SAS Teams auf dem Berg, bis sie von den Commandos ersetzt wurden. Die Royal Marines von ›K‹ säuberten die Bergspitze, dicht gefolgt von einer Geschützabteilung der 79. Batterie vom 29 Commando Regiment of the Royal Artillery, die eine 105 mm Kanone und 300 Artilleriegranaten per Chinook Hubschrauber einflogen und Stanley unter Feuer nahmen. Der Rest des Commandos kam nach und bezog Bereitschaftsstellungen für den Angriff auf die argentinische Hauptmacht.

Am 11. Juni kam endlich das grüne Licht: 3 Para infiltrierte argentinische Stellungen und Minenfelder in einem vierstündigen Nachtmarsch und attackierte Mount Longdon. Die Position wurde vom 7. Infanterieregiment, einer Abteilung Marineinfanterie und Kommandos der Elitekompanie 601 der Argentinier gehalten, die mit FN/FAL und Mauser-Zielfernrohrgewehren und Restlichtaufhellern einen erheblichen Blutzoll unter den Angreifern forderten. A-, B- und C-Kompanie des dritten Bataillons mußten ein Netzwerk von Bunkern und Grabenstellungen ausheben, in denen sich die Argentinier monatelang eingegraben und überlappende Feuerzonen angelegt hatten. Artillerie in Port Stanley und 120 mm Mörser leisteten den Verteidigern Unterstützung, die Beschießung sollte noch 48 Stunden anhalten – auch nachdem der Berg eingenommen war. Sgt. Ian McKay, vom 4. Zug der B-Kompanie, wurde der zweite Viktoriakreuzträger des Feldzuges – obwohl er verwundet war, griff er allein eine Bunkerstellung an, aus der heraus MGs seine Einheit am Vorrücken hinderten. Auch dieses VC ist eine post-mortem-Ehrung. In den Kämpfen um Mt. Longdon setzten die Paras, wie später die Royal Marines an anderer Stelle, auch die Bowie-Bajonette ihrer FN-Gewehre ein. Es zeigte sich in diesen Kämpfen, daß die reguläre Ausgabe von vier 20-Schuß-Magazinen pro Mann viel zu wenig war: Einige Männer hatten sich aus Depotbeständen Magazine besorgt und trugen acht bis zehn in die Schlacht, nur um festzustellen, daß bei den anhaltenden Nachtkämpfen auch dies nicht ausreichte. Glücklicherweise führten auch die Argentinier das FN 7,62 mm NATO Selbstladegewehr sowohl als Standardgewehr wie als MG mit schwerem Lauf und Zweibein, so daß sich die Paras und Royal Marines aus den Feindbeständen versorgen konnten. Während 2 Para Schritt für Schritt die Argentinier zurückdrängte, nahm 45 Commando Two Sisters und 42 Commando Mt. Harriet und einen Kamm mit dem bezeichnenden Namen Goat Ridge. Auch die Commandos hatten schwere Ausfälle durch die argentinischen MG-Bunker mit ihren 7,62 mm und 12,7 mm Lafettenwaffen. Wie bereits bei anderen Zusammenstößen, bewährte sich hier das taktische Trai-

Paras und gefangene Argentinier in Port Stanley.

Am Ende des langen Marsches – Stanley und die Kapitulation der argentinischen Besatzung.

ning der Elite-Einheiten. Jede Gruppe wußte ohne besondere Anweisungen, wie sie vorzugehen hatte, um die Stellungen auszuschalten. Wo MGs, Handgranaten und die LAW Wegwerfbazookas nicht ausreichten, um MG-Stellungen zum Schweigen zu bringen, setzten Paras und Royal Marines eine erheblich wirkungsvollere, aber auch teure Waffe ein: Milan Lenkraketen. Marines wurden für die Verwendung anderer ungewöhnlicher Waffen berühmt: Ein Mitglied von 45 Commando hatte den ganzen Vormarsch lang den Spott seiner Kameraden ausgehalten, die sich über das Samurai-Schwert amüsierten, das an seinem Rucksack befestigt war – auf die Argentinier verfehlte der mit wildem Kriegsgeschrei und hoch erhobener Klinge Angreifende seine Wirkung nicht. Captain Mike Erwin führte einen .357 Magnum in einer Art Westernholster und seine Redewendung vom ».357 Einlauf« machte in der ganzen Brigade die Runde. Böse Zungen behaupten, er hätte sogar versucht, argentinische Jagdbomber damit abzuschießen ...

Die erste Hügelkette genommen, war der Weg für die zweite Angriffsphase frei: 2 Para passierte die Linien des Schwester-Bataillons und ging gegen Wireless Ridge vor, womit diese Einheit der einzige Verband der Task Force war, der zwei Bataillonsangriffe ausführte. Die Welsh Guards und Gurkhas, Kompanien der Scots Guards und leichte Panzer der Blues & Royals wurden nun eingesetzt, um die Argentinier aus den letzten Stellungen vor Port Stanley zu vertreiben. Die 5th Infantry Brigade, die bisher als Korpsreserve gehalten wurde, bekam nun ihre Feuertaufe. Der argentinische Widerstand begann sich angesichts dieser konzertierten Vorstöße aufzulösen. Am Nachmittag des 13. Juni waren die ersten weißen Fahnen über der Stadt zu sehen. Nach 75 Meilen Vormarsch lieferten sich jetzt Royal Marines und Paras noch einmal ein letztes, freundschaftliches Rennen, Soldaten von 2 Para waren die ersten britischen Truppen in der Stadt. Um 9 Uhr abends ergab sich der argentinische Kommandant Mario Menendez.

82nd – »ALL AMERICAN« DIVISION

Am 1. Juli 1940 meldeten sich 48 Soldaten und ein Offizier des 29. Infanterieregiments als Freiwillige zum Dienst in Ft. Benning, Georgia, für eine Einheit, die als »Parachute Test Platoon and Air Infantry« zum Grundstock der amerikanischen Luftlandetruppe wurde. Aus dieser Einheit wuchsen während der Weltkriegsjahre die amerikanischen Fallschirmjägerregimenter und Lastenseglerverbände, die 82nd Airborne und 101st Airborne Divisions. 45 Jahre später, nach unzähligen Einsätzen in allen Erdteilen, verfügt die US-Armee mit der 82nd über eine zwischen 15 000 – 18 000 Mann starke Einsatzreserve, die über mehr Feuerkraft verfügt als alle sieben alliierten Luftlandedivisionen der Weltkrieg-Zwo-Ära! Die 82nd ist die Vorausmacht des XVIII Airborne Corps und kann jederzeit überall auf der Welt eingesetzt werden. Die Division ist vollständig luftverlastbar, ihre Kampfbataillone sind fallschirmerprobt, sie verfügt über leichte Sheridan-Panzer, 105 mm Haubitzen, Pionierabteilungen, eine Transporthubschrauberflotte, Cobra-Kampfhubschrauber und ihre eigene Fla-Abteilung. Die Division hat neun Kampfbataillone mit drei Panzerabwehrkompanien und drei Artilleriebataillone mit zusammen 36 Rohren. Diese »Spitze« wird von sieben Bataillonen Kampfunterstützungstruppen gedeckt, zu denen das leichte Panzerbataillon mit 54 Sheridans gehört.

Die Einheiten der All-American können im NATO-Bereich, in der Karibik, im Nahen Osten oder an irgend einer Ecke der Welt eingesetzt werden. Ihre Ausrüstung und Ausstattung gewährleistet

Zweiter Weltkrieg, Pazifik, Februar 1945: Das 503rd Parachute Infantry Regiment, US Army, landet auf Corregidor.

ihre Kampfbereitschaft in jedem Klima und unter allen Feldbedingungen: Manövergebiete liegen in Puerto Rico, Ägypten, Spanien, der Türkei, in Deutschland oder Korea. Die »trooper« der 82nd Division werden im Wüsten- und Kaltwettereinsatz, im Abseilen aus dem Hubschrauber für Dschungeloperationen, in amphibischen Landungen und im Häuserkampf ausgebildet. Anders als die Luftlandeverbände der Weltkriegszeit ist die moderne Fallschirmjägertruppe der USA heute in der Lage, schnell zuzuschlagen und den Kampf über Tage und Wochen fortzuführen. Der Nachschub kann aus der Luft abgeworfen, mit Fallschirmen oder im Tiefflugverfah-

In Vietnam wurde zum ersten Mal das „Luftkavallerie"-Konzept durchexerziert, die Aufnahme zeigt Angehörige der 173rd Airborne bei einem Einsatz gegen den Vietcong.

ren erfolgen. Panzerabwehrwaffen und die Divisionsartillerie erlauben es den Fallschirmjägern, auch Gegenstöße regulärer motorisierter und gepanzerter Angreifer abzuwehren. Hatte früher der Luftlandebrückenkopf einer Division vielleicht nur einen Durchmesser von zehn bis fünfzehn Kilometer, so ermöglichen die moderne Feuerkraft und hohe Mobilität der 82nd das Einrichten von Landeköpfen, die fünfmal so groß wie im II. Weltkrieg sind.

Die Division hat ständig ein Bataillon als Vorauseinheit und eine

Das M 16A1, in Vietnam zum erstenmal erprobt, wird trotz seiner Nachteile noch bis in die neunziger Jahre Hauptwaffe der amerikanischen Streitkräfte bleiben. Auch bei den amerikanischen Fallschirmjägern wird das weinrote Barett im Einsatz gegen den Helm vertauscht – seit kurzem der aus Kunstfaser hergestellte „Fritz".

Panzerabwehrlenkraketen wie die hier auf einem Jeep montierte TOW der 82nd geben Fallschirmjägern heute eine Möglichkeit, den Feuerkampf auch mit Kampfpanzern aufzunehmen. Das TOW-System hat eine Reichweite von 3000 m.

Brigade in Alarmbereitschaft als Teil der »Rapid Deployment Force«, der schnellen Eingreifreserve der US-Streitkräfte. Innerhalb von 18 oder weniger Stunden kann das Hauptquartier in Ft. Bragg eine Einheit beliebiger Größe kampfbereit in ein Krisengebiet abkommandieren und dort nachschubmäßig unterstützen: Diese Fähigkeit wurde zuletzt auf Grenada unter Beweis gestellt – 17 Stunden nach der Benachrichtigung über den Einsatz landeten bereits die ersten 82er in Port Salinas, getreu dem Fallschirmjägermotto: »Anywhere, anytime, in anything« – Überall, jederzeit in allem – Airborne!«

Der Kampfgeist der Division wird am besten durch eine Weltkriegsepisode beschrieben, die auch heute noch zum Schulbeispiel für jeden angehenden amerikanischen Fallschirmjäger wird:

Während der Ardennenoffensive zog sich am 24. Dezember 1944 eine US-Panzerdivision vor den vorstürmenden Deutschen zurück. Ein Kanonenjagdpanzer stieß dabei auf einen US-Soldaten, der seelenruhig neben der Straße ein Schützenloch aushob. Private First Class Martin von der 325th Glider Infantry fragte den Panzerkommandanten, ob er nach einem sicheren Platz suche. »Yeah« antwortete der Feldwebel. Darauf der Luftlandesoldat: »Nun, Kumpel, stellt Euch mit Eurem Fahrzeug nur hinter mich . . . Ich bin die 82nd Airborne und das hier ist so weit, wie die Bastarde kommen werden.«

»Semper Primus – Immer zuerst!«
   Motto der US Airborne Pathfinder

Pfadfinder

Eine Spezialeinheit der Fallschirmjäger jedes Landes sind die Pfadfinder, eine kleine Gruppe besonders ausgewählter und geschulter Offiziere und Unteroffiziere, die bei einer Luftlandeaktion größerer Art als erste im Zielgebiet abgesetzt werden. Ihre Aufgabe liegt in der Vorbereitung der Landezone, im Auslegen einer Orientierungsmarkierung für Transportmaschinen und Springer, im Einweisen der Flugzeuge und in der Sicherung der Landezone (LZ). Je nach Größe der Luftlandung operieren diese Vorauskommandos in kleinen Teams von vier bis fünfzehn Soldaten bereits mehrere Stunden vor dem Eintreffen der Hauptmacht und im feindlichen Gelände auf sich allein gestellt. Fallschirmjäger werden in besonderer Weise ausgebildet: unabhängig allein und in kleinen Gruppen aktiv zu werden – die Pfadfinder sind in dieser Hinsicht die besten Einzelkämpfer der LL-Truppe.

Als Beispiel für die besondere Zusatzausbildung sei an dieser Stelle der Pathfinder Course von Fort Benning angeführt, der im Oktober 1979 eingerichtet wurde und die angehenden Spezialisten in gleichem Maße für Fallschirm- wie Hubschrauber-Aktionen vorbereitet. Der Lehrgang dauert im Schnitt drei Wochen und umfaßt 97 Unterrichtsstunden, die sich wie folgt aufgliedern:

Kartenkunde	4 Std.	Hubschrauber-	
Flugnavigation	4 Std.	lastentransport	12 Std.
Abseiltechniken	4 Std.	Kontrolle der	
Ausrüstungs-		Sprungzone	28 Std.
containerpacken	1 Std.	Kontrolle der	
		Helicopter LZ	28 Std.
		Luftverkehrskontrolle	16 Std.

Die Ausbildung endet mit einer fünfzigstündigen Übung, die Hubschrauber und Fallschirmjäger-Landungen einbezieht und eine Prüfung des Erlernten darstellt. Als schwierigste Disziplin hat sich die Luftverkehrskontrolle erwiesen, bei der die Pfadfindergruppe Kontakt mit den sich annähernden Maschinen aufnimmt, ihnen über Funk Informationen über die Luftlage über der LZ, Wind- und Wetterbedingungen mitteilt und die Maschinen dann zum Landen oder Abwerfen ihrer Ladungen einweist. In dieser zentralen Phase jeder Luftlandung muß der Pfadfinder am Funkgerät ruhig und gefaßt seine Meldungen absetzen, auch wenn sich die Situation am Boden unverhofft verändert. Entsprechend werden die Schüler im Lehrgang auch mit Problemen konfrontiert, die sie zum Improvisieren veranlassen: Plötzliche Veränderungen der Wetterlage, verirrte Flugzeuge, Maschinen mit Triebwerksschaden usw.

NATO-FEUERWEHR AMF

Einen Spezialverband besonderer Art stellt die »Allied Command Europe Mobile Force, Land & Air« dar – in ihrer Konzeption ist sie die beste Verkörperung des Partnerschaftsgedankens im Nordatlantischen Verteidigungsbündnis. 1960 ins Leben gerufen, besteht die

Deutsche Fallschirmjäger des Bataillons 262 (Merzig) beim AMF-Einsatz in der Türkei 1985: Ein Saboteur wird festgenommen.

Deutsche und türkische Offiziere bei der Karteneinweisung, links der AMF-Stander am Jeep, zwei geschlossene Panzerfäuste auf grünem Grund.

Ein „Kraka" (Kraftkarren), Haupttransportgerät deutscher Fallschirmjäger mit 20-mm-Kanone RH 202 im Erdzielbeschuß.

AMF aus einem Luftkontingent mit rund 100 Kampfflugzeugen folgender Staaten: Belgien, Kanada, Deutschland, Holland, Großbritannien und USA. Am Boden ist die AMF mit einer leichten, luftverlastbaren Infanteriebrigade vertreten, deren Kompanien, Bataillone, Batterien und Hubschrauberstaffeln aus den verschiedensten NATO-Staaten stammen. Zur AMF zu gehören, bedeutet eine besondere Verantwortung, denn die einzelnen AMF-Elemente repräsentieren nicht nur die Allianz, sondern auch ihre eigenen Nationen.

Potentielle Einsatzgebiete – und damit auch Manövergebiet für die jährlichen gemeinsamen Übungen – sind die Flanken des Bündnisterritoriums, in denen die NATO nur schwach vertreten ist: Nord-Norwegen, Dänemark, Italien, Griechenland und die Türkei. Eine Alarmierung und Verlegung der AMF erfolgt immer auf Anforderung des betroffenen Landes und wird direkt von SACEUR, dem obersten Kommandeur der Allianz in Europa, angeordnet, dem die AMF als direkte Eingreifreserve untersteht. Der AMF-Verband dient der Abschreckung, denn er soll schon im Vorfeld kriegerischer Auseinandersetzungen einem Angreifer signalisieren, daß die Aggression gegen einen Partnerstaat des Bündnisses einen Angriff auf alle Nationen der NATO darstellt. Im Ernstfall dient die AMF als Verstärkung der örtlichen Streitkräfte. Die Zusammenstellung der Brigade hängt vom Einsatzgebiet ab: Während z. B. italienische Alpinis, britische und kanadische Luftlandesoldaten in Norwegen das Rückgrat der Brigade bilden, sind es an der Südflanke deutsche und amerikanische Fallschirmjäger zusammen mit belgischen Para-Commandos.

Die besonderen Anforderungen der Einsatzgebiete, die von arktischen Winterkampfbedingungen im Norden bis zu den semiariden Gebieten der Türkei reichen, stellen die Flexibilität und Leistungsbereitschaft der AMF vor immer neue Herausforderungen, denen in internationaler Kooperation beggenet werden muß.

CANADA: SPEZIALEINHEITEN AM RANDE DER ARKTIS

Die Entwicklung der kanadischen Streitkräfte und besonders ihrer Elitetruppen war immer eng bestimmt vom britischen Mutterland einerseits und von Einflüssen der Vereinigten Staaten von Amerika andererseits: Bereits im Juli 1942 wurde so mit amerikanischer Hilfe in Fort Benning, Georgia, das kanadische Fallschirmjägerbataillon ausgebildet, das später als Teil der 6th Airborne Division an den Luftlandungen in der Normandie und am Rhein teilnahm. Im gleichen Monat entstand zusammen mit den amerikanischen Streitkräften eine Sondereinheit, die »First Special Service Force«. Diese Brigade wurde ursprünglich in Helena, Montana, als Luftlandetruppe für Kommandounternehmen in Gebirgsregionen geschult. Ihr erster Einsatz erfolgte in den Aleuten, bevor sie im Sommer 1943 nach Italien verlegt wurde. Bei der Eroberung der deutschen Schlüsselstellungen von Monte La Defensa und Monte Remetanea erhielt die kanadisch-amerikanische Einheit ihren Spitznamen »Teufelsbrigade«. Die Truppe, die bereits im Dezember 1944 im französischen Menton aufgelöst wurde, hatte während ihrer kurzen Existenz bei den Kämpfen um Anzio und dem Vormarsch durch Italien als Vorauskommando und Sturmregimenter schwerste Verluste erlitten. Die Überlebenden brachten ihre Erfahrungen beim kanadischen Fallschirmjägerbataillon oder bei den US Rangers ein. Einige gründeten nach Kriegsende die kanadische Special Air Service Company, die bis 1949 existierte, um dann in der Brigade der Mobile Striking Force aufzugehen. Die MSF wurde zum Eingreifverband des kanadischen Friedensheeres, deren Aufgabe vor allem in dem arktischen Einsatzgebiet des Nordens lag.

Das Abzeichen der Kanadier.

Sprung! Ein kanadischer Fallschirmjäger tritt aus der C-130 Hercules.

Nach Jahren der Kürzungen und Umstrukturierungen entstand im April 1968 wieder eine reine Fallschirmjägertruppe, »The Canadian Airborne Regiment« in Edmonton. Dieser Freiwilligenverband, dessen Kern zwei Infanterie-Kommandos und eine Batterie bildete, ist der direkte Vorläufer des heutigen Fallschirmjägerregiments, das allerdings in den siebziger Jahren verschiedene Veränderungen erfuhr. Der wesentlichste Einschnitt erfolgte im April 1977: Zusammen mit Verbänden der 2nd Combat Group des Heeres bildete das Regiment nun die »Special Service Force«. Das Fallschirmjägerregiment erhielt eine dritte Schützenkompanie (airborne commando) und wurde innerhalb der SSF nun der Grundstock für den Luftlandekampf-Verband (Airborne Battle Group), der bei Bedarf durch Verstärkungen aus anderen Heeresverbänden zusammengezogen werden kann. Sitz der Special Service Force, die an die Traditionen der Teufelsbrigade anschließt, ist Petawawa in Zentralkanada, wobei diese Gruppierung eindeutig als nationale und internationale Eingreiftruppe für Krisenzeiten designiert ist. Das Canadian Airborne Regiment ist schon aufgrund seiner Größe und Rekrutierungsmöglichkeiten deutlich als Elite stilisiert: Das Regiment umfaßt in Friedenszeiten kaum mehr als 750 Mann und wird ausschließlich aus Freiwilligen der kanadischen Berufsarmee gestellt.

Die geographischen Gegebenheiten Kanadas bedingen eine weitgefächerte Ausbildung, die alle Elemente der Winter- und Arktiskriegsführung beinhalten muß. Gleichzeitig aber sind die Fallschirmjäger als Eingreifreserve im Rahmen der internationalen Verpflichtungen Kanadas, sowohl im Commonwealth als auch in der NATO, vorgesehen. Als dritter Bereich kann ein Einsatz als UNO-Friedenstruppe an irgend einem Brandherd der Welt überraschend möglich werden. Ein Blick auf den Ausbildungskalender des Regi-

Kanadier und Amerikaner, mit Bergstiefeln und M 1 Garand-Gewehren ausgerüstet, bei der Ausbildung der First Special Service Force in Ft. William Henry, Montana, Frühjahr 1943.

ments verdeutlicht anschaulich diese Vielzahl von Rollen, für die kanadische Fallschirmjäger vorbereitet werden, wobei besonders das Wintersurvivaltraining eine Hervorhebung verdient. Da das kanadische Heer keine Gebirgsjäger im eigentlichen Sinne kennt, werden viele Aufgaben dieser Art von den Kommando-Kompanien bewältigt, die bei den italienischen Alpinis oder der deutschen Gebirgsdivision den Hochgebirgszügen zukommen. Angesichts des sich verändernden Kriegsbildes kamen in den letzten Jahren auch Übungen als Jagdkommandos bei der Bekämpfung von Kleinkampfgruppen hinzu. Die Paras sind in der Lage, die Royal Canadian Mounted Police bei der Suche nach Terroristen zu unterstützen, falls dies je notwendig werden sollte. Kanada ist erst vor kurzem zu der Entscheidung gekommen, eine Spezialeinheit für die Abwehr terroristischer Überfälle zu bilden. Nach langer Überlegung entschied man sich, diese Aufgabe völlig im polizeilichen Rahmen zu lassen und einen Spezialverband in der RCMP aufzubauen – ein Prozeß, der noch nicht gänzlich abgeschlossen ist. Im Fallschirmjägerregiment wurde dieser Weg bedauert, man war mehr dem Vorbild des britischen SAS zugeneigt.

GEISELRETTUNG AUS DER LUFT –
DAS BEISPIEL DER BELGISCHEN PARA-COMMANDOS

In den Jahrzehnten nach 1945 war die Zukunft von Luftlandeverbänden recht ungewiß. Kreta und Arnheim wurden als gewichtige Argumente gegen Fallschirmtruppen in die Waagschale geworfen. Trotzdem behielten die meisten Industrienationen ihre Spezialeinheiten: Die Dekolonialisierung in der Dritten Welt brachte in ihrem Kielwasser Despoten und Regime an die Macht und führte zu neuen lokalen Konfliktsituationen, die immer wieder Interventionen der europäischen Staaten erzwangen. Diese Einsätze galten zumeist weniger der Unterwerfung von Aufständen oder anderer machtpolitischer Absichten, als der Schadensbegrenzung, der Rettung von Menschenleben und Besitzstand oder der Versuch der Friedenssicherung. Fallschirmjäger, Marineinfanteristen und ähnliche Spezialeinheiten standen bei diesen Unternehmen in der vordersten Linie. Derzeit sind französische Interventionsstreitkräfte im Tschad und in Djibouti in solche Aufgaben verwickelt, in den letzten fünfundzwanzig Jahren waren der Libanon, Malaysia, Borneo, verschie-

Eine Patrouille des Para-Commando-Regiments. Standardwaffe ist das belgische FN FAL-Selbstladegewehr mit Klappschaft.

dene Golfstaaten, der Kongo und Zaire Schauplätze solcher Operationen. Oft genug war der eigentliche Ausschlag für solche Interventionen durch die physische Gefährdung von Bevölkerungsminderheiten oder europäischer Bewohner gegeben, die von Aufständischen, von Bürgerkriegsparteien oder Terrorgruppen als Geiseln mißbraucht wurden. Obwohl die meisten Staaten der Welt bereits vor Jahrzehnten ihre Unabhängigkeit erhielten, sind die Konfliktzonen nicht geringer geworden. Rettungsmaßnahmen wie in Kolwezi im Mai 1978 oder im November 1964 im Kongo können jederzeit wieder notwendig werden. Seit Entebbe und dem amerikanischen Versuch der Geiselrettung im Iran sind Fallschirmjäger-Raids als Maßnahme im Kampf gegen Terror und Willkür wieder verstärkt im Gespräch. Der Kongo-Einsatz der belgischen Para-Commandos war eine solche Aktion, die nicht nur Lehrbuchcharakter hat, sondern auch zu den ruhmreichsten Episoden dieses Regiments gehört.

Der Bürgerkrieg im Kongo war durch die Präsenz der UNO-Truppen nur teilweise geschlichtet worden – sobald die Blauhelme abgezogen waren, hatten die aufständischen »Simbas« (Löwen) die nördlichen Landesregionen wieder in ihre Gewalt gebracht und rund 1300 europäische Geiseln um die Provinzhauptstadt Stanleyville zusammengetrieben. Regierungstruppen waren zwar im Vormarsch, aber in Europa wurde befürchtet, daß die belgischen, britischen und amerikanischen Geiseln – Fachpersonal der Minengesellschaften und ihre Familien, Siedler und Verwaltungsbeamte – bei Entreffen der Truppen bereits tot sein würden. Eine internationale Rettungsaktion wurde erwogen, deren Hauptlast allerdings von Belgien getragen wurde: Die USA – zögernd und mit einer völlig unangemessenen Zurückhaltung – stellten die Transportmaschinen, zwölf Hercules C-130 und vier C-124. Großbritannien erlaubte die Nutzung seiner Flughäfen und Stützpunkte auf der Atlantikinsel Ascension. Aufgetankt wurde in Spanien und 550 Meilen vor Stanleyville in Kamina.

Das belgische Regiment Para-Commando, geführt von Oberst Charles Laurent, sprang am 24. November 1964 auf dem Flughafen von Stanleyville, drei Kilometer außerhalb der Stadt ab. Die Operation »Dragon Rouge« sah die Einnahme des Flugplatzes durch die 300 Fallschirmjäger der ersten Welle vor, denen in der zweiten Welle noch weitere 235 folgen sollten, sofern bis zu deren Eintreffen die Landebahnen noch nicht fest in der Hand der Para-Commandos war. Die erste Welle stieß auf geringen Widerstand und der zweite Verband konnte ungehindert mit den C-130 landen. Die Jeeps wurden ausgeladen und eine Fahrzeugkolonne bewegte sich auf Stanleyville zu, wo zu diesem Zeitpunkt das Abschlachten der Geiseln bereits begonnen hatte. Gegen 8.20, drei Stunden nach Absetzen der ersten Welle, wurden bereits die ersten Geiseln vom Flughafen ausgeflogen. Zwei Tage später wurden in einem ähnlichen Handstreich mehrere hundert Geiseln im 400 km entfernten Paulis gerettet. Die Para-Commandos hatten drei Tote und zehn Verwundete, konnten aber fast 2000 Geiseln retten.

Von Anfang an war diese Aktion mehr als gewagt: die belgischen Soldaten waren bisher nie von C-130 abgesprungen, Sprachprobleme erschwerten die Verständigung. Die Tarnung der Luftverlegung nach Ascension war äußerst durchsichtig, die Befehlstruktur kompliziert: In der Luft hatten die Amerikaner das Sagen, ihre Verantwortlichkeit erstreckte sich über die Vorbereitungen bis zum Absprung, erst am Boden übernahmen die Belgier den Oberbefehl. Das Absetzen der ersten Welle verlief trotz aller Schwierigkeiten ohne große Probleme, aber eine C-130 mit vier Fahrzeugen an Bord verspätete sich. Oberst Laurent entschied sich, auf diese Maschine zu warten, bevor er seine Stoßtrupps nach Stanleyville schickte – eine Verzögerung, die 28 Geiseln wahrscheinlich das Leben kostete.

Bei Rettungsaktionen dieser Art ist der Zeitfaktor entscheidend, Verzögerungen erweisen sich immer als kostspielig. Die gesamte Operation Dragon Rouge war vom klassischen Luftlandegedanken geprägt – die Eroberung eines Flughafens in der ersten Phase, um einen festen Stützpunkt zu erhalten, das Nachführen von Verstärkungen in der Stufe Zwei und schließlich der Vorstoß aus dem Landekopf. In Entebbe, einer vergleichbaren, aber vom Umfang wesentlich kleineren Operation, wurde noch auf dem Flugfeld gekämpft, während die ersten Stoßtrupps schon die Geiseln befreit hatten.

Bei der belgischen Abseiltechnik wird das Seil durch den Karabiner, über die Schulter und Rücken geführt und mit der rechten Hand an die Hüfte gepreßt.

AMF: Amerikanische Fallschirmjäger weisen Para-Commandos in den Gebrauch des Colt M 16 A1 Gewehrs und Nachtsichtgerät ein.

Das Regiment Para-Commando

Im Zweiten Weltkrieg wurde aus belgischen Exilbürgern im Mai 1942 eine Fallschirmjägerkompanie aufgestellt, die zuerst als Teil des 8th Battalion der 6th Airborne Division zugeordnet wurde, später aber zur SAS-Brigade kam. Belgische SAS-Gruppen nahmen an Fernaufklärer-Einsätzen hinter den deutschen Linien in Frankreich, Belgien und bei der Landung von Arnheim teil. Mit der Befreiung von Brüssel wurde aus den SAS-Teams ein motorisiertes Aufklärungsregiment, das mit den polnischen und kanadischen Panzerdivisionen am Vormarsch durch Nordholland und Deutschland teilnahm.

Nach Kriegsende wurde aus den Resten dieser Verbände das Para-Commando-Regiment, dessen Kern drei Bataillone und eine 105 mm Batterie ist. Die Para-Commandos wurden ab 1960 in Belgien als Friedenstruppe eingesetzt und waren u. a. auch in Ruanda-Burundi bis zur Unabhängigkeit des Staates im August 1962. Heute ist die Einheit für ihre Aufgaben im Rahmen der NATO-Verteidigung mit einem Bataillon in der Allied Mobile Force für die Südflanke vertreten und ist von der Bewaffnung her schwerpunktmäßig auch zur Abwehr von Panzern befähigt.

KOLWEZI 1979 – LEHRSTÜCK FRANZÖSISCHER INTERVENTIONSSTREITKRÄFTE.

Die französische Rettungsaktion von Kolwezi mutet fast wie eine Wiederholung der belgischen Operation Dragon Rouge an. Wieder war Zentralafrika der Schauplatz einer blutigen Tragödie, wieder wurden Europäer zu Geiseln: Im Mai 1978 eroberten 4000 Rebellen der »Nationalen Front zur Befreiung des Kongos« von Angola kommend die Shaba (Katanga) Provinz Zaires. Die marxistischen »Tiger«-Rebellen stellten die Europäer als »Diener des Kapitalismus« vor »Volksgerichte« und vollstreckten eine Reihe von »Todesurteilen«. Ein Hilfeersuchen Präsident Mobutus bewirkte eine französisch-britisch-amerikanische Intervention. Frankreich alarmierte das Deuxieme Regiment Etrangere Parachutiste (2d REP), das von seinem Stationierungsort Calvi auf Korsika mit amerikanischen und französischen Transportmaschinen nach Kinshasa geflogen wurde. In England wurde ein Infanteriebataillon in Alarmbereitschaft gesetzt, in den USA war die zweite Brigade des 82nd Airborne abmarschbereit.

Am 13. Mai war der Einfall der Tiger erfolgt. Am 17. Mai gegen 11.00 Uhr wurde das 2d REP alarmiert und gegen 20.00 Uhr von seinem Kommandeur abmarschbereit gemeldet. Die ersten Kompanien verließen Korsika gegen Mittag des folgenden Tages und trafen nach einem Zehn-Stunden-Flug in Kinshasa ein. Die zweite Staffel brachte die rund 100 Fahrzeuge des Regiments. Der Einsatz war ursprünglich für den folgenden Tag vorgesehen, mußte aber nun aufgrund alarmierender Meldungen aus der Provinz Shaba vorgezogen werden. Das Regiment konnte nicht mehr auf das Eintreffen seiner eigenen Schirme warten, sondern übernahm amerikanische T 10 Schirme der Armee von Zaire, deren vier C-130 neben drei C-160 Transall der französischen Luftwaffe als einziges Transportmittel zur Verfügung standen.

Der Aktionsplan mußte die problematische Lage vor Ort und die spezifische Siedlungsform von Kolwezi berücksichtigen, wo die Geiseln festgehalten wurden: Die Stadt besteht aus drei urbanen Kernen, der Altstadt, der Neustadt, Manika und einem weiteren Lager, Camp Forrest, getrennt durch Schienenstränge der Minenbahn und Straßen. Hauptziel war die Altstadt, in der die überwiegende Menge der Geiseln vermutet wurde. Obwohl das Flugfeld der Provinzstadt bereits vom 311. Bataillon der Zaire-Fallschirmjäger genommen war, entschied sich der Kommandeur des 2d REP, Phillippe Erulin, gegen diese mehr als sechs Kilometer entfernte Landezone. Die erste Welle sollte auf einem freien Feld nördlich der Altstadt abspringen, sofort eine Straßensperre zwischen Alt- und Neustadt aufwerfen, gleichzeitig Kampfpatrouillen auf die Suche nach den Geiseln entsenden und feste Punkte an beherrschenden Bereichen von Kolwezi einrichten, von denen aus weitere Streifen operieren konnten. Die ersten drei Kompanien des Regiments wurden für dieses Vorauskommando vorgesehen, die zweite Welle, bestehend aus den Aufklärungs- und Mörserzügen und der vierten Kompanie, sollten je nach Sachlage auf der gleichen Landezone oder einem zweiten Feld östlich der Neustadt abspringen. Nur selektives Feuer auf erkannte und bewaffnete Gegner war befohlen. Alle Einheiten hatten sofort zu erreichende Zielpunkte in den Stadtteilen, die sie ohne Rücksicht auf ihre eigenen Verluste einzunehmen hatten. Diese sehr flexible Planung sah das Durchsetzen des zu erobernden Gebietes mit einem Netz eigener Stellungen vor, das die zwar zahlenmäßig überlegenen, aber schlecht disziplinierten Katanga-Rebellen in Verwirrung versetzen und zur Flucht verleiten sollte.

Am 19. Mai gegen 11.00 Uhr konnte die erste Staffel von Kinshasa abfliegen, um 15.40 Uhr befand sie sich über der Landezone und die Legionäre waren froh, die bis zum Bersten überfüllten Hercules zu verlassen. Die Maschinen flogen zu weit südlich und ein Teil der Springer landete in Bäumen, Häusern und direkt an der Eisenbahnstation. Trotzdem gab es nur sechs Verletzte. Das hohe Elefantengras erschwerte das Sammeln der Kompanien und das Auffinden der Lastcontainer, aber innerhalb von 15 Minuten waren die drei Kompanien auf dem Weg zu ihren Zielen. Die Fallschirmjäger waren bereits beim Absprung aus der Stadt beschossen worden und zu diesem Zeitpunkt hatten die Truppen bereits vier LMG-Nester ausgeräumt und zwei angreifende Panzerwagen mit ihren 89 mm Panzerfäusten zerstört. Bei Sonnenuntergang wurde die Altstadt von den drei Kompanien beherrscht, die Aufständischen waren zurückgetrieben und mehrere Dutzend Geiseln unverletzt befreit worden.

Vor dem Abflug nach Kolwezi. Standardbewaffnung der französischen Soldaten war damals noch das 7,5 mm MAS Selbstladegewehr und die MAT 49 MPi.

Französische Paras heute: MPi und Gewehr wurden von dem neuen MAS-Sturmgewehr Kaliber .223 (5,56 mm) abgelöst.

Die Legion stand schon in früheren Epochen ihrer Geschichte in vorderster Linie bei der Guerillabekämpfung: Zwei Legionsfallschirmjäger im Algerienkrieg vor der Leiche eines Fellagha, wie die Freischärler der algerischen FLN genannt wurden. Beide sind als „voltigeurs" (leichte Infanterie, Jäger) mit der MAT 49 Maschinenpistole ausgerüstet.

Die kurze Bauart des Famas .223 bewährt sich besonders beim Häuserkampf.

Bei Mondschein ließ Oberst Erulin die Vorstöße fortsetzen, der Absprung der zweiten Welle wurde auf den nächsten Tag verlegt. Gegen 6.00 Uhr des 20. Mai landeten die Mörser- und Aufklärungszüge auf der nördlichen LZ, um von dort aus gegen Camp Forrest und eine Gendarmeriestation vorzugehen. Die Vierte Kompanie sprang östlich der Neustadt ab und attackierte sie von dort. An diesem Morgen landeten auch die belgischen Para-Commandos auf dem Flughafen von Kolwezi. Sie sicherten den Abtransport der Europäer und übernahmen Stellungen des 2d REP, die nun an die Säuberung von Manika und des umliegenden Geländes gingen.

Die Legionsfallschirmjäger hatten bei der ganzen Kolwezi-Aktion erstaunlich geringe Verluste: 5 Tote und 25 Verwundete. Die Rebellen ließen 250 Tote und über eintausend Waffen zurück, darunter 4 R-Paks, 15 Mörser und 21 Raketenwerfer. Auch die Absprünge verliefen überraschend gut, trotz der fremden Schirme und der geringen Sprunghöhe von 200 m, die allerdings dem Gegner wenig Zeit zum Beschießen der Springer ließ. Über 3000 Europäer wurden durch das rasche Eingreifen der Legionäre vor den Übergriffen der marxistischen »Tiger« geschützt, von denen 163 in Gefangenschaft genommen wurden.

Die französischen Regierungen der Nachkriegszeit sind ihren vormaligen Kolonialländern und Einflußzonen weiterhin verpflichtet geblieben. Gleichzeitig nimmt Frankreich im Mittelmeerraum, in Afrika und im Pazifik immer wieder seine Rolle als Mittler, Friedensstifter und Ordnungsmacht wahr, zuletzt im Libanon und im Tschad. Zu diesem Zweck unterhält die französische Armee eine breitgefächerte Interventionstruppe, die sich aus verschiedenen Spezial- und Eliteverbänden zusammensetzt:

Kernstück dieser schnellen Eingreiftruppe ist die 11. Fallschirmdivision in Tarbes, der im Bedarfsfall ein oder mehrere der folgenden Verbände zugeordnet werden: Die 9. Marineinfanteriedivision, die 27. Gebirgsdivision, die 6. Leichte Panzerdivision und die 4. Luftverladbare Division. Die »Elfte« umfaßt zwei Brigaden mit sieben Fallschirmjägerbataillonen:

- 1e Regiment Parachutiste d'Infanterie de Marine: Die Marineinfanterie-Regimenter sind eine Fortsetzung der alten Kolonialeinheiten. Das traditionelle Abzeichen ist ein Anker mit der geflügelten Faust und dem Schwert. Das »Premiere Regiment« besteht als Divisionsverfügungstruppe mit besonderer Ausbildung als Para-Commando.
- 3e Regiment Parachutiste d'Infanterie de Marine: Diese Einheit war zuletzt Teil der Multinationalen Friedenstruppe im Libanon (MNF), nachdem sie bereits 1978 als Teil der UNO Interimsstreitkräfte im Libanon schwere Verluste erlitten hat.
- 6e und 8e RPIMa
- 1 Regiment Chasseurs Parachutiste: Auch diese Einheit war als MNF-Beitrag Frankreichs im Libanon, als schiitische Attentäter das US-Marinehauptquartier und die französische Unterkunft mit Bombenfahrzeugen angriffen. Die Mehrzahl der 58 toten Franzosen waren Angehörige der 3. Kompanie 1e RCP.
- 9e RCP
- 2e Regiment Etrangere Parachutiste: Dieses letzte Fallschirmjägerregiment der Fremdenlegion (das 1e REP wurde nach dem Putsch der Generäle in Algerien aufgelöst) trägt das traditionelle grüne Barett der Legion, während alle anderen Paras der 11. Division das hellrote Fallschirmjägerbarett führen. Im Gegensatz zu den Heeressoldaten, die sich aus Freiwilligen der Wehrdienstleistenden rekrutieren, sind die Legionäre längerdienende Berufssoldaten, ein Umstand, der sich immer wieder in ihrem hohen Ausbildungsniveau zeigt, und der die reibungslose Durchführung von Operationen wie der von Kolwezi erst ermöglicht.

Die Geschichte der französischen Fallschirmjäger reicht zurück auf die Männer de Gaulles in den frei-französischen Verbänden des SAS. Etappen waren der Krieg in Indochina und Dien Bien Phu, die britisch-französische Intervention von 1956 am Suezkanal und Algerien – jenem unerbittlichen Kolonialkrieg, der von den Paras im Feld gewonnen und von den Politikern verloren wurde. Obwohl Frankreich sich abseits des NATO-Bündnisses hält, nehmen die französischen Truppen an zahlreichen binationalen Manövern, besonders mit deutschen Verbänden teil und tragen ihren Anteil an der konventionellen und nuklearen Abschreckung gegenüber dem Warschauer Pakt.

KAMPF IM GEBIRGE – DIE ITALIENISCHEN ALPINIS

Wie jede andere Nation hat auch Italien in seinen Streitkräften Luftlandetruppen und Marineinfanterie, die als Eliteverbände gelten können. Letztere, deren Kern das »Battaglione San Marco« ist, sind neben ihrer amphibischen Rolle auch als Fallschirmjäger ausgebildet. Das Bataillon ist eine gemeinsame Einheit der Marine und der Armee, seine Angehörigen kommen zu 75 Prozent aus der Marine, während in den Unteroffiziers- und Offiziersrängen Armeesoldaten vertreten sind. Die Einheit wurde 1965 aufgestellt und ist u. a. vom Sommer 1982 bis März 1984 neben anderen italienischen Verbänden als Teil der multinationalen Friedenstruppe im Libanon gewesen, wo sie im Gebiet der palästinensischen Flüchtlingslager Sabra und Shatila eingesetzt wurden. Aufgrund seiner zahlenmäßig geringen Stärke ist das San Marco Bataillon nur bedingt für eine amphibische Landung einsetzbar – es würde nur die Speerspitze eines größeren Kontingents darstellen können – aber die Marineinfanteristen sind auch und vornehmlich in der Durchführung von kommandoartigen Überfällen und Handstreichunternehmungen geübt. Eine Besonderheit der San Marco-Seesoldaten ist die Tatsache, daß die Rekrutierung nicht auf den Einzug von Freiwilligen, sondern auf ausgesuchten und abkommandierten Neuzugängen beruht.

Bezeichnenderweise delegierte die italienische Armee eine andere Truppengattung, um im Rahmen der multinationalen NATO Brigade AMF-L das Land zu repräsentieren: Neben deutschen, britischen und amerikanischen Fallschirmjägern tritt Italien mit den traditionsreichen Alpini-Gebirgsjägern an. Der Kampf im Gebirge stellt besondere Anforderungen an Mensch und Material und bringt besonders in den Wintermonaten Härten, die nur bei bester Kondition und Ausbildung zu bestehen sind. In allen Alpenländern gelten deshalb Ski- und Gebirgstruppen als leistungsfähige Elite und unter Kennern genießen die Alpinis einen vortrefflichen Ruf, der beson-

Kennzeichen der Alpinis ist der Berghut mit Feder.

Die Feder wird auch am Stahlhelm getragen: Alpini-Artilleristen zerlegen die 105-mm-Haubitze für den Transport auf Maultieren.

San Marco Marineinfanteristen bei einer klassischen Landeübung.

ders auf ihre Erfolge gegenüber deutschen und österreichischen Gebirgsjägern im I. Weltkrieg beruht. Die Leistungen, die das italienische Kontingent in der Allied Mobile Force bei NATO-Übungen in den nordnorwegischen Bergen erbringen, liefert den Beweis, daß die Alpinis auch heute noch – trotz der kurzen Ausbildungszeit des zwölfmonatigen Wehrdienstes – ihrem Ruf gerecht werden.

Jahrhundertelang war Italien hauptsächlich von Norden her bedroht, und auch in unserem Jahrzehnt bildet die italienische Grenze zu Jugoslawien eine empfindliche Flanke der NATO-Verteidigung. 1872 wurden in Norditalien zum erstenmal regionale Milizen zur Heimatverteidigung der Berggrenzen aufgestellt. Aus diesen Wehren – die ihre Parallele in den Standschützen der anderen Alpenländer haben – formierten sich die Alpini-Regimenter der modernen italienischen Armee zum Ausgang des 19. Jahrhunderts. Seitdem haben Alpinis an allen Feldzügen und Kriegen teilgenommen und sich auf den verschiedensten Kriegsschauplätzen bewährt.

Alpinis des Susa-Bataillons bei einem AMF-Wintereinsatz mit dem Rheinmetall MG 42/59 und dem Beretta M 59 Selbstladegewehr, einer Fortentwicklung des M 1 Garand für die Patrone 7,62 mm NATO.

Derzeitig bilden die fünf Alpini Brigaden Teile von drei Armeekorps: Das Dritte Korps in Milan und das Fünfte Korps an der Ostgrenze zu Österreich und Jugoslawien haben je eine »Brigata Alpina«, das IV. Korps mit seinem Hauptquartier in Bolzano schützt mit drei Brigaden die Alpenzugänge, vor allem den Brenner-Paß. Die Brigaden (genannt Tourinese, Orobica, Tridentia Codore und Julia) und ihre Bataillone sind eng an ihre Stationierungsprovinzen gebunden. Sie rekrutieren aus der Umgebung ihrer Garnisonen, und in dieser Heimatverbundenheit resultiert zu einem beträchtlichen Maß der »Esprit de Corps«, die Motivation ihrer Angehörigen. Ausbildungsmäßig und von ihrer Ausrüstung her haben die Alpinis einen erstklassigen Standard, der den Vergleich mit keiner anderen

Der Fallschirmabsprung im Hochgebirge ist mit zusätzlichen Gefahren verbunden: Bäume, Felskanten und Spalten können den Springern bei der Landung zum Verhängnis werden.

Die Hochgebirgszüge stellen die Spezialeinheiten der Gebirgsjäger dar, sie werden speziell für den Jagdkampf ausgebildet und bestehen in der Bundeswehr zu einem großen Teil aus Zeitsoldaten.

Obwohl Hubschrauber die taktischen Möglichkeiten der Gebirgsjäger revolutioniert haben, ist das Muli für bestimmte Einsätze immer noch unersetzlich.

Tarnung ist alles! Dieser deutsche Gebirgsjäger hat den Hohlraum, der oft unter den Zweigen von Nadelbäumen entsteht, zur Höhle und Kampfstellung ausgebaut.

NATO-Streitmacht zu scheuen braucht. Der Umgang mit Skiern, Klettern und Gebirgsmärsche, das Operieren unter Winterbedingungen nimmt einen Großteil der fortführenden Traningszeit ein, die sich für die Rekruten an die einmonatige Grundausbildung anschließt. Jede Brigade unterhält drei oder vier Jägerbataillone, die neben der motorisierten Abteilung und den Haubitzbatterien das Kampfpotential darstellt und die den ersten Zugriff auf skilauferfahrene und körperlich gut trainierte Rekruten haben. Freiwillige können sich zum Dienst in den Aufklärungszügen der Brigaden melden, die eine Kommandotruppe innerhalb der Korps sind: Ähnlich dem Hochgebirgszug der Bundeswehr-Gebirgsjäger oder dem Mountain & Arctic Warfare Cadre der britischen Marine Commandos, sind diese Züge Spezialisten im alpinen Bergsteigen und Skilaufen. Sie erfahren eine Ausbildung als Fallschirmjäger und Fernspäher und haben aufgrund ihrer besonderen Anforderungen einen hohen Anteil an Längerdienenden. Diese Züge sind darauf ausgerichtet, in kleinen Patrouillen in unwirksamen Zonen zu operieren, Überfälle und Sabotageunternehmen durchzuführen und Stein- und Schneelawinen auszulösen. Der Schwerpunkt der Ausbildung liegt auf dem unabhängigen Operieren in einem kleinen Kampfverband und dem Überleben im winterlichen Hochgebirge. Obwohl der Hubschrauber heute das wichtigste Transportmittel für diese Spezialisten darstellt, gehört der Fallschirmabsprung noch immer zum Ausbildungs- und Übungsrepertoire.

In der AMF sind die Alpinis mit einer Sanitätseinheit, der 40. Gebirgsbatterie, und dem »Susa« Bataillon vertreten, das aus der gleichnamigen nordwestitalienischen Stadt stammt. Das Bataillon ist speziell für den Lufttransport ausgestattet und kann auf eine langjährige AMF-Erfahrung zurückblicken.

PARAŞÜTCÜ KOMANDO – AN DER ÄUSSERSTEN SÜDFLANKE DER NATO

Traditionell stehen türkische Soldaten bei Experten in sehr gutem Ruf: Sie mögen zwar nicht mit den supermodernen Waffensystemen anderer westlicher Staaten ausgerüstet sein, aber sie können hervorragend mit dem umgehen, was sie haben. Die Disziplin ist eisern, Ausdauervermögen und Anspruchslosigkeit sind beispielhaft. Innerhalb der NATO hat die Türkei eine der größten Armeen, rund 570 000 Mann, von denen etwa 490 000 Wehrpflichtige sind. Der Wehrdienst dauert 20 Monate und der einzige Weg, die Einberufung zu vermeiden, bezieht sich auf schwere physische oder psychische Mängel: Nur wer unter 150 cm groß ist und weniger als 50 kg wiegt, bleibt verschont. Zum Selbstverständnis der türkischen Gesellschaft gehört der Militärdienst, er wird immer noch als Ehre betrachtet. Nicht einberufen zu werden, ist eine Schande für den einzelnen, was seinen Schatten auf die ganze Familie wirft. Wer sich der Wehrpflicht durch eine Auslandsreise zu entziehen sucht, verliert seine Staatsbürgerschaft. Er kann nicht mehr in die Heimat zurückkehren.

Türkische Rekruten werden nicht auf Rosen gebettet – Rosenbeete existieren nicht für normale ›askeri‹ (Soldaten), sondern nur für jene Oberschicht dienstälterer Offiziere, die im englischen Militärjargon leicht ironisch mit »very senior officers« bezeichnet werden. Das türkische Militär beharrt in altehrwürdigen Traditionen, wenn es darum geht, Soldaten aus Zivilisten zu schmieden. Von eiserner Disziplin zu sprechen, ist angesichts der drakonischen Ausbildungsmethoden eine Untertreibung: Ein Befehl ist unumstößlich, der Offizier ist Gott, der Unteroffizier der Erzengel der Rache. Die Todesstrafe wird in der Türkei praktiziert und für militärische Dienstvergehen angewendet. Auch die anderen Strafmaßnahmen sind angetan, den Wehrpflichtigen in einem Zustand ständiger Furcht zu halten. Am ehesten ist dieses System mit der Disziplinierung in der russischen Armee zu vergleichen. Hier wie dort resultieren diese Methoden in eherner Pflichterfüllung, Tapferkeit bis zur Selbstaufgabe und der Einhaltung einer strikten hierarchischen Ordnung. Ob dabei taktische Flexibilität in Befehlsgebung und -ausführung geopfert oder demokratische Prinzipien der Menschenführung außer acht gelassen werden, steht auf einem anderen Blatt.

Der Ruf von Härte und Tapferkeit ist von den türkischen Soldaten in zahlreichen Schlachten und Kriegen begründet worden – von Gallipolli bis Korea, wo ihr UN-Kontingent die Achtung von Freund und Feind gleichermaßen genoß. Auch der letzte große Einsatz der türkischen Armee, die Eroberung von Zypern, hat gezeigt, daß die heutige Generation türkischer Soldaten ihren Vorgängern in nichts nachsteht. Die Invasion der Mittelmeerinsel wurde von Fallschirmjägern und Kommandos eingeleitet, die in einem Massensprung in den türkisch besiedelten Gebieten landeten und die Verbindung mit den von See her eingetroffenen schweren Verbänden schlossen. Die Einheiten, die bei diesem Angriff als Speerspitze operierten, gehören zu den bestgehüteten Geheimnissen der türkischen Armee, die auch in allen übrigen Bereichen nicht gerade publizitätsfreundlich ist. Die Türkei betrachtet sich als in einem anhaltenden Kriegszustand befindlich: Der Konflikt mit Griechenland ist nur durch einen Waffenstillstand geregelt und kann jederzeit wieder über die territorialen Ansprüche in der Ägäis ausbrechen. Zusätzlich hat die Türkei eine lange gemeinsame Grenze mit dem kommunistischen Block und ist als Wachposten an der Öffnung des Schwarzen Meeres der wichtigste mittelmeerische Partnerstaat der NATO. Die türkische Republik hat auch eine kritische gemeinsame Ostgrenze mit dem Iran, Irak und Syrien und in diesen fernen Provinzen sieht sich die Zentralregierung in Ankara mit dem Widerstand der kurdischen und armenischen Minderheiten konfrontiert. Ankara weigert sich, jegliche ethnisch-religiöse Eigenheit anzuerkennen und betrachtet jeden Protest als Rebellion, jeden aktiven Widerstand als Terrorismus. Europas östlichstes Land sieht sich von innen und außen bedroht – wobei der eigenständige türkische Linksextremismus noch unerwähnt geblieben ist – und ist daher in bezug auf militärische Einzelheiten äußerst strikt. Selbst Journalisten, die als eingeladene Gäste an multinationalen NATO-Übungen teilnehmen, müssen sich den rigiden Bestimmungen in der Berichterstattung und dem Fotografieren von Truppen, Dörfern usw. unterwerfen. Selbst das einfache Fotografieren von Soldaten auf der Straße ist untersagt, um so mehr das von Militärlagern, Waffen, Wachposten oder Fahrzeugen.

Informationen über die Spezialverbände der türkischen Armee zu erhalten, ist denkbar schwierig. Offiziell werden keine Zahlen über die Anzahl der Kommandobrigaden herausgegeben, gerüchteweise wird von fünf gesprochen. Offiziell ist nichts über Ausbildung, Ausrüstung oder Auftrag zu erfahren, was immer über die türkischen Elitesoldaten bekannt wurde, stammt mosaikartig zusammengesetzt aus anderen Quellen: Veteranen, die heute außerhalb der Türkei leben, Amerikaner oder andere NATO-Angehörige, die irgend einmal mit diesen Spezialverbänden zusammen kamen oder mit ihnen trainierten, – keine Freiwilligen erwünscht!

Die Parasütcü Komandos, die Luftlandekommandotruppen, können sehr leicht an ihren besonderen Tarnuniformen und dem hellblauen Barett erkannt werden – wenn sie diese Uniform tragen. Bei Sonderaufträgen in Grenzregionen sind sie oft wie reguläre Truppen gekleidet oder überhaupt nicht als Soldaten erkenntlich. Bei Großmanövern mit anderen Armeeverbänden zusammen, wird die unterschiedliche Uniformierung stolz geführt – und es kann beobachtet werden, wie normale Wehrpflichtige einen weiten Bogen um die Fallschirm-Kommandos machen. Die Parasütcü Komandos haben einen starken Korpsgeist, der die Angehörigen dieser Einheiten von anderen Fallschirmjägern und Infanteristen abgrenzt.

In der türkischen Armee meldet man sich nicht freiwillig zum Dienst in den Sondereinsatzbrigaden. Man kann sich zwar freiwillig melden, aber das heißt nicht, daß man genommen oder auch nur in nähere Erwägung gezogen wird! Die Wehrkreisämter haben klare Anweisung, eine Anzahl Rekruten für den Dienst in der Waffengattung abzustellen, und sie richten sich nach den exakt festgelegten physischen und psychischen Anforderungsprofilen. Ist die Armee davon überzeugt, daß sich ein Rekrut für den Dienst in den Parasüt-

Türkische Kommandos in Zusammenarbeit mit AMF-Streitkräften während eines NATO-Manövers, Aufgabe: Grenzsicherung und Aufstöbern von Infiltranten. Bei dieser Übung stellten die Parasütcü Komandos Voraushut und Feinddarsteller.

cü Komandos eignet, wird er zum viermonatigen Kommandolehrgang abkommandiert – ob er will oder nicht: Er tut gut daran, eine positive Einstellung an den Tag zu legen und den Anforderungen des Lehrgangs Genüge zu tun. Es ist sehr nachteilig für die Gesundheit und Zukunft des Betreffenden, wenn er bei den Tests versagt und nicht sein Bestes gibt.

Das Training wird unter erschwerten Bedingungen abgeleistet: Die Kommando-Lager befinden sich zumeist in gebirgigem Terrain, was die Beinmuskeln stärkt. Die Oberkörpermuskulatur wird in den täglichen, stundenlangen Kraftübungen geformt, mit denen die Rekruten ihr Recht auf Atmen und Essen erwerben. Jeder Marsch wird in voller Ausrüstung durchgeführt, die im Schnitt 70 Pfund für Gepäck und Waffen wiegt. Natürlich gibt es einige, die mehr tragen müssen, weil sie nicht die richtige Einstellung haben oder durch das normale Gewicht zu wenig ausgelastet erscheinen. Rennen – nicht etwa joggen – ist Grundbestandteil des Kommandolehrgangs. Einige hundert Kilometer kommen so im Monat zusammen, zuzüglich zu den Nachtmärschen, die nach den ersten Gewöhnungswochen zur Einleitung der Übungskämpfe gehören. In ihren ersten Monaten werden die Rekruten durch den systematischen Entzug von Schlaf, Wasser und Mahlzeiten, durch ständigen Zeitdruck an die Grenzen der Belastbarkeit geführt. In späteren Monaten werden die Soldaten nicht besser behandelt, aber sie werden besser damit leben können, weil sie sich an die veränderten Lebensumstände gewöhnt haben.

Die Waffenausbildung beginnt mit den Standardwaffen der türkischen Armee: Die .45 M1911 Colt Government für Offiziere und Unteroffiziere, die .45 »Grease Gun« M 3 Maschinenpistole und die .45 M 1928 und M1 A1 »Tommy Gun«, die noch weit verbreitet und bei verschiedenen türkischen Einheiten in Gebrauch ist. Zur Grundausrüstung gehört das HK G 3, Kaliber 7,62 mm NATO und das MG 42/57 (MG 3), aber auch das Garand M 1 ist noch in Gebrauch. Im weiteren Stadium folgt die Schulung an Feindwaffen, allen voran am AK 47 und seinen Varianten. Waffenloser Nahkampf, Messer- und Bajonettfechten sind Bestandteil der türkischen Ausbildung. Sie sollen Tapferkeit und Selbstvertrauen fördern. Nach den vier Monaten Grundlehrgang schließen sich die Fallschirmschule und Speziallehrgänge im Funken, Sprengen, Fahren und Fahrzeugtechnik an. Der Rekrut wird nach Abschluß dieser Phasen zu einer operativen Einheit überstellt, bei der er bis zum Abschluß seiner Dienstzeit bleibt.

Die Parasütcü Komandos sind in Gegenden stationiert, die von der Regierung in Ankara als »heiße« Gebiete betrachtet werden: Neben den Grenzen zu Griechenland, Bulgarien und Rußland kommt den grenznahen Provinzen mit Syrien und dem Irak eine besondere Bedeutung zu. Anders als gewöhnliche Gendarmerie- und Armeeverbände leben die Kommandos nicht in Kasernen, sondern in sorgfältig getarnten Feldstellungen entlang der Grenze und den Infiltrationsrouten. Gerüchten zufolge bleiben sie nicht nur auf ihrer Seite der Grenze, sondern unternehmen Aktionen gegen Basen von Terroristen und Rebellen. Eine Quelle berichtete dem Verfasser in überzeugender Weise von gewissen Operationen, die von einem geheimen türkisch-irakischen Abkommen gedeckt waren, demzufolge türkische Kommandos kurdische Rebellen bis zu 60 km tief auf irakisches Gebiet verfolgen durften. 1984 – 85 hätten diese Aktionen zu rund 3000 Verlusten auf seiten der kurdischen Freischärler geführt, so der Informant, der mit einem Lächeln hinzusetzte: »Wir kriegen immer alle, nach denen wir suchen . . .«

Die Parasütcü Komandos benutzen Fallschirme und Hubschrauber in diesen Einsätzen unter kriegsmäßigen Bedingungen und gewinnen im Laufe ihrer 20monatigen Wehrdienstzeit oft Kampferfahrungen in heißen Einsätzen. Aber auch ihre Manöver werden unter sehr realitätsnahen Bedingungen durchgeführt. Wie sich in Wettkämpfen mit NATO-Einheiten gezeigt hat, brauchen die türkischen Soldaten keinen Vergleich zu fürchten.

III. Keine Zukunft für Kommandos? Die unterschiedlichen Rollen moderner Spezialeinheiten

Welchen Aufgabenbereich haben Spezialeinheiten im Zeitalter hochtechnisierter Kriegsführung? Der Falklandkrieg bot einige Antworten auf diese Fragen, aber der Südatlantik ist nicht Westeuropa, ein begrenzter Konflikt nicht mit einer Paktkonfrontation am Rand des nuklearen Schlagabtauschs zu vergleichen. In Sir John Hacketts weitverbreitetem Buch »Der Dritte Weltkrieg, August 1985« ist Westdeutschland nach zehn Tagen russischer Angriffe fast vollständig überrannt. Erste Erfolge bei westlichen Gegenangriffen werden durch koordinierte Angriffe von deutschen und britischen Kommandotruppen eingeleitet, die sich von der Angriffswalze des Warschauer Pakts überrollen ließen, um nun aus dem Teutoburger Wald heraus gegen ein sowjetisches Divisionshauptquartier vorzugehen. Ein anderer britischer Autor beschreibt in einem ähnlichen Weltkriegsszenario, wie SAS-Teams in verbunkerten Stellungen zusammen mit Spähpanzern ausharren, um dann hinter den russischen Linien gegen Befehlszentren aktiv zu werden. Beide Beschreibungen lesen sich sehr gut, lassen aber den Leser mit mehr Fragen als Antworten zurück.

Beide Vorstellungen von Kommandoaktionen im III. Weltkrieg bewegen sich im traditionellen Rahmen vergangener Kriege und negieren den hochtechnisierten Charakter zukünftiger Konflikte. Die Auswirkungen eines Überfalls auf ein sowjetisches Befehlszentrum, wenn er tatsächlich gelingen würde, wären sehr begrenzt. Angriffe auf Brücken und Eisenbahnziele oder Radarstationen rechtfertigen kaum den Einsatz einer spezialisierten, über Jahre ausgebildeten Elitetruppe, wenn das gleiche Ziel durch Lenkraketen oder mittels TV-gesteuerter Bombenabwürfe ausgeschaltet werden kann. Der für einen Spezialeinsatz hinter feindlichen Linien notwendige Zeitaufwand für Planung, Vorbereitungen und Infiltration entspricht kaum dem rasanten Ereignisablauf eines zukünftigen Krieges in Europa:

Die NATO wäre in der Defensive, mit hoher Wahrscheinlichkeit

Zwei Soldaten der 82nd Airborne Division verlegen REMBASS-Sensoren, ein System, das vor Infiltrationen schützt, aber auch Aufklärungswerte über Truppenbewegungen liefern kann. Technische Sicherheitsvorkehrungen beschränken immer mehr die Möglichkeit klassischer Kommandoaktionen.

Kampfschwimmer bei der konspirativen Annäherung über ein Binnengewässer, auch er muß in zunehmendem Maße mit elektronischen Sensoren, Gefechtsfeldradars und Warnanlagen rechnen.

vom plötzlichen Ausbruch der Feindseligkeiten überrascht und durch Koordinationsprobleme in den höheren Entscheidungsebenen behindert. Jede Stunde zählt, jedes Versäumnis wird tragische Folgen haben. Eine Brücke, die gegen 7.00 Uhr noch eine wichtige Schlüsselfunktion hatte, ist vier Stunden später aufgrund der zwischenzeitigen Entwicklungen des rasanten Kampfablaufs schon wieder nebensächlich. Das sowjetische Befehlszentrum, motorisiert und gut bestückt mit gepanzerten Fahrzeugen, wird sich wahrscheinlich schon wieder in der Bewegung befinden, während der Aufklärungsbericht über seine Position gerade erst die Ebenen der NATO-Hierarchie passiert hat. Und selbst wenn es dem einen oder anderen SAS- oder Special Forces-Trupp gelingt, eine rote Raketenstellung aufzuspüren und zu vernichten – verglichen mit den vielen, die als Ersatz bereitstehen – käme ein solcher Einsatz dem Eimer Wasser bei einem Waldbrand gleich.

Die sowjetische Doktrin sieht für den Konfliktfall einen raschen Vorstoß massierter gepanzerter Stoßkeile durch die »Vorne-Verteidigung« der NATO vor, der den Rhein innerhalb von drei, vier Tagen zur neuen Frontlinie machen wird. Die NATO sieht dagegen einen hinhaltenden Widerstand vor, der Zeit gewinnen soll, um notwendige Verstärkungen aus Übersee heranzuführen. Gegenangriffe werden sich vor allem auf die rückwärtigen Dienste und Nachschublinien, der Achillesferse der östlichen Streitkräfte richten. Der zukünftige Landkrieg wird wenig mit dem Erscheinungsbild früherer Kriege in Europa gemein haben und sehr dem ähneln, was in den Nahostkriegen zu beobachten war: Die sowjetischen Blitzkrieg-Taktiken werden zu einem Mangel an zusammenhängenden Positionen und Frontlinien führen, nachts wird es nicht zu einem Abflauen der Kampfhandlungen kommen – der Kampf wird rund um die Uhr mit sehr hohen Verbrauchsraten an Munition, Treibstoff und anderem Material geführt. Da die sowjetischen Planungen die Verwendung von mehreren Angriffsstaffeln vorsehen, werden die Verteidiger immer wieder ausgeruhten, voll ausgestatteten Feindverbänden gegenüberstehen, die mit hohem Artillerieaufwand und der Unterstützung von Frontfliegergruppen jeden Widerstand zu brechen versuchen.

Gegen diese, den sowjetischen Verhältnissen angepaßte und in sich schlüssige Konzeption, die vornehmlich auf Quantität und flächendeckender Feuerkraft beruht, setzt das westliche Bündnis – dem die Personalreserven des Ostblocks fehlen – seine bessere Technologie und ein differenziertes, eher chirurgisches Operationswesen. Den Verteidigern kommen dabei die geographischen Gegebenheiten der Bundesrepublik mit den urbanen Zentren zugute, die entlang der Vormarschwege existieren.

Wenn die NATO-Verteidigung halten soll, ist ein Umstand besonders zu beachten: Die vorhandenen Reserven an Menschen und Material sind begrenzt, jeder Einsatz muß die erzielte Wirkung erbringen – genaue und zeitgerechte Informationen über den Gegner und seine Bewegungen sind absolut notwendig, wenn die NATO-Armeen ihre chirurgischen Gegenangriffe vornehmen wollen. Der Westen hat nur eine begrenzte Zahl von Möglichkeiten in den ersten drei, vier Tagen des Kampfes – dann werden Abnützung, Verlustraten und Ermüdung einsetzen. Erfolg oder Niederlage wird in den ersten 48 bis 56 Stunden entschieden, oder die Verstärkungen aus Übersee und jenseits der Grenzen werden kaum noch ein Gelände zum Manövrieren finden. Satelliten- und Luftaufklärung bestimmen die Entscheidungen auf der oberen Befehlsebene, aber sie sind nicht genug, um das vollständige Bild zu liefern. Gefechtsfeldaufklärung liefert die notwendigen Bruchstücke, um das Mosaik zu vervollkommnen. Armee- und Korpskommandeure haben ein ganzes Spektrum an neuer Technik zur Verfügung, die ihnen Aufschlüsse über die Gegenseite geben kann: Die israelischen Erfolge gegen syrische SAM-Batterien im Libanon 1982 wären nicht ohne elektronische Aufklärung und »ECMs«, elektronische Störmaßnahmen, möglich gewesen. Gefechtsfeldradare, Sensorenfelder und Drohnenflugkörper mit Video-Kameras sind in der Lage, dem Befehlsstand vor Ort »Jetzt-Zeit«-Informationen zu geben. Aber trotz radiotechnischer Abhörmaßnahmen und anderer nachrichtendienstlicher Mittel ist die Direktaufklärung vor Ort immer noch der letzte, unumgängliche Baustein bei der Entscheidungsfindung der Gefechtsmanager: Der Fernspäher, Aufklärer oder Scout, der mit scharfen Augen und wachem Verstand den Feind aus seiner getarnten Position im gegnerischen Hinterland beobachtet.

Vor hundert Jahren wurde diese Aufgabe von der leichten Kavallerie ausgeführt, einer Tradition, der sich die Panzeraufklärer in ihren leichten Fahrzeugen oder die Motorrad-Streifen* noch immer verbunden fühlen. Die Elite der Aufklärungsverbände aber sind die tief hinter der Front operierenden Infiltrantentrupps der Fernspäher.

Während des II. Weltkrieges vervollkommneten alle kriegsführenden Staaten ihre Fernaufklärung: Alliierterseits leisteten die »Long Range Desert Group« und der SAS Pionierarbeit, auf der deutschen Seite wurde von der »Abwehr« des Admiral Canaris mit der »Division z.b.V. 800«, den legendären »Brandenburgern« eine Sondereinheit für Nachrichtendienst und Sabotage ins Leben gerufen. Selbst heute noch sind Brandenburger »geheimnisumwittert«, und man hat Schwierigkeiten, Überlebende der Einheit zu finden: Bei Kriegsende fanden sich die Angehörigen dieser Haustruppe der Abwehr für »offensiven Nachrichtendienst« als Gegenstand des besonderen Interesses westlicher und östlicher Dienste. Einige bekamen Werbeangebote, denen sie sich schwerlich entziehen konnten, und dienten nun als Fachleute und Ausbilder in entsprechenden Abteilungen des ehemaligen Feindes. Andere wurden liquidiert oder tauchten als namenlose Nummern in russischen Verhörzentren und sibirischen Arbeitslagern unter. Ursprünglich dem Heerespersonalamt und der Abwehr unterstellt, wurden die Brandenburger im September 1944 zum Panzerkorps Großdeutschland abgeordert. Zahlreiche Angehörige wechselten zu den SS-Jagdverbänden Otto Skorzenys über, womit die Einheit endgültig ins Zwielicht geriet. Wie bei vielen Spezialeinheiten, so weist auch die Entwicklungsgeschichte der Abwehr-Division Fehlverwendungen und eine Ausnutzung als Lückenbüßer auf, die auf die Mißgunst und das Unverständnis höherer Heeresdienststellen zurückgehen.

* Siehe Horst G. Tolmein: „Spähtrupp bleibt am Feind", Motorbuchverlag 1980 über das Bewußtsein der Aufklärungstruppe.

AUFKLÄRUNG IN DER TIEFE: DIE FERNSPÄHER DER BUNDESWEHR

Die Entwicklung der Bundeswehr stand von Anfang an unter der schwierigen Erblast der unheilvollen Jahre des Dritten Reiches. Eine Wiederbewaffnung der westlichen Besatzungszonen war zuerst ausgeschlossen und wurde schließlich nach Gründung der Bundesrepublik erst durch das Verteidigungsbündnis der NATO möglich. Politische Rücksichten und Bedenken standen vor jedem Schritt bei der Einrichtung der neuen Streitkräfte, die ein ausdrücklich defensives Charakterbild besitzen sollten. Der Aufbau einer Kommandotruppe für Einsätze im Feindesland war ausgeschlossen. Auch die Fallschirmjägerkonzeption wurde entsprechend abgeändert. Es dauerte Jahre, bis die verantwortlichen Politiker von der Notwendigkeit einer offensiven Aufklärung überzeugt werden konnten. Die drei

„Sehen ohne gesehen zu werden!" ist das Motto der Fernspähkompanien

1. Luftlandedivision der Bundeswehr

Den drei Fallschirmjägerbrigaden kommen in der Verteidigungsplanung der Bundesrepublik als Korpsreserve vornehmlich defensive Aufgaben zu.

Die mobilen, luftverlastbaren Bataillone sind nicht mehr in der klassischen Rolle der Fallschirmjäger als Angriffsspitze, sondern Eingreiftruppe, die Einbrüche abriegelt und schwerpunktmäßig Riegelstellungen legen kann. Nur noch bedingt für Raids und Jagdkampf ausgebildet, sind die Bundeswehrfallschirmjäger für diese defensive Mission entsprechend mit zwei Panzerabwehrkompanien pro Bataillon versehen. Dank Lenkraketensystemen wie der Milan (Reichweite 2000 m) und der TOW haben Infanteristen zum ersten Mal wirkliche Chancen bei der Panzerabwehr.

MG-Schützen der „Saarland-Brigade" beim Scharfschießen im Sennelager mit dem MG3 (der Fortentwicklung des Weltkrieg-Zwo MG 42) auf Dreibein-Lafette.

Technische Neuentwicklungen wie die selbstzündende Panzerrichtmine von MBB emöglichen den Fallschirmjägern neue Einsatzformen im offenen Gelände und im Ortskampf, der zu den Ausbildungsschwerpunkten der Jägerkompanien zählt.

Fallschirmjäger beim Ortskampftraining in der Kampftruppenschule Hammelburg.

Der Kraka wird in den nächsten Jahren gegen den luftverlastbaren Leichtpanzer „Wiesel" als Waffenträger abgelöst.

Nach wie vor vernachlässigt die Fallschirmjägerausbildung nicht den körperlichen Einsatz.

Fernspähkompanien – je eine pro Korps – mit den Bezeichnungen FSK 100, 200 und 300 stehen heute zusammen mit anderen Verfügungstruppen, wie Militärpolizei, Nachrichten- und Fernmeldewesen. Hauptaufgabe der Aufklärungseinheit war die Beobachtung, der Kampfeinsatz widerspricht der Devise der Einheit – »Sehen, ohne gesehen zu werden«.

Die Fernspähkompanien

Jede der FSKs ist eine unabhängige, autarke Einheit mit eigener Leitung, Verwaltung und Nachschubwesen. Zum Führungsstab gehört ein Fuhrpark mit Fahrern und Mechanikern für den Transport der Kompanie.

Den Kern der Kompanie bilden der Fernmelde- und die zwei Fernspähzüge. Die Fernmelder sind das Verbindungsglied zwischen den im Gelände operierenden Trupps und dem Korps, sie verfügen außerdem über die Möglichkeit des Abhörens feindlichen Funkverkehrs. Natürlich sind die funktechnischen Einrichtungen der FSKs ein sorgsam gehütetes Geheimnis. Es reicht, darauf hinzuweisen, daß normale Heeresverbände die modernen, leichtgewichtigen Sende-/Empfängeranlagen mit neidvollen Blicken würdigen. Mit der Ausnahme der Kompanieverwaltung und des fahrtechnischen Personals sind alle Angehörigen der FSKs Zeit- oder Berufssoldaten: Der normale Wehrdienstturnus reicht nicht aus, um einen Fernspäher auszubilden. Die wenigsten Wehrpflichtigen bringen außerdem die Leistungsbereitschaft und Ausdauer mit, die zum Absolvieren des Fernspählehrgangs gehört. So werden in den drei Kompanien nur Freiwillige genommen, die sich wenigstens zu einem vierjährigen Zeitvertrag mit der Bundeswehr entschlossen haben. Innerhalb dieser vier Jahre erreicht der FSK-Freiwillige Unteroffiziersrang und kann an einer berufstechnischen Ausbildung und Qualifikation teilnehmen, die auch im Zivilleben anerkannt wird. Nur gut Trainierte bestehen die Aufnahmeprüfung, und nach Aussagen des Kommandeurs der FSK 200 ist es kaum möglich, Prüfung und Lehrgang durchzustehen, ohne bereits vor der Armee sportliche Leistungen erbracht zu haben. Die einführende Ausbildung dauert rund 18 Monate und beginnt mit dem Grundlehrgang in der Fernspähschule Weingarten, die als »International Long Range Reconnaissance Patrol School« Anlaufstelle für ähnliche Verbände aus allen NATO-Staaten ist.

Wenig Zeit wird in Weingarten auf Drill, Formationsdienst und Waffendienst an MG, Panzerfaust und ähnlichem schweren Gerät verschwendet: Kartenkunde, Navigation, Sport und Geländeläufe

Drei Mann eines Spähtrupps während einer Durchschlageübung

Aufnahme durch den Hubschrauber – man beachte die zur Verwirrung gelegten Schneespuren.

Im Winterbiwak

Leistungsabzeichen der Bundeswehr: Das FSK-Barett, Springer- und Einzelkämpferabzeichen.

stehen auf der Tagesordnung. Ski- und Kletterkurse folgen später. Bei der Schießausbildung nehmen die Fernspäher mit anderen Spezialverbänden der Bundeswehr eine Sonderstellung insofern ein, als ihnen die instinktiven Schießübungen mit den Handfeuerwaffen genehmigt wurden. Minen, Sprengfallen und -sperren gehören auch zum Lehrplan, damit sie beim Infiltrieren erkannt und umgangen werden können.

Der Grundausbildung schließt sich die weiterführende Schulung in einer der Fernspähkompanien an, wo das aufgabenorientierte Training als Beobachter oder Fernmelder erfolgt. In diesen Monaten wird der angehende Fernspäher auch an die Luftlandeschule nach Altenstadt geschickt, wo er den ersten Teil seiner Springerausbildung erfährt, den automatischen Absprung. Klassenunterricht, wo Fahrzeugtypen, taktische Kennzeichen und Merkmale befreundeter und gegnerischer Armeen gepaukt werden, wechseln mit Übungen im Gelände ab, die einen hohen Anspruch an die körperliche Leistungsfähigkeit und Willenskraft stellen. In der Regel finden zweimal pro Monat Absprünge statt. Der Unteroffizierskurs steht am Ende des ersten Jahres, ihm folgt die Fahrausbildung, die das gesamte Spektrum vom Motorrad bis zum Kettenfahrzeug umfaßt. Im zweiten Jahr erfolgt auch die Freifallausbildung in Altenstadt. HALO-Springen wird in Übungen und Manövern als eine von verschiedenen Infiltrationstechniken angewandt – aber jenseits der begrenzten und problemgeladenen taktischen Verwendbarkeit wird das Fallschirmspringen als eine der Entschädigungen für den harten Dienst in den Fernspähtrupps gesehen. Und wie der Kommandeur der FSK 200 versicherte, ist es nicht nur Bonus, sondern auch ein Mittel, um den Zusammenhalt des Kommandos zu stärken. Eine gewisse Risikobereitschaft und ein bißchen Abenteurertum wird bei den FSKs immer noch als eine Voraussetzung für den »Job« angesehen, wenn auch diese Charakterzüge in der sozialstaatlichen Gesellschaft immer mehr aus der Mode kommen.

Der Einzelkämpferkurs ist Pflicht für jeden FSK-Unteroffizier, unabhängig davon, daß der von ursprünglich acht auf jetzt vier Wochen gekürzte Lehrgang nur noch eine verwässerte Affäre ist und kaum den besonderen Bedürfnissen der Fernspäher entspricht. Als

Der Hubschraubertransport bietet die z. Z. günstigste Form der Infiltration von Teams. Im Bodenkonturflug oder im Schutz der Dunkelheit kann der „Chopper" zwei Vier-Mann-Trupps ans Ziel bringen und wieder aufnehmen.

Teil der Ausbildung halten die FSKs deshalb immer wieder ihre eigenen »Einzelkämpferbiwaks« ab. Diese einwöchigen Übungen, in denen die Fernspäher einzeln, zu zweit oder viert abgeworfen werden, sind kein beschaulicher Ausflug, sondern sind von Einsatzlagen geprägt, bei denen die Teilnehmer sich aus der Umgebung ernähren, bestimmte Entfernungen zurücklegen und der Entdeckung entgehen müssen, während sie gleichzeitig noch taktische Aufgaben zu erfüllen haben. Nach zwei Jahren ist der Fernspäher als vollwertiges Mitglied in seine Aufgabe innerhalb der FSK hineingewachsen. Um weiter auf der Karriereleiter hinaufzusteigen, muß der Unteroffizier sich in einem weiteren Lehrgang im vierten Dienstjahr qualifizieren.

Die deutschen FSKs arbeiten eng mit ihren Kollegen in den Nachbarstaaten zusammen. Übungen finden in allen NATO-Ländern statt, von Norwegen bis in die Türkei.

Der Fernspähtrupp

Das taktische Element der Fernspähkompanien sind die Vier-Mann-Trupps, die von einem Feldwebel oder Offizier geführt werden. Jeder Trupp operiert unabhängig von den anderen Trupps, auch wenn diese in der gleichen Region tätig sind. Die Erfahrung lehrt – und dies wurde wieder auf den Falklandinseln bestätigt – daß eine kleinere Einheit eher unentdeckt bleibt als eine größere Gruppe. Vier Mann, zwei Paare, sind auch vom psychologischen Gesichtspunkt die ideale Grundlage für gegenseitige Unterstützung und Ausgleich unter Streß. Der britische Special Air Service fand diese Annahme immer wieder in Einsätzen bestätigt, der britische Armeeslang bezeichnet die Vierer-Patrouillenform treffend als »brick« (Ziegel). Das Viererprinzip wurde dort vom SAS auf alle Infanterieverbände übertragen.

Jeder Trupp erhält seine Aufgabe und infiltriert das Feindgebiet ohne Wissen um andere Fernspähkommandos. Es gibt eigentlich keine Begrenzung, wie weit ein FSK-Trupp hinter den feindlichen Linien eingesetzt werden kann, amerikanische »Lurps« (Long Range Recon Patrols) operierten in Vietnam, Laos und Kambodscha oft 400 und mehr Kilometer von den Grenzen Südvietnams entfernt. Eine realistische Analyse der Gegebenheiten im europäischen Raum würde aber die Penetration von Feindgebiet im Rahmen von 75 bis 150 km, abhängig von den taktischen Erfordernissen, ansetzen. Zwar sind Situationen denkbar, in denen sich die FSK-Trupps vom Feind überrollen lassen, um in seinem Rücken aufzutauchen, aber es ist illusorisch anzunehmen, daß das Zielobjekt genau vor dem Versteck des Trupps auftauchen wird: Die Fernspäher müssen zu Fuß ihr Ziel aufsuchen und, wenn nötig, ihm folgen. In den vergangenen Jahrzehnten wurden sehr viele Fortschritte im Absetzen von Spähtrupps per Fallschirm oder Hubschrauber gemacht – die deutschen Einheiten haben u. a. mit SEKs das Abseilen geübt – aber am Boden angekommen, bleiben die Füße das Haupttransportmittel. In der mobilen taktischen Situation, wie sie für den europäischen Kriegsschauplatz zutreffen wird, ist noch eine andere Infiltrationsmöglichkeit denkbar, die bereits von den Israelis im Oktoberkrieg von 1973 praktiziert wurde: Auf dem modernen Gefechtsfeld, wo der Feind mit Panzerkolonnen operiert, besteht die Möglichkeit für eine Streife mit ein bis drei Spähpanzern Lücken aufzuspüren und auszunützen, in Dunkelheit und Nebel vierzig oder mehr Kilometer vorzustoßen und einen Spähtrupp abzusetzen oder nach erfolgtem Auftrag an einem Rendezvouspunkt aufzunehmen.

Einmal am Objekt eingetroffen, beginnt die eigentliche Aufgabe: Aus einem getarnten Beobachtungsstand, selten mehr als ein Erdloch, werden Feindbewegungen beobachtet und gemeldet. Die FSK-Trupps verbringen oft Tage in ihren Fuchsbauten, ernähren sich mit Kaltrationen, verrichten ihre Notdurft am Ort und können nur nachts für kurze Zeit ihre Beine ausstrecken. Generell können folgende Interessensgebiete für Beobachtungsaufgaben umrissen werden:

- Transport und Positionierung nuklearer, biologischer oder chemischer Kampfmittel und deren Waffensysteme.
- Feuerstellungen der Artillerie, besonders die Massierungen von Artilleriegruppen als Indikator für Angriffe und Durchbruchversuche
- Kommandozentralen, logistische Knotenpunkte und Truppenkonzentrationen
- Zusammensetzung und Richtungen von Truppenbewegungen

Durchschlageübungen

Teil jedes Fernspähauftrags ist die unerkannte Rückkehr des Trupps zu den eigenen Linien – dieser Teil der Ausbildung nimmt fast genauso viel Zeit ein wie das Eintrainieren von Beobachtungsfähigkeiten! Die Männer der Fernspähkompanien stellen für die Armee eine teure Investition dar: Ein Funk- oder Nachtsichtgerät kann mit Geld ersetzt werden, aber es braucht Jahre, bis ein Fernspäher voll ausgebildet ist und seine Beobachtungsfähigkeiten, sein Verstand und seine Ausdauer auf die spezifischen Anforderungen ausgerichtet sind. Die Aufklärer sind kein Selbstmordkommando, ihr Auftrag ist zwar mit Risiken verbunden, die Bereitschaft zu kalkulierbaren Wagnissen ist Teil der Ausbildung – aber Leichtsinn ist nicht Teil der FSK-Konzeption! Nur ein sicher zurückgekehrter Spähtrupp kann die über Funk gemachten Angaben verifizieren, die Befragung der Teilnehmer wird weitere Angaben und Einzelheiten erbringen und schließlich kann ein solcher Trupp wieder verwendet werden.

Im Gelände sind Tarnung, ein Minimum an Bewegung und die Dunkelheit der beste Schutz der Spähtrupps, deren Selbstdisziplin oft schweren Prüfungen ausgesetzt ist. Der gefährlichste Moment kommt bei der Annäherung oder beim Verlassen der Beobachtungsposition, hier sind Nebel und schlechtes Wetter die besten Verbündeten, denn selbst die Dunkelheit kann im Zeitalter der Nachtsichtgeräte, Gefechtsfeldradare und Sensorsperren trügerisch sein. »Fernspähwetter«, das ist Regen und Schnee, naßkalte, mondlose Nächte, in denen die gegnerischen Posten in ihren Unterständen bleiben oder sich in Mäntel eingerollt unter Bäumen Schutz suchen. Feindberührung ist unerwünscht, sie kann stundenlange Kriechwege und Anmärsche zunichte machen. Nicht gesehen zu werden, ist das Hauptziel und jede Illusion über romantische Spähtruppabenteuer im »Rambo-Stil« sind unangebracht. Für alle Eventualitäten sind die

Die Kampfschwimmerkompanie der Bundeswehr, Standort Eckernförde ist eine Spezialeinheit der Marine . . .

...die sich aus Zeit- und Berufssoldaten rekrutiert und einen hohen Standard an ihre Bewerber anlegt.

Fernspäher im Nahkampf und im instinktiven Feuern unter gegenseitiger Deckung im scharfen Schuß ausgebildet.

Beim Rückzug ist jedes Mittel recht – einige Spähtrupps sind kilometerweit rückwärts gegangen, oder haben stundenlang falsche Fährten gelegt, um ihre Spuren im Schnee zu verändern. Ein guter Partner für die FSKs sind die Fallschirmjägerbrigaden, die ihre eigenen Aufklärungszüge haben und deren Jägerkompanien im Jagdkampf ausgebildet und als unabhängige Streifkommandos operieren können. Ein anderer Gegner für Durchschlageübungen ist die GSG 9, deren Training sie besonders für die Jagd auf kleine bewaffnete Gruppen prädestiniert. Polizeieinheiten können für diese Übungen mit Suchhunden aufwarten, die ihnen ein gefürchtetes Zusatzmittel in der Verfolgung der Spähtrupps sind. Bei einer solchen Übung, die sich über eine Woche hinzog, legten die Spähtrupps über 150 km zurück und mußten mehrere Flüsse durchqueren. Falls irgendein Neunmalkluger der Meinung ist, er könnte den Strapazen solcher Übungen durch die Gefangennahme entgehen, hat er sich verrechnet: Gruppen, die gefaßt werden, schickt man per Flugzeug 20 oder mehr Kilometer in die entgegengesetzte Richtung, von wo sie erneut starten dürfen.

Die deutschen FSKs sind nicht gefechtsorientiert, sie sind die »Augen des Heeres« und ihre Aufgaben liegen in der Beobachtung. Sie sind zu wertvoll, um in einem hollywoodähnlichen Himmelfahrtskommando vergeudet zu werden. Zwar gehört Häuserkampf zu ihrem Trainingsrepertoire, aber dies ist mehr als Selbstverteidigung zu verstehen. Die Größe ihrer Teams, ihre operationelle Struktur verbietet offensive Taktiken. Welche Rückschlüsse lassen sich aber aus den Erfahrungen der LRRPs und Aufklärungseinheiten auf den Charakter von Kommandounternehmen in der Zukunft ziehen?

Nadelstichattacken und kleine Sabotageoperationen im Stil des II. Weltkriegs rechtfertigen nicht den Einsatz einer hochspezialisierten, ausbildungsintensiven Einheit. Kosten-Nutzen-Kalkulationen sind hier angebracht! Das Resultat muß taktisch oder sogar strategisch von entscheidendem Gewicht sein, wenn nicht langfristig, so doch im Rahmen einer Zeitspanne, die für den betreffenden Sektor von Bedeutung ist.

Die hohe Technisierung moderner Armeen eröffnet eine Vielzahl von Eingriffsmöglichkeiten, die zwar weniger spektakulär sind als der Angriff auf eine Küstenbatterie, aber bei einem weitaus weniger intensiven Materialeinsatz gleiche oder größere Auswirkungen haben: Die Befehlszentralen beruhen immer mehr auf computergestützten Anlagen und komplizierten Radio-Relais, die sehr störanfällig sind. Die Navigationshilfen moderner Luftstützpunkte, Luftraumüberwachungsanlagen und das elektrische Versorgungsnetz sind ein anderes Ziel. Bahn- und Straßenbrücken, jene klassischen Ziele, sind heute von einer derart stabilen Konstruktionsweise, daß die Sprengstoffmenge für ihre Zerstörung über die Kräfte eines kleinen Kommandos geht. Aber andere Knotenpunkte des Versorgungsnetzes sind lohnende Ziele. Der Warschauer Pakt konzentriert einen großen Teil seines Nachschubs auf den Schienenweg, hier bilden Drehkreuze und Weichen empfindliche Schwachstellen, die man nicht mehr mit Sprengstoff, sondern mit modernen Metallklebern geräuschlos ausschalten kann. Das gleiche gilt für die Kontrollzentren des Eisenbahnweges: Der Gegner verliert kostbare Zeit, während er versucht, verbogene Elemente zu richten oder in ein verbunkertes Kontrollzentrum zu gelangen, dessen Eisentür mit Zwei-Komponentenkleber zugeschweißt ist. Ein Beispiel für die Verwundbarkeit moderner Nachschubsysteme lieferten 1985 belgische und deutsche Terroristen mit den Sprengungen am NATO-Öl-Pipelinenetz.

Eine weitere Aufgabe für den modernen Kommandosoldaten liegt in der Zielmarkierung für lasergesteuerte Bomben oder Raketen mit Suchkopfbestückung. Während das Eindringen in Anlagen oder bewachte Zonen durch Bodensensoren, IR-Anlagen und Nachtsichtgeräte immer schwieriger gemacht wird, bringt die neue Generation der »smarten« Waffensysteme die Möglichkeit der Zielmarkierung aus der Entfernung: Der Special Forces Trooper des nächsten Krieges wird vielleicht als sein Hauptarbeitsmittel Laser-Indikatoren benutzen, die er auf das zu zerstörende Ziel richtet, während eine Raketenbatterie oder ein Flugzeuggeschwader aus sicherer Entfernung Lenkwaffen auslöst, die auf dem Laserstrahl ins Ziel reiten. Ein ähnliches Zielpunktsystem kann auf einem kleinen Sender beruhen, den der Infiltrant in Zielnähe abgelegt hat, der technischen Möglichkeiten sind viele.

Das klassische Kommandounternehmen ist eher auf lokale, begrenzte Konflikte reduziert, die unterhalb der Schwelle des modernen, konventionellen Krieges ablaufen. Der Kommandosoldat des zukünftigen europäischen Gefechtsfeldes wird das Ausschalten von Posten höchstens noch als nostalgische Fingerübung für langweilige Nahkampftrainingsstunden betreiben. Sein Aufgabengebiet ist weniger spektakulär, aber gleichwohl wirksamer als die seines Vorgängers von 1941.

STÄNDIG DIE REALITÄT VOR AUGEN – DIE ELITEVERBÄNDE DER ISRAELISCHEN ARMEE »ZWA HAGANAH LE ISRAEL (ZAHAL)«

»SUUUUUUS!« Für den 18 Jahre alten Rekruten klingt das Gebrüll wie die Stimme des Herrn, die die hitzeflimmernden Berge Judäas mit einem Feuerhauch berührt. Aber der Ruf kam nicht von oben aus dem wolkenlosen Himmel, und wahrscheinlich hätte der junge Jude es vorgezogen, wenn Gott den Befehl erteilt hätte und nicht der Feldwebel, der nur einen Schritt hinter seinem Rücken steht und jetzt seine Anordnung mit einem kurzen Fußstoß unterstützt. Vor einigen Tagen erst hatte der gleiche Instrukteur noch eine seiner berühmten Ansprachen gehalten: »Leute, ihr werdet mich mehr fürchten als Gott, denn der ist weit weg, aber ich bin hier und sitze euch im Nacken, jederzeit bereit, euch die Wohltaten meiner Strafen für eure kleinsten Fehler zu erweisen...« Der Chefrabbiner der israelischen Verteidigungsstreitkräfte hätte angesichts dieser Blasphemien zwar einen Anfall erlitten, aber darum kümmerten sich die Ausbilder der Fallschirmjäger-Brigade wenig, sie waren ständig bereit, den ihnen anvertrauten Jugendlichen zu erklären, daß »die Armee eben die Armee ist, aber dies hier ist die Fallschirmtruppe und wir verfahren in vielem anders!«

Jerusalem, Sechs-Tage-Krieg 1967: Fallschirmjäger kämpfen sich im Abwehrfeuer jordanischer Legionäre durch die Altstadt.

»Sus« ist der hebräische Befehl für Bewegung und die ganze Essenz der Fallschirmjägerausbildung konzentriert sich in diesem Moment für den Achtzehnjährigen, der nun seinen schmerzenden Körper mit Mühe in eine aufrechte Position bringt und um den Felsen stolpert, hinter dem er gerade noch in Deckung lag. Er versucht, den Nebel in seinem Kopf, seine Müdigkeit und Erschöpfung abzuschütteln und für einige Augenblicke die wundgescheuerten Schultern mit den beißenden Sturmgepäckriemen zu vergessen, während er den steilen Hügel hinaufhetzt, ein Teil des improvisierten Angriffparcours. Gerade noch rechtzeitig erkennt er die plötzlich hochgeklappte Mannscheibe, mehr aus Reflex als aus Überlegung bringt er das Gewehr in den Anschlag und feuert eine Serie von Einzelschüssen im Zickzacklauf auf die Scheibe. Mehr oder weniger blind vom Schweiß, der ihm in die Augen läuft, läßt er sich 20 m vor der Scheibe hinter einem Felsen in Deckung fallen, um mit fliegenden Fingern eine Handgranate aus dem Gurt zu lösen. Rinnsale von Blut, die sich durch die Uniform abzeichnen, zeugen davon, daß die Hügel Israels zwar kein Erdöl aufweisen, dafür aber reich an Dornengestrüpp und Steinen sind, mit denen man Rekruten das Leben schwer machen kann. Nach Sekunden, die wie eine Ewigkeit erscheinen, hat der Soldat die Handgranate abgezogen und in Richtung auf den »Feind« geworfen. Die Explosion bringt einen Regen von Steinen, Staub und Teile des sprichwörtlichen biblischen Dornbusches – nur die Pappscheibe erscheint unberührt. Der Wurf war etwas danebengegangen und die Splitter durch eine Bodenspalte abgelenkt worden, ein typisches Phänomen in dieser Ecke der Welt. »Weiter, beweg dich – greif an!« Der Feldwebel stößt den Rekruten aus der Deckung. Es geht alles viel zu langsam: Die Schockwirkung der Explosion wurde nicht schnell genug ausgenutzt, die Schüsse wirbeln zwar Staub und Steinsplitter auf, aber gehen an der Scheibe vorbei, der Sturmlauf war eher ein Stolpern als ein gezieltes Vorwärtsdrängen: »Fantastisch, Kerl – du hast es geschafft: Du bist gerade von Abdul Ishmael, Unter-Hilfskoch von der El Fatah Scheißhauskompanie erschossen worden! Was für eine Vorstellung, was für eine Leistung, du Musterbeispiel eines israelischen Helden, aus meinen Augen!«

Auch der Strom beißender Ironie gehört zur Ausbildung und ist eine Tradition, die jeder Ausbilder noch zu verfeinern sucht, von Generation zu Generation der Fallschirmjäger-Unteroffiziere weitergegeben. Die Szene selbst wird beliebig wiederholt, sie ist Teil einer Gefechtsausbildung, die mit der Einzelübung beginnt, in der jeder unter den wachsamen Augen von Feldwebel und Zugleutnant über die Hügel gejagt wird und die Feinheiten des Feuerkampfes mit Sturmlauf, Hinterhalt und Ausbruch eingebleut bekommt. Einige Wochen später folgen ähnliche Übungen im Drei-Mann-Feuerteam, in der Gruppe mit MG und Gewehrgranaten, dann im Zugverband, im Häuserkampf, im Erobern von Grabenstellungen, in Tag- und Nachteinsätzen. Es ist alles Teil eines anderthalbjährigen Prozesses, in dem aus Rekruten Fallschirmjäger gemacht werden, die es verstehen, mit einer großen Anzahl von Waffen und Technik umzugehen, auf Kompanie- und Bataillonsebene in Luftlande- und amphibischen Einsätzen dem Auftrag ihrer Waffengattung gerecht zu werden: Stets die Vorhut der Armee zu sein, der Joker in der Einsatzkonzeption, eine Elitetruppe, die sich wechselnden Situationen problemlos anpassen kann.

Eine Fallschirmjägerkompanie besteigt die wartende Hercules: Waffe und Ausrüstung ist unter dem Reserveschirm in einem Segeltuchcontainer verpackt, der nach Verlassen der Maschine ausgeklinkt an einem Seil unter dem Springer hängt.

Sekundenbruchteile vor der Landung.

Kurz nach der Landung, die LZ wird gesichert. Der Zenchan ist mit einer M 16A1/M 203 Kombination ausgerüstet – Das Granatgerät unter dem Sturmgewehrlauf verschießt 40-mm-Granaten verschiedener Art bis zu einer Entfernung von 400 m.

Jede Möglichkeit zum Schlaf wird genutzt – hier während einer Manöverpause.

Die obige Szene ist zeitlos, Namen und Ortsplätze lassen sich beliebig eintragen: Ich war der Rekrut und der Unteroffizier, und ein Jahr später wurden einige meiner Rekruten, eine ausgewählte Gruppe aus den 40–50 Prozent jener, die die anderthalb Jahre Ausbildung durchgehalten hatten, ihrerseits Ausbilder. Die grundlegende Tendenz der Ausbildung aber bleibt, ungeachtet neuer Waffen und neuer Rekrutengenerationen, eine knochenharte, physisch und psychologisch an die Leistungsgrenzen reichende individuelle Gefechtsausbildung, deren Schwerpunkt auf der untersten taktischen Ebene angelegt ist.

Anders als der Rest der Armee

Die Atmosphäre in der Grundausbildung ist weit entfernt von der landläufigen Auffassung, daß die israelische Armee eine brüderliche Einheit ohne Rangunterschiede bildet, die keine polierte Stiefel und andere Kommißmanieren kennt. Dieser Zustand mag in den Reserveverbänden existieren, die das Gros der israelischen Streitkräfte im Mobilisierungsfall bilden. Der normale Wehrdienst – 36 Monate für Männer, 18 Monate für Frauen – ist anders. Erhebliche Unterschiede bestehen auch zwischen administrativen und technischen Einheiten und den Kampfverbänden. Erstere sind im englisch eingefärbten hebräischen Armeeslang als »jobniks« bekannt, letztere als »fighterim«. Die zahlenmäßig wenigen Elitetruppen, die Fallschirmjäger und Kommandos (unter ihnen die Marinetaucher) unterscheiden sich in Stil und Gangart wesentlich von den regulären Infanterie-, Panzer- und Artilleriesoldaten: Dienstverstöße werden dort mit Kompanie- und Bataillonsgericht bestraft, bei den Fallschirmjägern erledigt man die Sache unbürokratisch »unter sich« mit einigen Stunden drakonischer Strafmaßnahmen, die in ihrer Art eher an die französische Fremdenlegion erinnern: Rennen mit zwei oder vier Seesäcken, mit einem Verwundeten auf dem Rücken oder gruppenweise als »Zusatzübung« zu viert an der beladenen Tragbahre. Das hebräische Wort »tirturim« für diese Strafen hat nicht ohne Grund gewisse Ähnlichkeiten mit »Tortur«. Aber dann: Es ist etwas Besonderes, das rote Barett, Springerflügel und die rotbraunen Stiefel zu tragen, von denen Zyniker behaupten, sie überdeckten die blutigen Füße besser als die schwarzen Stiefel der regulären Armeeverbände.

Man wird nicht reich als Zenchan (hebr. für Fallschirmspringer, Mehrzahl Zenchanim), der Wehrsold ist genauso dürftig wie bei anderen Verbänden, die Kampfeinheitenzulage ein Witz. Aber man hat gute Chancen, in irgend einem gottvergessenen Wadi aus Wassermangel einen Kollaps zu erleiden, sich beim Springen die Knochen zu brechen, oder während einer Grenzaktion verwundet zu werden. Zenchanim haben weniger Urlaub als Jobniks, schieben öfter Alarmdienst als übrige Truppen, und leben in der Mehrzahl ihrer Ausbildungstage in staubigen Zweimannzelten anstatt in Kasernen. Und zu allem Überfluß gibt es in dieser Waffengattung keinen Unterschied zwischen der Grundausbildung und dem restlichen Jahr der Ausbildungszeit: Bis zum Unteroffizierskurs – an dem alle teilnehmen, die dieses erste Jahr durchgestanden haben – werden die physischen Anforderungen ständig gesteigert, der psychologische Druck erhöht. Wenn es den Soldaten trotzdem besser erscheint, dann deshalb, weil sie nun weniger Fehler machen, d. h. weniger bestraft werden und besser an die Bedingungen von Schlafentzug, Zeitdruck und körperlichen Anstrengungen gewöhnt sind. Wer nicht leistungsmotiviert ist und den Ehrgeiz besitzt, die Anforderungen dieser Auswahl zu bestehen, wird kaum die anderthalb Jahre bis zum Abschluß des Unteroffizierslehrgangs durchhalten. Irgend welche romantischen Vorstellungen oder Heldenphantasien kommen bereits in den ersten drei Monaten Tironuth, der Grundausbildung, abhanden. Die Belohnung für die Mühen liegen auf ganz anderem Gebiet: Bei den Fallschirmjägern ist der Rekrut seit seiner Auswahl aus der Masse der Freiwilligen bis zum Ende der 18 Monate mit den gleichen Kameraden, Offizieren und Unteroffizieren zusammen. Die Kompanie wird so zu einem fest zusammenschmelzenden (und durch Abgänge) zusammenschrumpfenden Haufen, der einen Mikrokosmos bildet, der seinesgleichen sucht. Bataillon oder Brigade haben keine Bedeutung für den einzelnen Fallschirmjäger, die Kompanie mit ihrer engen, familiären Verbundenheit ist Identifizierungs- und Fixpunkt. Die israelische Armee betont die Bedeutung der kleinen, sozialen Einheit – Gruppe, Zug und Kompanie – als Mittel, dem Streß des modernen Schlachtfeldes zu widerstehen.

Ständig den Kampfeinsatz im Bewußtsein

Für die Zenchanim steht jede Übung und jede Ausbildungsphase unter dem Schatten der ständig gegenwärtigen Gefechtsrealität. Seit der Gründung des Staates Israel im Mai 1948 hat das Land nie den Frieden erlebt, die Kriege von 1956, 1967, 1973 und 1982 waren lediglich der offene Ausbruch von Feindseligkeiten, denen das jüdische Gemeinwesen in Palästina bereits vor 1948 ausgesetzt war. Der jeweilige Waffenstillstand zwischen den Kriegen war und ist keine ruhige Periode, sondern ein konfliktgeladener Zeitraum, der mit Grenzgefechten, Infiltrationen und Vergeltungsschlägen angefüllt bleibt. Arabische Freischärler, »Fedayeen« genannt (arabisch für »die Opferbereiten«), waren ein williges Werkzeug in der Hand der arabischen Anrainerstaaten zur Aufrechterhaltung des Spannungszustandes lange bevor mit der PLO, der »Palästinensischen Befreiungsorganisation«, ein neuer Faktor im nahöstlichen Machtgefüge auftrat. In all diesen Kämpfen hatten die Männer mit den roten Baretts mehr als nur einen kleinen Anteil – seit den fünfziger Jahren standen sie in der ersten Linie.

Die israelischen Streitkräfte haben sich nicht über Nacht zu einer der besten Armeen der Welt entwickelt, der Weg dahin führte von den Untergrundgruppen der Mandatszeit über die jüdischen Verbände der britischen Armee im II. Weltkrieg zum »Palmach« des Unabhängigkeitskrieges von 1948/49. Dieser Stoßtruppverband rekrutierte sich aus den besten Freiwilligen der Kibbuzim, der jüdischen Kollektivsiedlungen, und stellte eine Elite der Untergrundmiliz Haganah dar. Auf Geheiß David Ben Gurions wurde dieser Verband zum Ende des ersten israelisch-arabischen Krieges aufgelöst: Man wollte keinen Sonderverband in der gerade in der Aufstellung begriffenen israelischen Armee, außerdem war der Elitecharakter den Sozialisten in der israelischen Regierung ein Dorn im Auge. Auch die Fallschirmtruppe, die 1948 aus einigen Freiwilligen, Veteranen der britischen Commandos, einem internationalen Ausbildungskader und einer Halle voll gebrauchten Schirmen aufgebaut wurde, war weit davon entfernt, eine Elite- oder Spezialeinheit zu sein. Im Moment hatte man alle Hände voll zu tun, überhaupt das Programm für eine Sprungausbildung zu entwickeln.

Nahkampfausbildung israel. Fallschirmjäger anno 1950.

106 mm rückstoßfreie Panzerabwehrkanone beim Schuß. Im Oktoberkrieg 1973 stoppten die R-Paks eines Fallschirmjägerbataillons den Angriff eines ägyptischen Panzerkeils auf den Mitla-Paß.

52-mm-Granatwerfer – noch heute dienen diese kleinen Mörser, eine britische Entwicklung des II. Weltkriegs, – den Fallschirmjägerzügen zur Feuerunterstützung und Gefechtsfeldaufhellung.

Israelische Sayerets 1978 nach einer Grenzaktion. Zur Beachtung: Die Doppelmagazinhalterung am M 16A1.

Die Vorstellungen von einer sozialistischen Armee ohne Unterschiede und Klassen, in denen jeder Soldat gleich mutig und gleichwertig war, zerplatzte wie Seifenblasen angesichts der Grenzzwischenfälle in den fünfziger Jahren: Fedayeen verunsicherten die Siedlungen im Süden des Landes, im Norden erlitten israelische Einheiten bei Überfällen syrischer Sturmtruppen empfindliche Niederlagen. Nach 1949 hatte in der kleinen Wehrdienstarmee der Friedensdienst mit defensiven Wachaufgaben, Kasernendienst und Drill nach englischem Vorbild eingesetzt. Das Oberkommando des israelischen Staates besaß keine Vorstellungen und keine Doktrin, wie man den nadelstichartigen Überfällen der arabischen Nachbarstaaten beikommen konnte. In dieser Zeit entstand die »Kompanie 101« als eine Art Privattruppe, die mehr außerhalb als innerhalb der regulären Armee existierte. Moshe Dayan, der 1952 Operationsleiter im Generalstab geworden war, beauftragte einen jungen Offizier, Ariel Sharon, mit der Aufstellung eines kleinen Kommandoverbandes von nicht mehr als fünfzig Mann, mit dem man im Sinne Wingates die Basen der Angreifer jenseits der Grenze attackieren konnte. Im August 1953 war Major Sharons Gruppe einsatzbereit – weniger eine militärische Truppe als ein verschworener Haufen: Ohne Rangabzeichen, ohne Uniformvorschrift oder Drilldisziplin, mehr Partisanengruppe als Eliteeinheit. Für Dayan war »101« eine Art Experimentierfeld, Versuchsobjekt zur Verwirklichung einer Einsatzmentalität, mit der er die ganze Armee durchsetzen wollte.

Die Kampfdoktrin Dayans hatte die absolute Erfüllung des Einsatzauftrags zum Kernziel – auch wenn der Verband dreißig, vierzig oder gar fünfzig Prozent Verluste erlitten hatte! Es durfte kein Zurückstecken, keinen Rückzug ohne Erfolg geben – denn selbst bei kleinen Grenzaktionen und Vergeltungsschlägen konnte Israel sich keine Blößen geben, keine Schwächen zeigen. Jeder Rückschlag würde nur die arabischen Nachbarstaaten zu weiteren Angriffen verleiten, sie in dem Glauben bestärken, daß es nur eines erneuten

Libanon-Invasion 1982: In einer Umgehungsbewegung landen M 113 Schützenpanzer der Fallschirmjägerbrigade nahe der Awali-Flußmündung nördlich von Sidon.

Israelische Fallschirmjäger durchkämmen ein Wohnviertel nach palästinensischen Heckenschützen in einem Beiruter Vorort.

Ansturms bedürfe, um den jüdischen Staat zu vernichten. Auch nach dem gewonnenen Unabhängigkeitskrieg stand das Überleben des israelischen Gemeinwesens jeden Tag erneut auf dem Spiel.

1954 wurde Moshe Dayan Generalstabschef und kurz darauf wurde Kompanie 101 mit dem israelischen Fallschirmjägerbataillon Nr. 890 zu einer neuen Kampfgruppe mit der Bezeichnung »202« vereinigt. Nach dieser Umstrukturierung veränderten sich die Fallschirmjäger von einer nach britischem Muster aufgebauten regulären Truppe zu einer Kommandoeinheit. Die Männer von »101« brachten ihren legeren Stil in den neuen Verband ein: Eine kollektive Einsatzplanung, bei der alle Beteiligten in das Vorhaben eingeweiht und an der Entwicklung beteiligt wurden, setzte sich anstelle des Befehlsgehorsams alter Schule. Offiziere und Unterführer kamen aus den eigenen Rängen, nachdem sie sich als Mannschaftsdienstgrad bewährt und in der Knochenmühle der Ausbildung bewiesen hatten. »Mir nach!« trat anstelle des »Vorwärts!«, der Offizier führte durch das persönliche Beispiel, beim Kampfeinsatz hatte er in der vordersten Linie zu sein, beim Zurückgehen nach erfolgreicher Aktion deckte er den Rückzug seiner Leute. In den folgenden Monaten erhielt der neue Verband sämtliche Aufgaben in der Bekämpfung von Infiltration und terroristischen Überfällen. Was immer es auch zu tun gab, die Fallschirmjäger bekamen den Auftrag – zusammen mit der Ehre und Publizität. Innerhalb kürzester Zeit wurden die Zenchanim zur Legende, aber dies ist nur Mittel zum Zweck: Die Fallschirmjäger sollen zum Vorbild, zum Standard werden, an dem sich die gesamte Armee ausrichtet.

Dayan führt ein neues System ein, das ursprünglich als Idee in der U.S. Armee entstanden war: Jeder Offizier muß den Fallschirmspringerkurs absolvieren. Als einer der ersten durchläuft der Generalstabschef selbst die Ausbildung. Offiziere anderer Einheiten hospitieren bei der Kommandotruppe und nehmen an Aktionen teil. Die Zenchanim werden Kaderverband, aus dem heraus Offiziere in den Rest der Streitkräfte verteilt werden, so daß sich der Elan dieser Truppe und ein bißchen »Esprit de Corps« in die gesamte Armee verbreitet. Etwas von diesem System ist bis auf den heutigen Tag geblieben, trotz der erheblichen technischen Veränderungen und der Erweiterung der Streitkräfte.

In den folgenden Jahrzehnten erfährt die Fallschirmtruppe nicht nur eine ständige personelle Verstärkung, sondern auch eine stetige Ausweitung ihres Aufgaben- und Ausbildungsbereichs. In wechselnden Einsatzsituationen und unter den verschiedensten Umständen stehen die »Scheytanim Adumim«, wie die Araber die roten Teufel nennen, in vorderster Front, sie sind die scharfe Schneide der israelischen Angriffsspitzen, die 1956, 1967, 1973 und 1982 in fünf Kriegen in das Territorium des Gegners vorstoßen: Im Sinai-Feldzug 1956 springt ein Bataillon mit dem Fallschirm am Mitlapaß ab und sichert den Vorstoß der Panzerverbände, 1967 erobern sie die Altstadt von Jerusalem und landen mit Hubschraubern hinter syrischen und ägyptischen Stellungenm 1973 kämpfen Fallschirmjäger als Panzergrenadiere am Suezkanal, setzen über und führen den Vorstoß nach Suez und Isamilia, während andere Verbände syrische Stellungen im Golan erobern. 1982 stehen Fallschirmjäger erneut an der Spitze der Panzerkolonnen, die bei der Bekämpfung palästinensischer Freischärlergruppen bis nach Beirut vorstoßen.

Auch in den Zwischenkriegsjahren blieben Einsätze nicht aus: Am Suezkanal kommt es zwischen 1967 und 1970 zu einem ständigen

Die andere Seite: PLO-Freischärler posieren für den Fotografen vor dem israelischen Einmarsch.

Aus den erbeuteten PLO-Waffendepots im Libanon: Kalashnikows – die Standardwaffe sowjetisch unterstützter Terrorgruppen und Revolutionsbewegungen. Die Modelle von oben: AKM russischer Produktion, AKM (Rumänien) AKM (Rotchina) AKMS (Rotchina), AKMS (DDR), AKMS (UdSSR), VZ 58 (ČSSR) und ein aus der ČSSR geliefertes Sturmgewehr 44 der deutschen Wehrmacht.

Die Zeiten, wo Guerrilleros und Terroristen sich mit alten Waffen begnügen mußten, sind längst vorbei: Die Israelis hoben dieses Depot schiitischer Terroristen im März 1985 aus: Neben sowjetischen RPG 7 V-Panzerfäusten fand man neue ungarische AMDs und AKMs, amerikanische M 16A1 und Heckler und Koch G 3 und G 33 aus deutscher und französischer Produktion.

Abnützungskrieg mit Artillerieduellen und Kommandoangriffen, den die ägyptische Armee schließlich aufgibt. Mit dem Erstarken der PLO in den besetzten Gebieten und entlang der jordanischen und libanesischen Grenze beginnt eine neue Phase im israelisch-arabischen Konflikt. Nach algerischem und vietnamesischem Vorbild wollte Yassir Arafat den Volksbefreiungskrieg über den Jordan in die von Israel besetzten Gebiete tragen. Aber das Westjordanland hat wenig Ähnlichkeiten mit den kolonialen Kriegsschauplätzen in Indochina oder Nordafrika, der Aufstand kommt nie zustande, der »Befreiungskampf« degeneriert in eine Folge von Infiltrationsversuchen und Feuerüberfällen entlang der neuen Waffenstillstandslinien: Mit Hubschraubern und zu Fuß jagen die Fallschirmjäger hinter den PLO-Freischärlern her: »Mirdafim«, das sind Kesseltreiben in den

Aus dem gleichen Fund: AKMS aus der DDR und UdSSR mit Schalldämpfern.

132

Schluchten und Wadis der judäischen Wüste, in denen sich die harten Ausbildungsmonate auszahlen. Es ist ein oft tagelanges Suchen nach Spuren, ständiges Auf- und Abklettern, bei dem nach allen Seiten gesichert wird. Die Fedayeen können überall sitzen, hinter Felsen, in Bodenspalten oder in einer der Tausenden von Felshöhlen. Mirdafim, das ist sehr persönlicher Kampf auf nahe Entfernung, bei dem man die Terroristen dann gefunden hat, wenn man regelrecht über sie stolpert, sie in irgend einem namenlosen Wadi in die Enge getrieben hat.

Das Ausbildungsprogramm des Korps ist ein Spiegelbild dieser Erfahrungen und Kampfeinsätze. So wie die Fallschirmjäger als Waffengattung ständig im Fronteinsatz stehen, werden die Rekruten von Anfang an mit der Gefechtsrealität vertraut gemacht. Bereits die Grundausbildung findet im besetzten Territorium statt, Waffen werden ständig geführt, scharfe Munition auch bei Manövern und Trainingsmärschen immer am Mann getragen. »Griffekloppen« und Paradieren wird auf wenige Stunden der Vorbereitung von formalen Anlässen beschränkt, die Zeit wird viel nötiger für Schieß- und Konditionstraining gebraucht: »Zahal ist kein Parade-, sondern ein Kampfverband!« Besuchern anderer Länder erscheinen die Zenchanim immer etwas wie Hollywoods »Dirty Dozen« – nach polierten Stiefeln oder gebügelten, sauberen Uniformen sucht man vergeblich.

Das Training läuft entlang verschiedener Linien: In einem Krieg können die Fallschirmjäger als Speerspitze mit Hubschraubern oder Fallschirm in ihrer klassischen Luftlanderolle eingesetzt werden oder auch auf Schützenpanzern als Schocktruppe, mitunter aber auch von See her als amphibischer Landungsverband. Jederzeit aber kann der Einsatz als Kommandoformation bei Vergeltungsschlägen und Anti-Terror-Einsätzen befohlen werden. Die Palette der Einsatzmöglichkeiten reicht daher vom brigadestarken Einsatz mit Panzer-, Artillerie- und Luftunterstützung bis zum sicherheitspolizeilichen Patrouillenauftrag im Westjordanland, an der libanesischen Grenze oder im Gaza-Streifen. Die »Sayeret«, die Aufklärungseinheiten, haben sich zu Spezialverbänden innerhalb der Fallschirmtruppe entwickelt, die neben ihrem ursprünglichen Spähauftrag besondere Kommandoeinsätze bis hin zur Geiselbefreiung trainieren.

Seit den sechziger und siebziger Jahren hat sich viel verändert, auch in waffentechnischer Hinsicht: Die »Uzi«-Maschinenpistole, das klassische Merkmal der israelischen Armee, ist von der neuen Generation der Sturmgewehre mit Kaliber .223 ersetzt worden. Ende 1973 wurden die ersten Colt M 16 A1 und Galil Gewehre in die Truppe eingeführt, wenig später wurden die 106 mm R-Paks von

Das in Israel nach dem Sechs-Tage-Krieg von 1967 entwickelte Galil-Sturmgewehr basiert auf dem Kalaschnikow-System und ist für die amerikanische Standardpatrone .223 (5,56 × 45 mm) eingerichtet. Oben die Gewehrversion mit Zweibein, unten das „Glilon", ein verkürztes Modell.

drahtgelenkten TOW-Raketen abgelöst, mehr Maschinengewehre und Panzerabwehrwaffen pro Kompanie folgten. Seit dem 73er Krieg hat sich die Feuerkraft eines durchschnittlichen Fallschirmjäger-Bataillons verdoppelt. Geblieben ist die Gefechtsrealität des Kleinkriegs gegen Freischärler und Terroristen. Grenzsicherungsdienst, Streifeneinsatz in den Brennpunkten der besetzten Gebiete, nächtliche Hinterhalte und andere Formen der Terrorismusbekämpfung sind immer noch ein Hauptaufgabengebiet dieser militärischen Einheit, obwohl in bestimmten Bereichen ein Teil dieser Aufgaben seit 1975 von der Grenzpolizei übernommen wurde. Jeder Rekrut kann damit rechnen, daß er sich bereits im ersten Jahr seiner dreijährigen Grundwehrzeit im libanesischen Grenzgebiet oder im Gazastreifen zu einem mehrwöchigen Sicherungseinsatz wiederfindet. Er hat gute Chancen, in diesem ersten Jahr bereits an realen Einsätzen beteiligt zu sein, z. B. bei einer der Aktionen im Südlibanon gegen Palästinenser oder Schiiten. Er wird erleben, was es heißt, am empfangenden Ende einer Handgranate oder Bazooka-Rakete zu sein,

Das Denkmal der Entebbe-Geiselbefreiung im Tel Aviver Ben-Gurion-Flughafen zeigt einen Fallschirmjäger, der zwei Geiseln in die Arme schließt.

und vielleicht muß er einen verwundeten Kameraden bergen, so wie er das während der Ausbildung beim Tragbahrenlauf oft genug praktiziert hat. Hier muß sich zeigen, ob die zahllosen Stunden im Gelände, im Häuserkampftraining, auf den improvisierten Schießbahnen sich auszahlen.

Zur Konditionierung gehört der Schlafentzug, der vom ersten Tag der Grundausbildung zum bestimmenden Faktor wird: 20-Stunden-Tage sind eher die Regel als die Ausnahme, nächtliche Alarmübungen und Wachen sorgen dafür, daß niemand zu viel Schlaf bekommt. Im Zusammenhang mit dem harten körperlichen Training führt der Schlafentzug die Rekruten an die Grenze ihres Leistungswillens und darüber hinaus. Offiziere und Unteroffiziere beobachten diesen Vorgang genau und beurteilen ständig die Selbstdisziplin und Willensstärke der derart Malträtierten, die die ersten Monate mehr oder weniger in einem ständigen Zustand der Benommenheit erfahren. Es ist nicht die Frage, ob jemand »bricht« oder nicht, jeder erreicht irgendwann den Punkt, wo ihm alles egal ist und er aufgeben will. Wichtig ist nur wie – und ob er sich fängt und weitermacht. Das Ausbildungstempo läßt auch nach dem Springerlehrgang nicht nach, aber mit zunehmender Monatszahl ist die Zusammenarbeit im Zug in der Kompanie besser. Zwar reduziert sich die Einheit in den 18 Monaten um rund 50 %, aber die Kampfkraft und Leistungsfähigkeit ist besser, weil unsichere Kantonisten die Einheit verlassen mußten und nicht mehr als Ballast wirken.

Die israelischen Fallschirmjäger und die ihnen angeschlossenen Kommandogruppen haben mehr Kriegseinsätze und Operationen in

Die berühmte Mercedes-Limousine, mit der die Posten am Flughafen getäuscht wurden, bei ihrer Rückkehr nach Israel: Man hatte schwarz geschminkte Kommando-Soldaten in den Fond gesetzt, um eine Ankunft Idi Amins am Flughafen vorzutäuschen. Die Ablenkung gelang und wertvolle Minuten wurden für die Geiselbefreiung gewonnen.

Das Flughafengebäude von Entebbe, in dem die Geiseln festgehalten waren: Die israelische Baufirma „Solel Boneh" hatte diesen Bau erstellt, als Israel noch Entwicklungshilfe an Uganda leistete. Zur feierlichen Eröffnung war auch der israelische Staatspräsident, hier neben Idi Amin, geladen. Dank dieser Vorgeschichte, die in die sechziger Jahre zurückdatiert, verfügten die Israelis über wertvolle Informationen und Baupläne der örtlichen Gegebenheiten. Detaillierte nachrichtendienstliche Aufklärungsarbeit ist eine unerläßliche Vorbedingung für das Gelingen solcher Kommandoaktionen.

den letzten Jahrzehnten durchgeführt, als irgend eine andere Armee. Entebbe war nur eine spektakuläre Aktion unter vielen. Die Raids von Tripoli und Beirut 1973, der Angriff auf die Radarinsel von Schadwan 1969 – um nur drei weitere Unternehmungen zu nennen – haben das Grundkonzept dieses Verbandes, das auf die Lehren von Wingate zurückgeht, bestätigt. Bei hunderten von Grenzzwischenfällen und Scharmützeln haben die Einheiten mit den roten Baretts überproportionalen Blutzoll bei der Verteidigung des israelischen Staates geleistet. Wenn die Verluste sich bei all diesen Aktionen noch in einem verhältnismäßig niedrigen Rahmen hielten, so nicht zuletzt aufgrund der realitätsnahen Ausbildung.

Sayeret und Commandos

Die israelische Armee hat längst die Notwendigkeit spezieller Verfügungstruppen auf Brigadeebene erkannt; in Europa wurde in jüngster Zeit erst unter dem Eindruck des Falklandkrieges wieder an die Möglichkeit von Spezialeinsatztrupps gedacht. Eine entsprechende Neustrukturierung zeichnet sich jetzt in einigen NATO-Armeen ab. In Israel hat jede Infanterie- oder Panzerbrigade, ob Reserveverband oder stehendes Heer, ihre Aufklärungseinheit, die »Sayeret« oder Scouts. In den sechziger Jahren schuf man zusätzlich als besondere Kommandotruppe der Militärdistrikte Nord, Mitte und Süd je eine Sayeret, die speziell in der Bekämpfung palästinensischer Infiltranten und bei Kommandounternehmen an den Grenzen Ver-

„Yoni" Netanyahu, der Anführer des Befreiungskommandos, wurde bei der Aktion durch einen Soldaten Ugandas vom Tower aus angeschossen und tödlich verwundet.

wendung fanden. Einige dieser Einheiten hatten einen hohen Ruf und waren Teil der Luftlandeverbände, durchliefen ihre Ausbildung und trugen das rote Barett. Nach 1973 erfolgte eine gewisse Umstrukturierung, einige Verbände wurden aufgelöst, andere erhielten neue Aufgaben bei der Panzertruppe.

Für das Nordkommando nimmt die Aufklärungseinheit der »Golani«-Infanteriebrigade diese Stellung ein. Die Golanis sind Zahals erstes Infanterieregiment, mit einer Tradition, die vor die Gründung des Staates zurückreicht. Anders als die Fallschirmjäger sind Golani-Rekruten keine Freiwilligen, ihre Ausbildung ist kürzer und anders strukturiert – mit einer Ausnahme: Die »Sayeret Golani« stehen den Fallschirmjägern und ihrer Sayerettruppe in nichts nach, auch sie durchlaufen 18 Monate Training und Springerausbildung. Während des Libanonkrieges im Juni 1982 eroberten Sayeret-Golani in einem verlustreichen, blutigen Nachtangriff die Beaufort-Burgruine, einen wichtigen Beobachtungsstützpunkt der PLO, den die Palästinenser zu einem verbunkerten Angelpunkt ihrer Verteidigung ausgebaut hatten.

Zu den bestgehüteten Geheimnissen der israelischen Verteidigungsstreitkräfte gehören Aufbau, Struktur und Zugehörigkeit zweier Kommandotruppen: »Commando Yami«, die Kampfschwimmerabteilung der Marine, und »269«, auch bekannt als »Sayeret Matkal«, eine Aufklärungseinheit, die direkt dem Generalstab unterstellt ist. Beide Verbände sind in der Vergangenheit bei der Abwehr palästinensischer Freischärler im Libanon und bei der Terrorismusbekämpfung eingesetzt worden. Die Kampfschwimmer sind natürlich Freiwillige von besonderer Konstitution (und mit einem Hang zum feuchten Element!), die sich mit ihrer Aufnahme in diesen Eliteverband zu einer Dienstzeit von insgesamt fünf Jahren verpflichten müssen, also zwei Jahre länger als Grundwehrdienstleistende! Training und Ausbildung ist nicht unähnlich der amerikanischen Seals und UDTs, die an anderer Stelle beschrieben sind.

Die Zahlenkombination 269 wird in Israel nur hinter der vorgehaltenen Hand und mit gesenkter Stimme genannt, da aber trotzdem etwas über diese Einheit bekannt wurde und einige ausländische Quellen Angaben veröffentlicht haben, entschloß man sich in Israel diesen Sayerets eine neue Bezeichnung zu geben. Die mit speziellem Gerät und besonderer Ausbildung versehenen Aufklärer sind Spezialisten für Fernspähaktionen, Nachrichtenbeschaffung und Kommandoaktionen in kleinen Gruppen. Sie gehören zur Fallschirmtruppe und durchlaufen dort einen Teil ihrer Ausbildung, bevor sie zur weiteren Schulung in ihre Stammeinheit gehen. Mit den Geiselnahmen der siebziger Jahre kamen auf die Sayeret neue Aufgaben hinzu: Neben ihrem ursprünglichen Arbeitsbereich galt es nun, für Geiselbefreiungen aller Art zu trainieren. Neue Ausrüstung mußte beschafft, neue Techniken erlernt werden. Stimmen wurden laut, die dies als eine Verzettelung ansahen und die Einheit von der Vollkommenheit ihrer eigentlichen Aufgabe abgelenkt sahen. Ein Ergebnis dieser Diskussion war die Aufstellung einer besonderen Grenzpolizeigruppe 1974 und eine Übertragung bestimmter Verantwortungsbereiche aus dem militärischen in den polizeilichen Sektor, die 1975 mit einer Kabinettsentscheidung besiegelt wurde.

»WHO DARES WINS!«
DAS SPECIAL AIR SERVICE REGIMENT

London, 5. Mai 1980: Nach fünfeinhalb Tagen spitzt sich die Geiselnahme in der iranischen Botschaft von einer Minute auf die nächste dramatisch zu. Die Verhandlungen mit den sechs persischen Geiselnehmern sind in eine Sackgasse geraten, um 19.12 werden Schüsse in der Botschaft gehört und die Leiche des iranischen Presseattachés wird auf die Straße geworfen. Der polizeiliche Einsatzleiter informiert sofort COBRA von der drastischen Veränderung der Lage – diese Abkürzung bezeichnet den Cabinet Office Briefing Room, das mit Politikern, Militärs und Sicherheitsexperten besetzte Krisenzentrum in einer Bunkeranlage des Londoner Regierungsviertels Whitehall. Von hier aus erhalten die SAS-Teams den Befehl zum Einsatz aus dem Mund des Innenministers William Whitelaw, das Resultat einer kurzen Beratung und der Entscheidung von Premierministerin Margaret Thatcher. Um 19.18 beginnt der Sturm auf die Botschaft, Fernsehzuschauer, die das Geschehen live auf ihren Bildschirmen verfolgen können, sehen plötzlich schwarzgekleidete Männer auf der Balkonreihe vor dem Reihengebäude. Ein Sprengrahmen wird angebracht und gezündet, Rauchwolken hüllen die Front der Botschaft ein, von innen ist das Knattern der Schüsse zu hören. Unsichtbar für die Kameras haben andere SAS-Männer eine Trennmauer vom Nachbarhaus aus durch Abtragen von Steinschichten für eine Zugangssprengung vorbereitet. Ein Trupp dringt von hier aus ein, während andere SAS-Gruppen sich vom Dach aus abseilen, Blendblitzgranaten in die Fenster werfen und durch den Gartenausgang aus, durch Fenster im ersten und zweiten Stock simultan eindringen. Von der Straße her schießen andere SAS-Männer Tränengasgranaten durch die Fenster der Botschaft, die innerhalb weniger Minuten in hellen Flammen steht. Unbehindert durch Rauch und Reizstoff sucht der »Pagoda Troop« jeden Winkel der Botschaft ab. Fünf der Terroristen werden erschossen, während sie versuchen Geiseln umzubringen, der sechste verbirgt sich zwischen den Sekretärinnen und wird lebend gefangengenommen. Wie alle Geiseln wird auch er die Stufen heruntergestoßen und durch die hintere Tür in den Botschaftsgarten gedrängt, wo sie von einem anderen SAS-Team in Empfang genommen, zu Boden geworfen und durchsucht werden.

Nach elf Minuten zieht sich der SAS aus dem brennenden Haus zurück, nicht ohne vorher mit einem eigenen Fotodokumentationstrupp die Räumlichkeiten und den Kampfablauf festgehalten zu haben. Während die Polizei nun die Nachbereitung der Geiselbefreiung übernimmt, die Beweislage sichert, Täter und Geiseln abtransportiert und die Toten einsammelt, packen die Spezailisten ihr Gerät zusammen und verlassen den Ort des Geschehens ohne viel Aufhebens. Auf sie wartet eine intensive Befragung, das »debriefing« in der eigenen Kaserne.

Die Aktion in Princess Gate hat das Special Air Service Regiment zum ersten Mal wirklich in das Rampenlicht der Öffentlichkeit gebracht, für viele britische Staatsbürger war der Sturm auf die iranische Botschaft das erste Mal, daß sie von der Existenz dieser geheimen Spezialeinheit der Armee erfuhren, obwohl der SAS bereits im Herbst 1941 gegründet worden war und seitdem fast unablässig im Einsatz gestanden hat: Der SAS wurde ursprünglich als ein Kommandotrupp aufgestellt, dessen Vier-Mann-Teams zu Sabota-

Die brennende Botschaft im Princess Gate Viertel.

SAS-Trupp bei der Annäherung über die Fassadenvorbauten.

Sim Harris, einer der Geiseln, der auf den Balkon flüchten konnte, wird von einem SAS-Mann gedeckt und in Sicherheit gebracht. Rechts im Vordergrund Scharfschützen von Scotland Yards D 11 Squad.

SAS-Trupp beim Eindringen über die Hinterfront des Gebäudes, hier blieb einer der Trooper beim Abseilen hängen und erlitt leichte Brandverletzungen durch aus dem Fenster schlagende Flammen.

Das Schulterabzeichen der „Long Range Desert Group" (Neuseeländer Abteilung), einem Vorläufer und Wegbereiter des SAS auf dem nordafrikanischen Kriegsschauplatz – heute ein gesuchtes und sehr seltenes Militaria-Sammelobjekt.

SAS-Jeeps auf dem nordafrikanischen Kriegsschauplatz.

ge-Unternehmen per Fallschirm hinter den feindlichen Linien abgesetzt werden sollten. Die Idee dazu war einem Leutnant aus den Scots Guard, abkommandiert zum No. 8 Commando, gekommen – David Stirling. Mit einem nächtlichen Einbruch in das Hauptquartier des Oberkommandierenden Claude Auchinlecks überzeugte Stirling seine Vorgesetzten. Der Name »Special Air Service« und der Titel eines L Detachment der SAS Brigade diente lediglich der Geheimhaltung der neuen Spezialeinheit. Die erste Operation im November 1941 endete in einer katastrophalen Luftlandung, bei der die Hälfte der Einheit umkam oder in Gefangenschaft fiel. Aber David Stirling war zu unkonventionell und ideenreich, um sich durch Rückschläge entmutigen zu lassen. Wenn es mit Fallschirmabsprüngen nicht ging, mußten andere Wege gefunden werden. Die »Long Range Desert Group« (LRDG) war eine solche Möglichkeit. Diese Fernspäheinheit mit ihren Geländewagen verfügte über Mittel und Erfahrungen, um Stirlings Truppe an den Feind zu bringen. Die Zusammenarbeit mit der LRDG sollte sich als fruchtbar und erfolgreich erweisen, und die Operationstechnik des SAS bis in unsere Gegenwart beeinflussen. Mit zunehmendem Aktionsradius gewann der SAS an Größe, Erfahrung und Einfluß – aus den ursprünglich 66 Mann war Anfang 1943 ein Regiment mit rund 400 Mann geworden, bestehend aus Exilfranzosen, Briten, der »Heiligen Schwadron« – einer Gruppe Exilgriechen – und der Special Boat Section, einer amphibischen Kanutengruppe. Trotz Stirlings Gefangennahme im Februar 1943 wuchs der SAS weiter und nahm in den folgenden Kriegsjahren an den Kämpfen in der Ägäis, am Vormarsch in Italien, an den Operationen in Frankreich und Holland, in Deutschland und Norwegen teil.

Heute benutzt die britische Armee für ihre Aufklärungskommandos Landrover, die entsprechend den Terrainverhältnissen besonders ausgestattet sind. Der SAS operierte mit solchen Fahrzeugen recht offen 1969 in Nordirland, als es darum ging, die Küste von Ulster nach Waffenschmugglern abzusuchen.

Wie viele andere Sonderverbände, so wurde auch der SAS bei Kriegsende aufgelöst, aber bereits wenige Jahre später wurde die Notwendigkeit einer Spezialeinheit für Operationen unabhängiger Art und tief hinter den feindlichen Linien während der kommunistischen Revolte in Malaysia erkannt. Der SAS leistete hier Pionierarbeit bei der Entwicklung eines Counterinsurgency-Programms, das von monatelangen Patrouillen im Dschungel bis zur medizinischen Versorgung der Eingeborenen reichte. Methoden des Fallschirmabsprungs im tropischen Regenwald wurden entworfen und getestet, neue Waffen für den Einsatz im Partisanenkampf geprüft. Der SAS war von 1950 bis 1959 in Malaysia, und die dort gewonnenen Erfahrungen sollten sich als sehr hilfreich bei den anschließenden Kampagnen erweisen: Oman, Aden und Borneo folgten in den sechziger Jahren, und in den siebziger Jahren konzentrierte sich der SAS auf die Niederschlagung dhofarischer Guerillas im Sultanat Oman. Jeder dieser Einsätze bewies nicht nur die Erfolgsmöglichkeiten des britischen Konterguerilla-Rezepts, sondern auch die Fähigkeit des Regiments, sich innerhalb kurzer Zeit neuen Umständen, wechselnden Klimaverhältnissen und diffizilen Aufgaben anzupassen. In der Entkolonialisierungsphase des britischen Empire stand der SAS in vorderster Linie und verhinderte kommunistische Machtübernahmen. Nur ein geringer Teil der Operationen gelangt an das Licht der Öffentlichkeit, Einsatzorte und Verluste unterliegen einer strikten Geheimhaltung. Seit dem Ende des II. Weltkriegs war der SAS in mehr als 35 Ländern tätig – auch in Staaten des Ostblocks.

Eine Auswahlelite

Das SAS Regiment ist in seinem Wesen so grundverschieden von der traditionsgeprägten britischen Armee, daß es erstaunlich ist, wie dieser Verband überhaupt im Rahmen der britischen Streitkräfte existieren kann. Dienstgrade sind ohne Konsequenz im SAS, was zählt, sind Erfahrung und Können: Unteroffiziere übernehmen Aufgaben, die in regulären Einheiten von Kompanieoffizieren verantwortet werden. Da die Beförderungen innerhalb des Regiments begrenzt sind, galt es jahrzehntelang als Hindernis für eine Karriere, dem SAS anzugehören – zumal nicht wenige höhere Vorgesetzte der Einheit ein gehöriges Maß an Mißtrauen entgegenbrachten. Oft genug verzichteten SAS-Anwärter auf anstehende Beförderungen oder ließen sich sogar zurückstufen, um in das Regiment aufgenommen zu werden. Kasernenhofdrill, die sprichwörtliche »spit and polish«-Disziplin der Armee oder der absolute Befehlsgehorsam sind im SAS unbekannt. Befehle und Anweisungen werden diskutiert, die unkonventionelle Ausbildung hat keinen Platz für »Griffekloppen« oder Spindinspektionen. Die Abwesenheit »solcher unwichtigen Angelegenheiten«, wie die SAS-Diktion dafür lautet, ist eine der Privilegien der Zugehörigkeit zu diesem Spezialistenverband. Das andere Privileg ist der Kreis von Ausgewählten, in dem man sich befindet – eine enge Familie, eine fast tribalistische Verbindung von besonderen Männern, wie sie auf der Welt ihresgleichen sucht.

SAS-Verbände

Der ersten SAS-Einheit folgten ab 1943 weitere: Im Januar 1944 formten die fünf bis zu diesem Zeitpunkt gegründeten SAS-Regimenter eine Brigade. Das dritte und vierte Regiment wurde aus Exilfranzosen aufgestellt, das fünfte aus Belgiern. 1945 wurde dieser Verband aufgelöst. Die Regimenter No. 3 und 4 gingen an die französische Armee, No. 5 wurde zum Grundstock des belgischen »Para-Commando«-Regiments, das den geflügelten Dolch und das »Who dares wins«-Motto beibehielt. In England wurde erst 1947 wieder eine SAS-Einheit aufgestellt, aber nur innerhalb der Territorial Army als 21st SAS-Regiment (The Artist's Rifles) einem Reservistenregiment mit Sitz in London. 1952 erfolgte im Zuge der malaysischen Unruhen die Wiedereinrichtung eines regulären SAS-Verbandes, dem 22nd SAS Rgt., das 1960 in die Bradbury Lines Kaserne in Hereford einzog. Ein Jahr zuvor war das zweite Territorialregiment des Special Air Service gegründet worden mit der Regimentszahl 23. Beide Reserveverbände sind für den europäischen Einsatzraum im Rahmen der NATO vorgesehen, sie nehmen an entsprechenden Manövern teil. Anders als die Männer von 22 SAS sind die Angehörigen der Territorialverbände »Wochenendsoldaten«, deren Auswahl und Ausbildung auf die begrenzten Möglichkeiten der Reserveübungen abgestimmt sind.

So wie der SAS den Anstoß für französische und belgische Spezialtruppen gegeben hat, so war das SAS-Konzept auch Grundlage für ähnliche Eliteeinheiten in den ehemaligen Kolonien:

Der rhodesische Special Air Service wird traditionell, aber inoffiziell in den SAS-Annalen noch heute als »C Squadron« geführt, so als stünden die rhodesischen Freiwilligen noch heute an ihrem Platz in der Paradeformation, den sie in den vierziger und fünfziger Jahren einnahmen. Neuseeländische Soldaten gehörten bereits 1941 den Long Range Desert Group-Kommandos an und kämpften als unabhängige Abteilung mit dem britischen SAS in Malaysia, heute unterhält Neuseeland ein Squadron SAS. Das australische SAS-Regiment, das 1957 aufgestellt wurde, operierte zusammen mit den britischen Kameraden in Brunei und ab 1966 mit den amerikanischen Special Forces in Vietnam. Die Erfahrungen, die australische SAS-Teams in diesem Guerillakonflikt gewannen, kamen später der britischen Dschungelkampfschule in Malaysia zugute.

Das Auswahlverfahren des SAS-Regiments sorgt dafür, daß nur die besten das sandgraue Barett mit dem Stoffabzeichen tragen. Es ist ein geflügeltes Wort in der britischen Armee, daß von hundert Bewerbern zehn die Aufnahme in das Fallschirmjägerregiment erreichen, aber nur einer in den SAS kommt. Zweimal jährlich findet der Einstellungstest statt, zu dem nur Soldaten zugelassen sind, die bereits einige Jahre makelloser Dienstzeit in ihrem Stammregiment hinter sich haben. Das Durchschnittsalter für Unteroffiziere und Mannschaftsdienstgrade liegt bei 23 Jahren, Offiziere unter 24 – 25 Jahre werden kaum akzeptiert. Die Durchschlageübungen und Härtetests, die der physischen und psychologischen Überprüfung bei Bewerbungsbeginn folgen, haben nur ein Ziel: Das Verhalten der Bewerber unter Streß, körperlichen Schwierigkeiten und äußeren Unannehmlichkeiten zu ergründen. Während das anfängliche Programm, das der Konditionierung und Auffrischung von Navigationskenntnissen dient, noch in der Gruppe absolviert wird, ist die eigentliche Auswahlphase von einer Kette Gewaltmärschen geprägt, die mit 40 kg Gesamtgewicht an Gepäck, Gurtzeug und Waffe in den Brecon Beacons in Wales durchgeführt werden.

Das schwierigste hierbei sind nicht die engen Zeitgrenzen und das unwirtliche Wetter, in dem diese Märsche absolviert werden müssen, noch die Navigationsprobleme oder die Steigungen, sondern der Umstand, daß der Kandidat auf sich allein gestellt ist – ohne Kameraden, die ihm über ein Motivationstief weiterhelfen können, ohne äußeren Druck, ohne Offizier, der ihm im Nacken sitzt. Diese Übungsmärsche testen nicht nur die körperliche Ausdauer, sondern das psychische Durchhaltevermögen, die Willensstrenge, die sich der Bewerber selbst aufzulegen bereit ist. In weiteren Proben, so u. a. in Kreuzverhören und Befragungen zu taktischen Problemen, wird die Individualität des Anwärters ausgelotet, seine Fähigkeit zur Improvisation, zu unkonventionellen Handlungsweisen.

Nicht derjenige ist gefragt, für den Härte zum Kult wird – oft genug versagen solche Supermänner, wenn ihnen die Zuschauer fehlen. Eine bezeichnende Tafel hing im II. Weltkrieg im Büro eines SBS-Kommandeurs: »If you're tough, get lost! I need buggers with brains!« (»Hau ab, wenn du ein harter Kerl bist! Ich brauche Kerle mit Gehirn!«). In einem Memorandum hat ein anderer SAS-Offizier die wesentlichen Punkte für die Auswahl neuer Rekruten bereits in den fünfziger Jahren zusammengefaßt: Die Freiwilligen wurden auf ihre Reaktion auf die Einsamkeit und ungewöhnliche Situationen in Zuständen der Ermüdung eingeschätzt. Geduld, Ausdauer, Humor und eine gewisse geistige Unabhängigkeit sind gefordert. »Die Auswahl dient dazu, eher den Individualisten mit Selbstdisziplin herauszufinden, als den Mann, der in erster Linie ein guter Teampartner ist. Denn der selbstdisziplinierte Individualist wird sich immer gut im Team zurechtfinden, wenn Zusammenarbeit notwendig ist, aber ein Mann, der für seine Teamarbeit ausgesucht wurde, ist nicht immer für Operationen außerhalb des Teams geeignet.«

Der initiären Auswahlphase folgen elf Wochen Grundausbildung, an die sich drei Wochen »Combat Survival Training« anschließen – und auch das Tempo dieser vierzehn Wochen ist gehalten, Kandidaten auszusieben. Vor dem großen Abschlußtest durchlaufen die Übriggebliebenen noch den normalen Fallschirmkurs. Die letzte Prüfung liegt in einer Durchschlageübung, bei der die SAS-Bewerber noch einmal alle ihre erworbenen Kenntnisse und ihre Willenskraft unter Beweis stellen müssen. Auch jetzt noch werden einzelne ausgesondert und zu ihren Einheiten zurückgeschickt. Die wenigen, die diese Hürde nehmen, erhalten das sandgraue Barett mit dem Stoffabzeichen. Jetzt – so die Lesart der SAS-Führung – beginnt erst die eigentliche Ausbildung:

Der neue SAS-Trooper wird einem »sabre-squadron« zugeteilt, der Unterabteilung des Regiments, etwa einer Kompanie vergleichbar. Jede dieser Abteilungen hat neben dem Kompanietrupp vier Operationseinheiten, die »troops«, bestehend aus 15 Mann und einem kommandierenden Offizier. Die taktische Untereinheit des Troop ist die aus vier Mann bestehende »patrol«, das Kernstück, mit dem der SAS Funktionen erfüllt. Die Troops sind auf spezielle Aufgabenbereiche spezialisiert, Neigungsgruppen entsprechend: Der »Mobility Troop« trainiert mit den Landrovern, den Motorrädern und anderen Fahrzeugen, die in den Wüsten Nordafrikas und Arabiens das Hauptarbeitsmittel des Regiments waren und sind. Der »Boat Troop« bildet Kanuten und Kampfschwimmer aus, während je ein Troop sich auf Fallschirminfiltration mit HALO-Springen und Gebirgs- und Winterkampftechniken spezialisiert. Auf individueller Basis muß jeder Trooper neben der Spezialisierung seiner Neigungsgruppe noch andere Fähigkeiten beherrschen, um ein wirksames Mitglied seiner Patrouille zu sein: Es wird von ihm erwartet, wenigstens eine fremde Sprache zu erlernen, die den potentiellen Operationsgebieten des SAS entspricht. Er muß mit Sprengstoff umgehen, Destruktivsprengungen durchführen, Sprengfallen legen und entschärfen können und eine Anzahl Waffen – von der 9 mm Pistole bis zur drahtgelenkten Panzerabwehrrakete beherrschen. Jede Vier-Mann-Gruppe hat außerdem einen Funker und einen Sanitäter in ihren Reihen. Die dreimonatige SAS-Funkausbildung konzentriert sich vor allem auf das Morsen, das aus technischen und sicherheitsmäßigen Gründen in vielen Situationen dem Sprechfunk vorgezogen wird. Der Sanitäter hat mehr als eine einfache Erste-Hilfe-Ausbildung, er ist der Buschdoktor des Teams, der bei Kontakt mit der eingeborenen Bevölkerung medizinische Hilfe und Ratschläge gibt, genauso wie er Verletzte in seinem Team versorgt. Die volle Ausbildung eines SAS-Angehörigen ist nie ganz abgeschlossen, aber trotz der Befähigungen, die der Neuankömmling aus seiner alten Truppengattung mitbringt, dauert es rund zwei Jahre, bis er einsatztechnisch ein vollwertiges Mitglied der Patrol und des Troop sein kann.

Um den Männern des Regiments ein möglichst breites Erfahrungsspektrum zugute kommen zu lassen, ist die Ausbildung auch nicht nur auf britische Armeedienststellen beschränkt: Zu jenen, die in der Bradbury-Lines-Kaserne Unterricht erteilen, gehören Politikwissenschaftler und Kräuterspezialisten; der Umgang mit Wachhunden wird in Zusammenarbeit mit einer Hundestaffel der Grafschaftspolizei trainiert, Experten ausländischer Polizei- und Militäreinheiten, wie den Special Forces der US-Army oder der deutschen GSG 9, gehören zu den Gästen in Hereford. Aber SAS-Angehörige durchlaufen auch Kurse befreundeter Armeen, wie die Winterkampfschule der Norweger oder den Bergführerlehrgang der Bundeswehr, das Einzelkämpfertraining der US-Rangers oder die Arktisausbildung der Kanadier. Umgekehrt werden SAS-Teams als Ausbilder in die verschiedensten Ecken der Welt gesandt und haben dort in den vergangenen Jahrzehnten manche Spezialeinheit aus der Taufe gehoben.

»Counter-Revolutionary Warfare« – Der SAS im Kampf gegen Terroristen

Am 26. April 1986 gelang es einem SAS-Team in Nordirlands problematischer Grenzprovinz South Armagh eine Gruppe IRA-Terroristen zu überraschen. Die von der Republik Irland infiltrierten Männer waren gerade im Begriff, eine Sprengfalle am Straßenrand unweit der Grenze anzubringen, die von einem nahegelegenen Farmhaus aus ferngezündet werden sollte, sobald sich eine Streife der Armee oder Polizei gezeigt hätte. Beim Versuch, die beiden Terroristen, denen mehrere andere Überfälle zur Last gelegt werden, zu stellen, stieß das SAS-Team auf Widerstand. Ein IRA-Mann wurde erschossen, der zweite schwer verwundet...

Seit 1969 ist das SAS-Regiment in Nordirland im Einsatz – zuerst im Bereich der nachrichtendienstlichen Aufklärung und seit 1976 als eigenständiger Verband zur Bekämpfung von Terroristen. Bereits in den sechziger Jahren hatte der SAS einschlägige Erfahrungen auf diesem Sektor im Protektorat Aden gewonnen, wo der SAS zum ersten Mal mit dem konfrontiert wurde, was man in der Terminologie der sechziger Jahre noch mit »Stadtguerilla« bezeichnete: Urbane Terroristen, die mit einer Serie von Mordanschlägen den Kampf aus den Wüstenregionen in das enge Gassengewirr der Hafenstadt tragen wollten. Für diese Einsätze wurde eine schnell zusammengerufene Abteilung SAS-Männer speziell im Umgang mit Pistolen und instinktivem Combatschießen ausgebildet.

Mit dem Januar 1976 setzte für den SAS eine neue Epoche ein. Waren die SAS-Angehörigen bis zu diesem Zeitpunkt lediglich als Einzelpersonen oder kleine Gruppen zur Unterstützung der Polizei und regulärer Militäreinheiten als Nachrichtendienstler abkommandiert, so wurden nun Sabre Squadrons turnusmäßig in der Provinz eingesetzt, deren Aufgaben nicht auf die Observation, der Sammlung von Informationen oder das Arbeiten mit V-Leuten beschränkt war. Das Regiment wurde nun offensiv eingesetzt, wobei die besonderen Fähigkeiten dieser Truppe, unabhängig für längere Zeit mit kleinen Patrouillen hinter den feindlichen Linien zu operieren, nun auf die Landstriche entlang der für Terroristen durchlässigen Grenze mit der Republik Irland Anwendung fanden. Das unübersichtliche Terrain von South Armagh wurde zum Testfeld, in dem Vier-Mann-Teams im Schutz der Dunkelheit getarnte Positionen einnahmen, von denen sie aus tage- und wochenlang mögliche Infiltrationsrouten und Stützpunkte der IRA-Terroristen unter Beobachtung hielten, um im geeigneten Moment aktiv zu werden, oder eine Militär- oder Polizeipatrouille per Funk zum Zugriff einzuweisen. Dem SAS kam dabei nicht nur die Ausdauer seiner Teams zugute, die bei jedem Klima in ihren Erdlöchern mit einem Mindestmaß an Kompaktrationen auskamen, sondern auch die zahlreichen optischen und sensorischen Geräte, über die diese Spezialeinheit verfügt. Dazu gehören neben den allgemein bekannten Restlichtaufhellern und Richtmikrofonen auch Gefechtsfeldradaranlagen, die Bewegungen einzelner Personen im Gelände aufnehmen, Erdsensoren und modernste Videokameras, deren drahtlose Übertragung kilometerweit aufgenommen werden kann. Die Methoden zeigten sehr bald Erfolge und die SAS-Teams wurden verstärkt. 1977 waren bereits über 150 Männer im Einsatz, der Aktionsradius des Regiments wurde von South Armagh auf andere Provinzen ausgedehnt. Mehrere langgesuchte Rädelsführer gingen dem SAS ins Netz. Zudem schreckte die bloße Präsenz der SAS den Gegner ab: In South Armagh und anderen Landstrichen, in denen der Einsatz der Spezialeinheit publik wurde, nahmen die Aktionen der IRA radikal ab.

Mit der zunehmenden Bedrohung westeuropäischer Industrienationen durch international operierende Terrorgruppen wurden auch für den SAS diese Formen der Gefahrenabwehr aktuell. Der Ausgangspunkt der Entwicklungen war in Großbritannien die Geiselnahme israelischer Sportler während der Münchener Olympiade, obwohl bestimmte Vorarbeiten bereits Ende der sechziger Jahre mit einer verstärkten Ausbildung von SAS-Männern als Leibwächter und Lehrer für Bodyguard-Teams geleistet wurden. Aus dieser Zeit stammte die Einrichtung einer besonderen Trainingsanlage in Hereford, die im Regiments-Slang einfach als »Killing House« bekannt war. Die »Close Quarter Battle«-Anlage ist eine Serie von Räumlichkeiten mit Klappscheiben, in denen Häuserkampfelemente und Geiselnahmen simuliert werden, um den SAS-Männern den differenzierten Gebrauch von Faustfeuerwaffen und Maschinenpistolen zu unterrichten.

Ein „OP" (observational point)-Versteck irgendwo in Belfast oder Londonderry: SAS-Trupps verbringen oft ganze Wochen in solchen Dachkammern verlassener Häuser ohne Ablösung und ohne sich Bewegung verschaffen zu können.

SAS-Einsatzkleidung mit Bristol-Schutzweste. Schnellziehholster und Magazinhalterungen dieser Art können von Firmen wie Len Dixon & Sons (Manchester, 23 St. Johns Road, Old Trafford, M 16 7QX) bezogen werden. Das sportliche Combatschießen hat diese Schnelladehilfen inspiriert.

Verantwortlich für die Ausbildung der im Rotationsverfahren aus allen Sabre Abteilungen gezogenen Anti-Terror-Spezialisten ist das CRW-Kader, das »Counter Revolutionary Warfare«. Zuerst waren es nur eine Handvoll Männer, kaum zwei Dutzend, die in Hereford zum Einsatz bei terroristischen Geiselnahmen bereitstanden. Ihr erster Einsatz kam Anfang 1975, als ein Iraner ein Flugzeug kaperte, das nach Essex umgeleitet wurde, wo er – in der Annahme, in Paris gelandet zu sein – von der Polizei überrumpelt werden konnte. Im Dezember des gleichen Jahres wurde das SAS-Team nach London gerufen, wo vier langgesuchte Terroristen des Provisional-Radikalen Flügels der IRA, von der Polizei in die Enge getrieben, ein Ehepaar in dessen Wohnung als Geiseln festhielten. Hier reichte der Ruf des SAS, die vier zur Aufgabe zu zwingen. Zwei Anti-Terror-Spezialisten des SAS wurden dem GSG 9 Kommandeur Ulrich K. Wegener als Verbindungsleute zur Seite gestellt, als die Lufthansa Landshut Maschine auf ihrem Irrflug in Dubai zwischenlandete: Major Alastair Marrison und Sergeant Barry Davis stellten dem GSG 9 Kommando ihre Blitzblendgranaten zur Verfügung und assistierten in Mogadischu bei der Befreiungsaktion.

Mogadischu hatte auch für den SAS tiefgreifende Folgen: Unter dem Eindruck dieser Aktion wurde die CRW-Mannschaft verstärkt, neue Finanzmittel zur Verfügung gestellt und verbesserte Ausrüstung besorgt. Von nun an durchlief ein ganzes Sabre Squadron die Spezialausbildung, wurde in den Feinheiten der verschiedenen Geiselsituationen eingewiesen und stand damit geschlossen für Einsätze bereit. In Trainingslagern wird jedem Mitglied der einzelnen Troops seine besondere Aufgabe im Rahmen einer Befreiungsaktion zugewiesen: Als Beobachter oder Präzisionsschütze im inneren Rand der Absperrung, als »zweite Welle« zum Bergen von verwundeten Geiseln und Sichern der Attentäter oder als Teil des aufeinander eingespielten »Pagoda«-Eindringtrupps. Diese Ausbildung kam dem SAS auch bei seinen Einsätzen in Nordirland zugute, wo zur gleichen Zeit mit dem berühmten Princes-Gate-Einsatz in der iranischen Botschaft in Belfast eine andere Konfrontation mit IRA-Terroristen ablief, bei dem Truppführer Hauptmann Richard Westmacott erschossen wurde. Auch hier ergaben sich die Terroristen, als das SAS-Team ins Haus eindrang.

Keine Killerlizenzen

Auch der SAS operiert bei Einsätzen gegen terroristische Geiselnehmer nicht im rechtsfreien Raum. Der Sturm auf die iranische Botschaft zog eine gerichtliche Untersuchung nach sich, bei der auch geklärt werden mußte, warum zwei der Terroristen erschossen wurden, obwohl sie sich laut Aussagen der Geiseln ergeben wollten. Das entsprechende Untersuchungsgericht billigte den betreffenden SAS-Angehörigen verhältnismäßiges Handeln im Rahmen des gesetzlich festgelegten »gerechtfertigten Notstandes« zu, da beide Geiselnehmer sich bei Eindringen des SAS trotz ihrer Rufe auf persisch »Ich ergebe mich« weiter bewegt, zwischen die Geiseln gemengt und dem Anschein nach auch nach einer Handgranate greifen wollten.

Im Verfahren vor dem Untersuchungsausschuß wurden von dem Kommandeur des SAS-Regiments die gesetzlichen Beschränkungen und Rahmenrichtlinien beim Einsatz von militärischen Einheiten zur Unterstützung ziviler Organe wie der Polizei ausführlich erläutert. Während sensationslüsterne Journalisten Spezialeinheiten wie SAS, SBS oder GSG 9 gern als Wirklichkeit gewordene »007 Bonds« mit der »Genehmigung zum Töten« darstellen, sieht die Wirklichkeit weit weniger dramatisch aus:

Das englische Polizeiverständnis ist seit Jahrhunderten von dem gemeindenahen, zivil auftretenden Ordnungshüter geprägt, wie ihn der unbewaffnete »Bobby« auch heute noch darstellt. Kasernierte Bereitschaftspolizei, paramilitärische Gendarmen oder mobile Eingreifreserven auf nationaler Ebene existieren in Großbritannien nicht. Sie werden als obrigkeitsstaatliches Machtmittel betrachtet. Andererseits sieht die englische Ordnungsauffassung seit Jahrhunderten den Einsatz militärischer Verbände bei außergewöhnlichen Umständen als durchaus normal an. Die Armee wird als Kräftereservoir der Zentralregierung gesehen, auf das die örtlichen Zivilbehörden in Notfällen zurückgreifen können: Zwar haben die meisten größeren Grafschaftspolizeien ihre eigenen Bombenentschärfungskommandos, aber das Militär behält weiter Alarmbereitschaften für diffizile Probleme auf Abruf, um mit ihrem Gerät und ihrem Fachwissen die Feuerwerker der Polizei unterstützen zu können. Ein besonderes Gesetz* regelt den Einsatz militärischer Verbände. Sie

---

* »Military Aid to Civil Power«, MACP, Militärhilfe für Zivile Obrigkeit.

Falklands: Das einzige Bild von einem SAS-Team. Durch einen Hubschrauberabsturz, bei dem 18 SAS-Männer umkamen, wurde dieser Feldzug der verlustreichste Einsatz des SAS seit dem II. Weltkrieg. SAS Squadrons eroberten South Georgia und zerstörten elf argentinische Jagdflugzeuge bei einem Raid auf Pebble Island in der Nacht vom 14. zum 15. Mai. Neben zahlreichen Spähtruppaufträgen hatte der SAS noch genügend Muße, Hinterhalte zu legen, argentinische Patrouillen aufzureiben und starke argentinische Kräfte durch kleine Attacken zu binden.

sind der zivilen Gerichtsbarkeit verantwortlich, unterstehen der jeweiligen zivilen Autorität, sei es nun ein Polizeiführer des Einsatzes oder der Innenminister, und erfüllen ihre Aufgaben als Hilfsorgane der Polizei. Auch in Nordirland herrscht kein Militärrecht – dort operiert die Armee als Unterstützung der Royal Ulster Constabulary; Armee-Straßensperren oder Streifen werden immer von Polizeibeamten begleitet, die juristisch die Repräsentanten der zivilen Obrigkeit sind.

Festnahmen und Schußwaffengebrauch durch Armeeangehörige, ob in Ulster oder in England, erfolgen nicht auf der Grundlage von Sondergesetzen, sondern sind im normalen »Jedermann-Recht« verankert – sie basieren auf dem Notwehr- und Nothilferecht oder der rechtlichen Möglichkeiten jedes Bürgers, ein Verbrechen zu verhindern und einen Täter bis zum Eintreffen der Polizei festzuhalten. Die Mörder von SAS Captain Westmacott wurden genauso der Polizei übergeben wie der letzte Überlebende der Geiselnehmer in der iranischen Botschaft.

Der Einsatz von Militär ist in Großbritannien nur auf die Abwehr terroristischer Bedrohung beschränkt. Der Ausbau bewaffneter polizeilicher Kräfte, der auch in England das Bild des unbewaffneten Bobbys immer mehr zurückdrängt, dient letztlich dazu, die Grenze des militärischen Einsatzes so hoch wie möglich anzusetzen: Die meisten großen britischen Städte und Grafschaften haben längst ausgebildete Polizisten und kleine Abteilungen, die normale Geiselnahmen bewältigen können. Diese Kräfte sind mit Sonderwaffen wie Flinten, Präzisionsgewehren und MPs ausgestattet. Sie verfügen über optische und akustische Überwachungsanlagen, ein Tränengassortiment und Schutzwesten für die bewaffnete Konfrontation. Bereits 1971 formte Scotland Yard mit der Abteilung C 13 das erste »Anti-Terror-Squad«, später folgte neben anderen Einheiten für Personenschutzaufgaben der Aufbau von »D 11«: Die als »Blaue Barette« bekannte Sondergruppe besteht aus den Schießausbildern von Scotland Yard und einer Anzahl besonders befähigter Schützen, die bei Bedarf aus anderen Abteilungen zusammengerufen werden können.

Solange sich eine Geiselnahme im unteren Bereich der Kriminalität bewegt, ist die britische Polizei in der Lage, die Situation zu lösen, wie es z. B. 1975 während der Belagerung im Londoner Restaurant »Spaghetti House« der Fall war. Sobald aber nationale Interessen auf dem Spiel stehen und die terroristische Konfrontation die Einberufung der ministeriellen COBRA-Gruppe auslöst, steht der SAS – oder bei maritimen Situationen die Commacchio-Spezialeinheit der Royal-Marine-Commandos – in Alarmbereitschaft und wird eingesetzt, wenn die zivilen Behörden die Situation durch Verhandlungen nicht lösen können.

Ob SAS oder SBS, der britischen Regierung steht mit diesen Spezialeinheiten eine der besten Elitegruppen zur Verfügung, die es auf der Welt gibt. Es ist eine britische Besonderheit, die auf einem sehr langen demokratischen Rechtsverständnis beruht, daß der militärische Einsatz reibungslos in den zivilen Sicherheitsbereich eingebunden werden kann. Nur wenige Staaten haben ein so ungebrochenes Verhältnis zu ihren Streitkräften wie Großbritannien. Das britische Militär existiert nicht in einer verschämt verdrängten Randzone der Gesellschaft, sondern ist ein integraler Bestandteil mit entsprechendem sozialen Status.

EINE GESCHLOSSENE KONZEPTION: SOWJETISCHE SPETSNAZ UND ELITEVERBÄNDE

Seit dem Ende des II. Weltkriegs sind in den westlichen Generalstäben immer wieder Fallschirmjäger- und Luftlandetruppen in das Kreuzfeuer der Kritik geraten: Die Spezialausbildung und hohen Kosten dieser Verbände ständen in keinem Verhältnis zu ihrem wirklichen Einsatzwert. Fallschirmlandungen seien angesichts der technischen Entwicklungen im Radar- und Flugabwehrwesen auf

Hind-D-Hubschrauber, eine fliegende Festung, die mit Maschinenkanonen und Panzerabwehrlenkraketen in den Bodenkampf eingreifen. Diese gepanzerten „Mi-24" können aber auch Infanterie anlanden, ihr massenweiser Einsatz gehört zum sowjetischen Luftlandekonzepz.

einem modernen Gefechtsfeld kaum noch sinnvoll und könnten durch normale Infanterie in Hubschraubern, ähnlich dem amerikanischen Luftkavalleriekonzept, ersetzt werden – aber auch nur dann, wenn man über eine entsprechende Luftüberlegenheit verfüge. Fallschirmjägereinsätze könnten im Höchstfalle kleine, taktische Vorteile bringen. Größere Operationen würden nicht mehr im Bereich der reduzierten Fallschirmjägerkontingente liegen, über die man im Westen noch verfüge – die USA unterhalten nur noch eine Division, die Bundeswehr drei Brigaden als Korpsreserve, England verringerte sogar von einer LL-Brigade zum Fallschirmjägerregiment!

Einzeln für sich und vor dem Hintergrund der auf Verteidigung aufbauenden NATO-Strategie gesehen, entbehren diese Einwände nicht einer gewissen Logik. Will man aber die Möglichkeiten von Fallschirm- und Spezialtruppen prinzipiell untersuchen, sollte man einen Blick in Richtung auf den Warschauer Pakt werfen, wo die Fallschirmjäger und andere Eliteverbände konsequent für ihre entscheidenden Rollen in der Offensive aufgebaut und in eine schlüssige, praktikable Konzeption eingebunden sind. Die sowjetischen Militärplaner haben nach 1945 nicht nur ihre eigenen Operationen, sondern auch die ihrer Feinde und Alliierten genau analysiert und Konsequenzen für die Zukunft gezogen. Dabei zogen sie ihre Anregungen aus den Einsätzen von Skorzeny-Jagdkommandos, den Brandenburgern, den Erfolgen und Fehlern anglo-amerikanischer Luftlandungen genauso, wie aus den weitreichenden Beiträgen sowjetischer Partisanenkriegsführung im Hinterland der deutschen Linien. Das Resultat dieser Überlegungen konnte beim Einmarsch in die CSSR 1968 und bei der sowjetischen Invasion Afghanistans 1979 beobachtet werden.

Sowjetische Luftlandedivisionen

Die russischen Fallschirmjägerdivisionen wurden 1946 aus dem Befehlsbereich der Luftwaffe gezogen und als strategische Eingreifreserve unmittelbar dem Verteidigungsministerium unterstellt – damit begann die Entwicklung dieser Waffengattung zu einer fast autonomen Teilstreitkraft, der »Vozduschno Desantnaya Voyska« (Luftlande-Streitmacht). Der große Wendepunkt der sowjetischen Militärpolitik, die Kuba-Krise 1963, stellte auch für die »Desantniki«, wie die Fallschirmjäger im Russischen genannt werden, den entscheidenden Einschnitt dar: Die sowjetische Führung unter Chruschtschow entschied, daß die UdSSR in die Lage zu versetzen ist, auch konventionell überall auf dem Globus ihre Interessen durchsetzen zu können. Die Marine wurde ausgebaut und von Grund auf reformiert. Die VDV-Divisionen bekamen eine Schlüsselrolle in der neuen Interventionspolitik; die Lufttransportkapazitäten wurden unter Einbeziehung der staatlichen Luftverkehrslinie Aeroflot vergrößert – ein Prozeß, der konsequent bis zum heutigen Tag andauert.

Die sowjetischen Planer berücksichtigten in ihrem Luftlandekonzept den wesentlichen Schwachpunkt bisheriger Fallschirmjägerein-

Der luftverlastbare ASU–85 hat kein Gegenstück im westlichen Arsenal, dieses Sturmgeschütz kann mit seinem 85-mm-Geschütz als Kanonenjagdpanzer zur Abwehr von Tanks eingesetzt werden. Auf der Frontplatte des Chassis ist das Abzeichen der Luftlandedivisionen zu erkennen.

Sowjetische Fallschirmjäger in ihren typischen Kombis und Sprunghauben, Fallschirmjäger waren die ersten Truppen, die mit dem modifizierten AK-74 im Kaliber 5,45 mm ausgestattet wurden, das 1986 auch bei den DDR-Fallschirmjägern eingeführt wurde. Der zweite Mann trägt die LMG-Version RPK-74 mit 40-Schuß-Magazin.

Fallschirmjäger auf dem Roten Platz in Moskau während der Oktoberparade. Das gestreifte Unterhemd ist von der Marine übernommen worden und steht für das Flaggensignal „Entern und Kentern". Anders als westliche Paras tragen die Desantniki seit den siebziger Jahren ein hellblaues Barett.

sätze: Als leichte Infanterie ausgestattet, waren Fallschirmjäger – wie Kreta und Arnheim bewiesen hatten – energischen Gegenangriffen mit Panzern und Artillerieunterstützung hoffnungslos ausgeliefert. Die Divisionen erhielten luftverlastbare Sturmgeschütze, Panzerabwehrwaffen und ab 1970 den BMD, einen luftverlastbaren Schützenpanzer, mit dem mindestens ein Drittel jeder Fallschirmjägerdivision mobilisiert wurde. Zwar sind sowjetische Luftlandedivisionen, von denen bisher acht bekannt sind, mit ihren 6500–7000 Mann zahlenmäßig kleiner als vergleichbare westliche Verbände, aber sie haben eine ungleich höhere Feuerkraft und gehören zu den am modernsten ausgestatteten und einsatzbereitesten Truppen der Roten Armee. Gegenwärtig ist die UdSSR in der Lage, bei Verwendung des gesamten Lufttransportraumes eine bis anderthalb Divisionen unter Zurücklassung eines Teils des schweren Geräts zu befördern. Szenarios sehen daher hauptsächlich Luftlandungen in Stärke von Bataillonen, einer Brigade oder einer Division vor. Mit dem weiteren Ausbau der sowjetischen Luftflotte und der Indienststellung neuer Großraumtransporter wird sich allerdings diese strategische Schwäche verbessern. Die sowjetische Offensivdoktrin sieht strategische Luftlandungen tief hinter den feindlichen Linien vor, wie z. B. die Besetzung des Prager Flughafens in den ersten Stunden des 21. August 1968 durch die 103. Garde-Luftlandedivision, deren ASU-85 und BMDs quer durch die Stadt zum Präsidentenbüro auf dem Hradschin stürmten, Dubcek festsetzten und so jeden organisierten Widerstand von Anfang an unmöglich machten. VDV-Kontingente dreier Gardedivisionen hatten auch bei der Besetzung Afghanistans entscheidende Aufgaben. Sie besetzten den Flughafen, die Radiostation, isolierten Präsident Amin in seinem Palast und verhinderten

Polnische Fallschirmjäger beim Hindernisparcours mit Gasmaske: 16 Absprünge sind Ausbildungspflicht in der Luftlandedivision, die den Titel „Pomorska" (die Pommersche) für ihren Beitrag bei der Eroberung des „Pommernwalls" 1945 erhalten hat.

DDR-Fallschirmjäger bei der Sprungvorbereitung. Auf diesem Bild ist eine besondere Tragevorrichtung für die Ausrüstung des Mannes anstelle des bisherigen Koppelzeugs zu erkennen. Die NVA hat zwei Fallschirmjägerbataillone.

eine Revolte der afghanischen Garnisonen in Kabul, Bagram und Kandahar.

Bei einem Konflikt mit der NATO käme den Garde-Luftlandedivisionen (und den sie unterstützenden Fallschirmjägern der DDR, Polen und CSSR) eine ähnliche Vorhutrolle zu: In einer »Luftoperation«, d. h. einem koordinierten Angriff mit ballistischen Raketen, Bombern und Jagdfliegern könnten Fallschirmjäger und Luftlandesturmtruppen Flugplätze, Kommandozentralen ABC-Waffendepots, Straßenknotenpunkte und Flußübergänge besetzen und/oder zerstören, damit die Angriffskeile der Bodentruppen nur noch auf einen angeschlagenen und desorientierten Gegner treffen. Dabei können einige strategische Objekte, wie z. B. NATO-Hauptquartiere und Befehlsbunker, entscheidende Bedeutung für den gesamten Kampfverlauf haben und eine koordinierte Reaktion der NATO auf konventioneller oder nuklearer Ebene vereitelt werden. Gegenwärtig stehen im Warschauer Pakt folgende Verbände für einen solchen strategischen Schlag bereit:

7. Garde-Luftlandedivision im baltischen Militärbezirk mit Garnison in Kowno

76. Garde-LL-Div., Militärbezirk Leningrad, Pleskau

103. Garde-LL-Div., Vitebsk, weißrussischer Militärbezirk

106. Garde-LL-Div., Militärbezirk Moskau, Tula
102. Garde-LL-Div., Militärbezirk Odessa, Kischinow
44. Garde-LL-Div., Jonava, Baltikum. Eine Ausbildungseinheit, deren Kader aber durch Reservisten oder Fallschirmjäger aus den entfernteren Divisionen im Transkaukasus oder Bejologorsk aufgestockt werden könnte.

Luftsturmbrigaden

Anders als die Garde-Divisionsfallschirmjäger, die seit 1979 Armeegeneral D. S. Suchorukov unterstehen und denen eine strategische Bedeutung zukommt, sind die Luftsturmtruppen nur versorgungs- und ausbildungstechnisch an die VDV angegliedert. Im Krisenfall werden sie den Frontkommandos als besondere Verfügungstruppe zugeordnet und von dort nach taktischen und operationellen Gesichtspunkten zur direkten Unterstützung der Angriffskeile eingesetzt. Während die LL-Divisionen als Kern je drei Fallschirmjägerregimenter zu je drei Bataillonen neben Artillerie, Fla- und Sturmgeschützverbänden haben, sind die LL-Sturmbrigaden anders strukturiert. Vier Schützenbataillone bilden die Schneide dieser Verbände, wovon ein, nach anderen Erkenntnissen zwei Bataillone mit je 32 BMD-Schützenpanzern verstärkt sind. Nach einigen Quellen soll eine solche Sturmbrigade auch über ein Bataillon mit 18 122-mm- Geschützen verfügen. Zwar sind ein Großteil der Soldaten dieser Brigaden als Fallschirmspringer geschult, aber der Einsatz erfolgt im Ernstfall mit Transporthubschraubern der Frontfliegerstaffeln. Offensichtlich sollen diese Einheiten eng mit den vorgehenden Angriffskräften zusammenwirken: Sie könnten bis zu 100 km hinter den feindlichen Linien in Kampfgruppen von einem oder zwei verstärkten Bataillonen abgesetzt werden, Schlüsselgelände besetzen (Brücken, Straßenkreuzungen, Höhenzüge) und halten, bis die Panzer und Motschützen zu ihnen durchgebrochen sind. Bei der Bewaffnung der Brigaden fällt der hohe Anteil an panzerabwehrenden Kampfmitteln auf, was darauf schließen läßt, daß sich solche Truppen auch als Riegel an neuralgischen Punkten festsetzen können, um zur Front eilende Verstärkungen abzufangen.

Gegenwärtig sind von westlichen Nachrichtendiensten Informationen über acht Luftlandesturmbrigaden bestätigt worden, deren Stärke mit je 1700 – 2200 Mann angegeben wird. Außerdem werden immer mehr Motschützen-Bataillone als luftverlastbare, leichte Infanterie ausgebildet, die von Kampfhubschraubern in taktischen »Sprüngen« bis zu 50 km vor den Angriffsspitzen abgesetzt werden können. Diese Verbände haben keine BMD-Schützenpanzer oder schwere Waffen, sind aber mit Lenkraketen, Mörsern, 73-mm-R-Paks und geländegängigen Radfahrzeugen ausgestattet.

DDR-Fallschirmjäger sind im Feld an ihren besonderen Kampfjacken mit Strickkragen und Gummizug an den Ärmelmanschetten zu erkennen. Im Gelände wird anstelle des orangeroten Baretts ein tarngraues oder der normale DDR-Stahlhelm getragen. Die DDR-Fallschirmjäger sind besonders für Kommandounternehmen ausgebildet und sollen über NATO-Uniformen verfügen!

Die „Grenzaufklärer" der DDR-Grenztruppen sind besonders verläßliche Genossen, die auch vor die Grenzabsperrungen gehen dürfen, spähtruppartig an der Grenze zum Bundesgebiet aufklären, Aufzeichnungen über die Bewegungen von Fahrzeugen, Bundesgrenzschutz, Zoll und Touristen führen und mitunter auch Westgebiet betreten. Die DDR-Grenztruppen sind den KGB-Grenzwachen nachempfunden, im Kriegsfall sollen die Grenzaufklärer Kommandoaufgaben durchführen und den Vorstoß auf westdeutsches Gebiet anführen und einweisen.

Der »Schwarze Tod«

So wie die VDV und Luftlandebrigaden im Bereich der Bodentruppen die Konzeption der Umfassung aus der Luft auf strategischer und taktischer Ebene vollziehen, sieht die sowjetische Marine den Einsatz von amphibischen Verbänden im Rücken des Gegners oder zur Besetzung von wichtigem Terrain – etwa den dänischen Inseln am Ausgang der Ostsee – vor. Die »Morskaya Pyechota« (Marineinfanterie) der Russen hat eine lange Tradition, die auf Zar Peter I., auf die Rolle roter Matrosen in der Oktoberrevolution und auf den infanteristischen Einsatz der schwarz uniformierten Seesoldaten im II. Weltkrieg fußt. Nach dem »Großen Vaterländischen Krieg« aufgelöst, wurden neue Marineinfanterieregimenter in den sechziger Jahren aufgestellt, insgesamt fünf für die vier Flotten. Jedes Regiment war in drei Infanteriebataillone mit Radschützenpanzer BTR 60 und eine Panzereinheit mit PT-76 Aufklärungspanzern und T-55 gegliedert. In den letzten Jahren ist eine sichtbare Verstärkung dieses Korps erfolgt, gemäß der immer offener auftretenden weltweiten Interventionspolitik der UdSSR. Die Pazifikflotte verfügt jetzt über eine Division, drei Flotten anscheinend über Brigaden mit je 5000 Mann, während einige Flottillen kleinere Detachments unterhalten, so daß die Gesamtstärke der Marineinfanterie bei ca. 20 000 Mann liegt.

Gemessen an der Größe des US Marine Corps nehmen sich selbst 20 000 Seesoldaten wenig eindrucksvoll aus, aber gemäß der sowjetischen Doktrin kann eine am- oder triphibische Landung auch von regulären Motschützen durchgeführt werden, Manöver des Warschauer Pakts beweisen dies immer wieder. Die Morskaya Pyechota stellen bei einer solchen Großlandung erfahrene Kader zur Einweisung der »Landratten« und führen den Angriff an. Nachdem die mit

Ein klassisches Propagandaphoto der sowjetischen Marineinfanterie bei der Landung. Diese Soldaten tragen die traditionelle schwarze Uniform, die ihnen im II. Weltkrieg deutscherseits die Bezeichnung „Der Schwarze Tod" einbrachte. Ihre Fahrzeuge – BRDM-2-Panzerspähwagen – sind ohne Vorbereitung schwimmfähig. Für den kurzen Weg vom Landungsboot bis zum Ufer haben die Männer Schwimmwesten angelegt. Bewaffnung: AK 74, Kaliber .5,45 × 39 mm (Foto: Raid Mag.)

PT-76 Aufklärungspanzer bei einer amphibischen Landeübung: Die sowjetische Marineinfanterie ist vollmotorisiert und verfügt mit dem Radschützenpanzer BTR 60 über ein zuverlässiges Fahrzeug, mit dem die „Schwarzen Barette" direkt von den Landeschiffen zum Angriff ansetzen können.

schwarzen Baretten und Uniformen gekleideten Seesoldaten den Brückenkopf erobert und gesichert haben, ist der Weg für reguläre Panzertruppen und motorisierte Infanterieverbände frei. Andererseits sind die »Schwarzen Baretts« Meister des triphibischen Raids und werden in besonderen Übungslagen auf die Eroberung von Hafenanlagen, U-Bootdocks, Versorgungsdepots und küstennahe Flughäfen gedrillt. Ein Teil der Seesoldaten durchläuft Kommando- und Fallschirmjägerausbildungen und ist für den Einsatz in kleinen Sabotageteams, als Aufklärer und Fernspäher vorgesehen. Jede Flotte verfügt über mindestens eine Einheit von Kampfschwimmern, die Teil der Marineinfanterie sind, aber sich im Gegensatz zu den Bataillonen, Regimentern und Aufklärungskompanien aus Berufssoldaten rekrutieren. Wie die Fallschirmspringer, so gelten die Schwarzen Barette als Elitetruppe, was nicht zuletzt jedes Jahr durch ihre Position während der Oktoberparade auf dem Roten Platz verdeutlicht wird. Über drei Viertel der Wehrpflichtigen und Berufssoldaten in diesen Verbänden sind Parteigenossen oder Angehörige der kommunistischen Jugendorganisation Komsomol. Rekruten werden bereits in der vormilitärischen Ausbildung an Schulen und auf Kolchosen geworben.

Spetsnaz – die Bedrohung im Rücken

Das westliche Verteidigungsbündnis ist eine Allianz demokratischer Staaten, dessen einzelne Partnernationen gleichberechtigt sind und vor jedem wichtigen militärischen Schritt konsultiert werden müssen. Individuelle Freizügigkeit, offene Grenzen, Presse- und Informationsfreiheit und beschränkte polizeirechtliche Kontrollmöglichkeiten gehören zu den wesentlichen Grundsätzen, die das westliche System auszeichnen – und es gleichzeitig so überaus verwundbar machen. Einem überraschend operierenden Aggressor wird es verhältnismäßig leicht gemacht, die Nervenzentren eines solchen Systems aufzuspüren und anzugreifen. Nach einer im Juli 1986 vorgestellten Studie der NATO stellen etwa 200 bis 300 wichtige Ziele in Westeuropa solche neuralgischen Knotenpunkte dar, deren Zerstörung eine zusammenhängende Verteidigungsanstrengung des Nordatlantischen Bündnisses unmöglich machen würde: Die Kommunikation von Regierungen und Führungsstäben würde zusammenbrechen, Reserven könnten nicht mobilisiert, die überseeischen Verstärkungen nicht angelandet werden. Diese Zielpunkte sind durch ballistische Raketen, Marschflugkörper oder Jagdbomber angreifbar und eine entsprechende NATO-Planung sieht ein umfassendes Radar- und Raketenabwehrsystem vor, das, ähnlich wie das amerikanische SDI-Programm, bis in den Weltraum hineinreichen wird.

Aber während man in Brüssel, Bonn oder Washington über das Für und Wider von Weltraumabwehrsystemen debattiert und Militärs mit Panzerdivisionen, Cruise Missiles und Vorneverteidigung jonglieren, wird ein anderes Bedrohungsszenario immer wahrscheinlicher, das weit unterhalb der Schwelle bisheriger konventioneller und nuklearer Kriegsmuster liegt, aber im Ernstfall eine viel ernstere Lähmung der westlichen Verteidigungsbereitschaft projiziert.

In steter Konkurrenz zum sowjetischen Geheimdienst KGB ist vom militärischen Nachrichtendienst der sowjetischen Streitkräfte, dem GRU, eine Gruppierung von Spezialeinheiten, Sonderkommandos und Agenten aufgebaut worden, die nach ihrer russischen Bezeichnung »Spezialnaja nasnatschenija« im Westen unter dem

Ein Mi–8-Hubschrauber setzt Kommandokräfte in einem Seeuferstreifen ab. Infiltration auf diese Art hinterläßt keine Spuren!

Waffen wie die kleine „Skorpion"-Maschinenpistole, Kaliber 7,65 mm Browning, wurden zuerst für Sondertruppen und Fallschirmjäger hergestellt und sind heute beliebte Terroristenwaffen. Die in der CSSR hergestellte Skorpion ist serienmäßig mit einem Schalldämpfergewinde versehen, sie wiegt geladen zwei Kilogramm und hat eine Kadenz von 840 sch/m, mit Schalldämpfer 940 sch/m. Sie wird nach wie vor im 22. Fallschirmjägerregiment der CSSR benutzt und wird am Gürtel in einem Holster getragen.

NATO-Kürzel als »Spetsnaz« bekannt wurden.* Diese Kommandos stellen eine Auswahl- und Ausbildungselite der Sowjetstreitkräfte dar, die direkt dem Generalstab unterstehen. Die Hauptverwaltung Aufklärung, GRU, bildet das »Zweite Chefdirektorium« im Generalstab, parallele Abteilungen und Direktorate des GRU sind auf der Ebene der Armee- und Frontstäbe und der Flottenkommandos angesiedelt. Die Spetsnaz-Kommandos gehören weder den Heeresdivisionen oder Marineinfanterieverbänden an, noch den VDV-Fallschirmjägerverbänden, deren Uniform sie manchmal tragen. Sie wurden und werden mitunter mit den taktischen Aufklärungskompanien verwechselt, die in jeder Division als unabhängiges Element auftauchen und als Fernspähtrupps operieren. Diese sind durch ihre Aufgaben zwar auch an die GRU gebunden, sind aber reguläre Verbände, während die Spetsnaz im wahrsten Sinne des Wortes Geheimkommandos sind, deren eigentliche Identität und GRU-Zugehörigkeit auch gegenüber den anderen Truppenteilen der Sowjetstreitkräfte getarnt bleibt. Im Westen ist über die genaue Gliederung und zahlenmäßige Stärke dieser Spezialeinheiten wenig bekannt: Amerikanische Berichte sprechen von 27 000 – 30 000 Männern und Frauen, europäische Geheimdienste nennen Zahlen im Bereich von 8000 in Friedenszeiten, Viktor Suvorovs Angaben gleichen den amerikanischen, unterstreichen aber die Tatsache, daß durch die Mobilisierung von Reservisten diese Zahl verdrei- oder verfünffacht werden könnte.

Auswahl und Ausbildung der Spetsnaz garantiert die rückhaltlose Einsetzbarkeit dieser Kommandos. Nur die politisch Zuverlässigsten werden rekrutiert und der Anteil von Berufsoffizieren, Fahnenjunkern und Berufsunteroffizieren in den Einsatzgruppen und Teams

* Berichte über diese »Truppen für besondere Aufgaben« sind erst durch sowjetische Überläufer des KGB und der GRU bestätigt worden, namentlich durch die Publikationen des Viktor Suvorov (Pseudonym) eines Ex-GRU-Offiziers, auf dessen Buch »Inside Soviet Military Intelligence«, New York 1984, ich mich in diesem Kapitel häufig beziehe.

ist weit höher als bei regulären Kommando- oder Aufklärungsverbänden der Roten Armee. Bereits in Friedenszeiten üben und operieren diese Spezialisten mit ungewöhnlicher Härte: Todesfälle und schwere Verletzungen bei der Ausbildung sind die Regel, nicht nur bei den Spetsnaz selbst, sondern auch bei Verbänden, die in Manöverlagen das Unglück haben, ihnen als Feinddarstellung zur Verfügung zu stehen. Mehrfach sind solche Zwischenfälle bei Übungen mit den Armeen der »sozialistischen Bruderstaaten« vor den Angehörigen als Manöverunfälle kaschiert worden. Nach immer wieder auftauchenden Gerüchten sollen Spetsnaz-Kommandos bei Gelegenheit »Versuchsobjekte« für ihre Methoden aus Straflagern und Strafbataillonen bekommen. Suvorov berichtet – ohne auf diese Gerüchte einzugehen – daß einige Ausbildungszentren der Spetsnaz in der Nähe großer Straf- und Konzentrationslager liegen. Ein wesentlicher Bereich der Ausbildung dient dem Studium westlicher Verteidigungssysteme und Anlagen, in die Sabotageteams im Ernstfall eindringen werden. Modellanlagen mit nachgebauten Pershing oder Lance Abschußrampen, Fliegerhorste mit Attrappen von NATO-Flugzeugen und westlichen Fahrzeugen aller Art stehen für Übungen zur Verfügung, die oft mit Durchschlageszenarios von mehreren hundert Kilometern Länge gekoppelt sind. Wie die Jagdkommandos Otto Skorzenys in der Ardennenoffensive 1944, so sind die Spetsnaz in den Sprachen und Verhaltensformen von NATO-Ländern geschult, um im Einsatz in Polizei- oder Militäruniformen des Ziellandes, in vielen Fällen auch in Zivilkleidung unauffällig operieren zu können.

Bereits in Friedenszeiten werden diese Stoßtrupps mit ihren Zielländern und Operationsgebieten vertraut gemacht: Als Sportgruppen und Touristen getarnt, in Bussen, Ausflugsdampfern, Lastkähnen und Fernlastern bereisen Spetsnaz-Angehörige Länder wie die Bundesrepublik und Dänemark, beobachten und fotografieren NATO-Manöver und -Anlagen, erkunden Brücken und Straßen und sammeln eine Fülle von Details, die zusammen mit Agentenberichten

Russische Aufklärungspatrouille übt die Erkundung eines Minenfeldes. Die sowjetischen Kommandos werden schwerpunktmäßig in Winter- und Sommertarnung aller Art geschult und haben ein hohes Können in diesem Bereich.

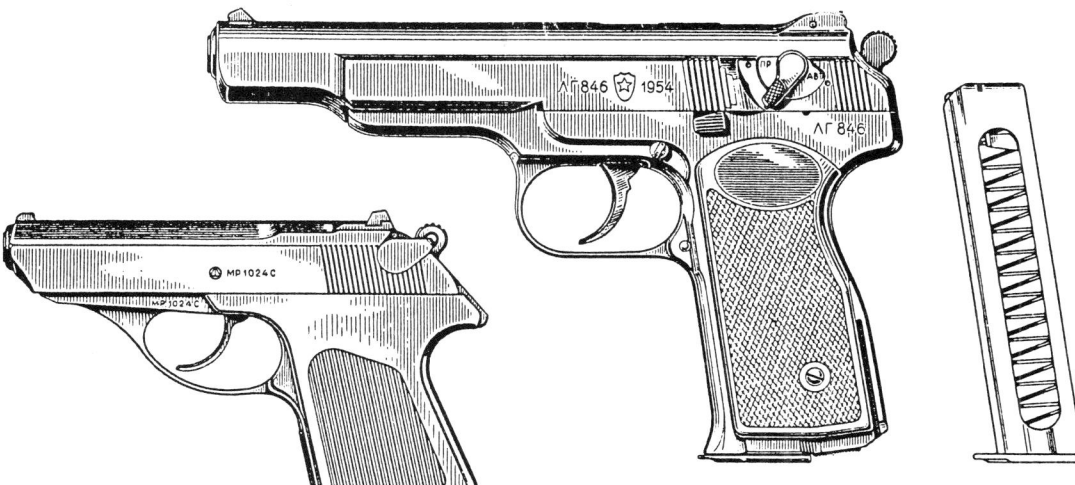

Neben der Stechkin APS, einer 9-mm-Pistole mit Serienfeuerschaltung, ist vor wenigen Jahren eine neue 5,45mm-Taschenwaffe aufgetaucht, die wie die Stechkin augenscheinlich für Spezialeinheiten vorbehalten ist. Die neue 5,45-mm-Patrone durchschlägt nach westlichen Tests Leichtschutzwesten mit 20 Lagen Kevlar!

und der Abhörung von Funk- und Telefonverkehr, Luft- und Satellitenaufnahmen sowjetischen Planern ein lückenloses Bild geben. Offiziere und Stabsfeldwebel der Spetsnaz dienen in sowjetischen Militärmissionen und Botschaften als Personal, nicht selten als Fahrer, Köche oder andere Hilfskräfte getarnt. Andere werden mit einer nachforschungssicheren Tarnidentität ausgestattet und in den Westen als Agentenführer oder zur Ausspähung bestimmter Einzelheiten geschleust: Solche Agenten haben sich gelegentlich so gut etabliert, daß sie als Fernmeldemechaniker bei der Post, als Taxifahrer in europäischen Großstädten oder in Militärkantinen oder Kasinos ihre Informationen sammelten. Englischen Geheimdienstberichten zufolge gelang es einer Gruppe weiblicher Agentinnen während der seit dem Dezember 1983 laufenden Protestkundgebungen vor dem britischen Fliegerhorst Greenham Common auf das Gelände des Stützpunktes zu gelangen und in der Nähe der Depots für die Tomahawk Marschflugkörper Sensoren zu installieren! Auch das wiederholte Eindringen sowjetischer Unterseeboote und Mini-Unterwasserfahrzeuge in norwegische und schwedische Gewässer steht in diesem Zusammenhang mit den Aktionen der Marinebrigaden des GRU.

Seit der sowjetischen Invasion in Afghanistan sind dort Spetsnaz-Kommandos im Einsatz. Sie waren an der initiären Besetzung Kabuls beteiligt und sollen nach den Aussagen des KGB-Majors Wladimir Kusitschkin in afghanischen Uniformen verkleidet den Präsidentenpalast gestürmt und Hafisullah Amin, seine Familie und Berater liquidiert haben. Seitdem dient Afghanistan dem GRU als willkommenes Versuchsfeld, um neue Methoden zu erproben und dieser Prätorianergarde des sowjetischen Militärgeheimdienstes die dringend notwendige Kampferfahrung zu vermitteln.

Gliederung

Die Existenz besonderer Kommandobrigaden innerhalb der sowjetischen Streitkräfte war den westlichen Beobachtern schon seit den siebziger Jahren bekannt, nur wußte man bis vor kurzem nicht genau, wo und wie diese zumeist mit Fallschirmen infiltrierenden »Raydoviki« (Rangers, Streiftrupps) einzuordnen sind. Jeder der 16 Militärbezirke der Sowjetunion, die im Krisenfall eine Heeresgruppe (im Sprachgebrauch des Warschauer Pakts »Front«) bilden, verfügt über eine Spetsnaz-Brigade, bestehend aus einer Stabskom-

Offiziersstreife der Sowjetischen Militärmission in Berlin (West)

Eine neue Waffe, die in Afghanistan bei Fallschirmtruppen erbeutet wurde, ist das AKR, von den Soldaten „Krinkov" genannt, eine verkürzte Version des AK–74 mit Klappschaft und einer besonderen Mündungsbremse im Kaliber 5,45 × 39 mm. Mit eingeklapptem Schaft ist die Waffe 48 cm kurz, Einsatzlänge 72 cm, geladen wiegt sie rund 3,5 kg.

panie und drei bis vier Fallschirmjägerbataillone neben Fernmelde- und Versorgungskompanien. Im Bereich der vier Flotten wird diese Rolle von den Spetsnaz-Marinebrigaden übernommen, die aus Kampfschwimmern, HALO-Springern und Klein-U-Bootabteilungen bestehen. Die Stärke solcher Brigaden liegt zwischen 900 und 1300 Mann. Diese Raydoviki sind für Einsätze von größerer Bedeutung Hunderte von Kilometer weit hinter den gegnerischen Linien vorgesehen. Die jeweiligen Brigaden können als ganzer Verband oder in kleineren Elementen unabhängig tätig werden, auf Bataillons- oder Kompanieebene, oft auch nur mit einer Vielzahl von kleinen Einsatzgruppen von fünf bis zehn Mann.

Für die direkte Unterstützung des Vormarschs steht unterhalb der Befehlsebene der Heeresgruppen der Armeen im Ernstfall eine unabhängige Spetsnaz-Kompanie für Einsätze bis zu einer Tiefe von 500 km zur Verfügung. Anders als die Kompanien der Raydoviki, die nur 40 bis 50 Mann stark sind, haben diese Kompanien ca. 110 Kämpfer, darunter neun Offiziere und elf Offiziersstellvertreter. Über vierzig solcher Kompanien existieren in Friedenszeiten in Bataillone zusammengefaßt und für Verwaltungs- und Ausbildungszwecke den Spetsnaz-Brigaden angegliedert. Im Krieg werden sie direkt der 2. Abteilung (Nachrichtendienst) des Armeestabes unterstellt, welche die Kompanie teilweise oder als geschlossene Einheit verwendet. Armee- und Frontaufklärung können aus diesen Spetsnaz-Kommandos kleine Fernspähtrupps von fünf oder sechs Mann ziehen, die bis zu 1000 km weit hinter den feindlichen Linien im HALO-Verfahren abgeworfen werden und dort unerkannt Nachrichten sammeln und senden, aber auch Sabotageakte verüben. Im russischen Sprachgebrauch heißen diese Teams »Vysotniki«.

Eine Besonderheit der Spetsnaz sind die Stabskompanien und Stabselemente der Kompanien: Bataillone und Brigaden, die ausschließlich aus Berufssoldaten und Offizieren bestehen. Sie haben keine Führungs- und Koordinationsaufgaben, sondern sind eine Sonderformation, deren Verwendung und Kader selbst vor dem Rest des Verbandes geheim gehalten wird. Oft als Sportmannschaft getarnt und mit entsprechend durchtrainierten Männern und Frauen besetzt, fällt ihnen eine Rolle zu, von der sich der sowjetische Generalstab die Lähmung der westlichen Abwehrbereitschaft verspricht: Die Liquidierung von Politikern und militärischen Führungspersönlichkeiten kurz vor Kriegsausbruch. Angriffe dieser Art hätten nichts mehr mit herkömmlichen militärischen Einsatzmethoden oder Kommandounternehmen gemein, sie würden wie terroristische Attentate von zivil gekleideten Agenten unter Verwendung unkonventioneller Waffen – wie z. B. Nervengasen – durchgeführt, Schrecken und Verwirrung hinterlassen . . .

Ähnlich wie die Stabsgruppen sollen noch drei Spetsnaz Regimenter mit je maximal 800 Mann existieren, die schwerpunktmäßig strategische Zielobjekte angreifen werden, die vom Oberkommandierenden eines Kriegsschauplatzes festgelegt worden sind. Wie der Einsatz einer solchen Spetsnaz-Kommandogruppe aussehen kann, zeigt sich am Beispiel der Invasion der CSSR: Wochen und Tage vor dem eigentlichen Einmarsch sind bereits Teams getarnt in das Land geschleust worden – als Reisegruppen, Bedienstete der Botschaft, Angestellte von Handelsmissionen, der Aeroflot und anderer staatseigener Betriebe. Am 20. August 1968 landete gegen 20.30 Uhr eine nichtplanmäßige Maschine der Aeroflot auf dem Prager Flughafen und rollte bis ans Ende der Landebahn. Kurz darauf traf ein zweites Zivilflugzeug aus der Ukraine ein. Sowjetische Zivilisten stiegen aus und passierten die Kontrollen. Gegen Mitternacht waren plötzlich sämtliche wichtigen Punkte am Flughafen von zivil gekleideten Russen besetzt, Polizei- und Zollbeamte wurden festgenommen, jeder Widerstand mit äußerster Brutalität gebrochen. Der Tower erhielt die Anweisung, alle Tätigkeiten einzustellen. Bald darauf landeten die ersten Transporter mit Fallschirmjägern, die Bodenkontrolle der im Anflug befindlichen Luftflotte erfolgte aus der am Ende der Rollbahn geparkten Aeroflot-Maschine heraus. Überall in der Stadt verschwanden Offiziere und Politiker, die den »Prager Frühling« unterstützt hatten.

In Westeuropa könnte sich bei einem Angriff aus dem Stand, wie ihn NATO-Stabsoffiziere in Szenarien durchaus schlüssig beschrieben haben[*], Spetsnaz-Einheiten bereits im Vorfeld der Auseinandersetzungen ihren Zielobjekten genähert haben, während westliche Nachrichtendienste immer noch auf solche Angriffsanzeichen wie das Einrücken in die Bereitstellungsräume oder das Verlegen von Panzern warten: Als Touristen, Kulturaustauschgruppen, Sportler, Handelsmissionen usw. getarnt wäre eine Infiltration möglich. Deutrans-LKW und Lastkähne könnten ganze Züge von Spetsnaz über die Grenze schmuggeln. Fischereiflotten und Schiffe der Handels-

---

[*] Cyril Joly »Operation Stille Nacht«, München 1981, s. a. François (Pseudonym): »La 6e Colonne. Si le Russes attaquaient . . .« Paris 1979.

marine sind ständig in der Nähe westlicher Küsten oder legen in westlichen Häfen an – oft in unmittelbarer Nachbarschaft der U-Boot- und Schnellbootflotillen. Nur Schätzungen existieren über die Zahl der vom KGB und GRU in Westeuroa eingesetzten Agenten. Fünfstellige Zahlen werden genannt, wobei niemand die Größe des »schlafenden Agentennetzes« weiß. Diese fünfte Kolonne, die nur auf den Befehl zur Stunde X wartet und über Depots und konspirative Wohnungen in der Nähe von strategischen Zielen verfügt, würde den Spetsnaz-Trupps zuarbeiten. Vor einigen Jahren wurde durch Zufall ein hochmodernes Funkgerät in einem Versteck in Norddeutschland gefunden, das zu einem solchen »Schläfer« gehörte. Die Spetsnaz würden sich im Einsatzfall den militärischen Zielen zuwenden, während die operationellen, einheimischen Agenten Angriffe auf die zivile Infrastruktur – Telephonnetze, Energieversorgungssysteme, Fabriken und Depots kriegswichtiger Schlüsselindustrien, Kraftwerke usw. – ausführen, die Panik unter der Bevölkerung verstärken und in Bahnen lenken könnten, die alle Mobilisierungsmaßnahmen zunichte machen könnten.

Noch bevor der erste Panzer die deutsch-deutsche Demarkationslinie überqueren würde, könnten massive Angriffe und Attentate große Teile der politischen und militärischen Führungsstruktur lahmlegen, wobei die Spetsnaz-Kommandos nur die erste Welle bilden, gefolgt von Fallschirmtruppen und Luftlandesturm-Brigaden, die unter Ausnützung des Chaos Schlüsselpositionen einnehmen. Ein solcher Angriff kann in den ersten Stunden bereits jegliche Abwehrmaßnahmen – besonders den Versuch nuklearer Gegenschläge! – des Westens unterlaufen. »Friedensgruppen«, von Perspektivagenten beeinflußt, würden dann den Widerstandswillen der NATO-Länder von innen aushöhlen, während Sabotageakte die Flugabwehrsysteme und Radaranlagen, Fliegerhorste und Divisionsstäbe lahmlegen. In den Worten des amerikanischen Unterstaatssekretärs im Verteidigungsministerium Noel Koch, der für die amerikanischen Spezial Operations Forces verantwortlich ist: »Die Aufstellung der Spetsnaz-Truppe ist ein besonders bedrohlicher Aspekt der wachsenden militärischen Stärke der Sowjetunion. Sie soll die Infrastruktur des Gegners zerstören und bestimmte Leute umbringen. In Friedenszeiten Bestandteil des sowjetischen Machtapparates könnte sie im Kriegsfall das strategische Konzept der NATO und selbst das der Vereinigten Staaten über den Haufen werfen.«

Im Sprachgebrauch des Warschauer Paktes werden die Kommandotruppen mitunter als Diversionskräfte bezeichnet, so als handele es sich bei diesen Unternehmungen nur um ablenkende oder flankierende Taktiken zu der Offensive der normalen Streitkräfte. Das vom Agenteneinsatz über Aufklärung, Sabotage und Attentate bis zum massiven Einsatz von Luftlandegroßverbänden gestaffelte System sowjetischer Spezial- und Eliteverbände ist mehr als nur ein taktisches Element. Diese ausgewählte und mit großer Energie aufgebaute Streitmacht kann mit ihrem Einsatz im Krisenfall schon vor dem Ausbruch der Kampfhandlungen an den Grenzen zwischen den Paktsystemen vollendete strategische Tatsachen schaffen, die eine volle Entfaltung der konventionellen oder nuklearen Vernichtungsgewalt überflüssig machen könnte. Vollzieht man die Gedanken nach, die hinter diesen Planungen stehen, erkennt man sehr schnell, wie logisch und überaus schlüssig diese Konzeption ist, die geschickt die Schwachpunkte der westlichen Demokratien ausnutzt. Vor diesem Hintergrund erscheinen die Terroraktionen von Gruppen wie der deutschen RAF oder den italienischen Brigate Rosse nur noch wie Versuchsballons. Es ist sicher, daß man im sowjetischen Generalstab die Bombenanschläge und Sabotageakte in Westeuropa aufmerksam beobachtet. Wenn es schon Amateuren, wie den belgischen CCC oder den anarchistischen »Revolutionären Zellen« ohne Probleme gelingen kann, NATO-Öl-Pipelines, Hochspannungsmasten, Flughafenbefeuerungen und Computerzentren zu sabotieren, wie viel mehr könnten ausgebildete und mit modernsten Waffen- und Sabotagetechnik versehene Kommandos erreichen ...

U.S.A.: SPECIAL OPERATIONS FORCES UNLIMITED ODER SPEZIALEINHEITEN MIT BESCHRÄNKTER HAFTUNG

Oktober 1983, Operation „Urgent Fury"

Am Morgen des 25. Oktober 1983 begannen die amerikanischen Streitkräfte mit rund 14 000 Mann aus Luftwaffe, Marine, Armee und Marinekorps die Invasion der kleinen Karibikinsel Grenada. Der Gegner: Kommunistische Milizen und kubanische „Berater". Die Mission: Besetzen und Sichern der Insel in einem Überraschungsangriff, Befreiung der als Geiseln festgehaltenen ausländischen Medizinstudenten und des Gouverneurs Paul Scoon – eine Aufgabe für Elite- und Spezialeinheiten. Innerhalb von 48 Stunden hatten die amerikanischen Verbände die Kontrolle der kleinen Insel erlangt, die Geiseln befreit und evakuiert, die Milizionäre in den Dschungel getrieben oder festgenommen. Auf den ersten Blick erschien die Operation wie ein klassischer Modellfall für eine Krisenintervention. Die UdSSR und Kuba wurden vor vollendete Tatsachen gestellt, bevor sie reagieren konnten. Auch die Verluste hielten sich im Rahmen. Der Pentagonbericht sprach von 19 Toten und 116 Verwundeten. Für die USA war die Operation in Grenada der erste gelungene militärische Einsatz seit dem Debakel in Vietnam.

Erst später gelangen Berichte über Fehlschläge an die Öffentlichkeit, und Zweifel werden an den offiziellen Versionen der Verlustlisten laut ...

Der Operationsplan für Grenada war ähnlich wie die fehlgeschlagene Geiselbefreiung im Iran von den Querelen der verschiedenen Waffengattungen gekennzeichnet: Die Invasion stand unter dem Oberbefehl von Admiral Wesley McDonald, einem Marineflieger, der die gesamte Aktion ursprünglich von der Marine und den Landungskräften der Marineinfanterie erlediger lassen wollte. Im Pentagon traf dieser Plan auf wenig Zustimmung und man beorderte kurzfristig das Joint Special Operations Command unter Armee-Generalmajor Richard Sholtes mit der Unterstützung der Landung: Rangers, Teams der U.S. Air Force Bodenkontrolleinheit, Gruppen des Delta-Detachments der Special Forces sollten zusammen mit den SEALs der Navy die Landungen einleiten, erste Schlüsselpunkte besetzen und den Weg für Marines und Einheiten der 82nd Airborne ebnen. Der Plan der Marine sah eine amphibische Landung im ersten Morgengrauen vor, was den leichtbe-

Grenada: US Airborne Ranger kurz nach der Landung auf dem Flughafen von Port Salinas (Foto: Gung Ho/US Army)

waffneten Spezialtruppen – die zum Erfolg ihres Auftrags vor allem der nächtlichen Dunkelheit bedürfen – jeden Überraschungsmoment genommen hätte. Am Ende einigte man sich auf einen Angriffsbeginn eine Stunde vor Tagesanbruch, um den vordersten Angriffselementen wenigstens noch etwas Nachtzeit einzuräumen. Der Vorschlag der Armee, den Angriff der ersten Welle auf zwei Uhr nachts vorzuverlegen, wurde zurückgewiesen.

Wie es sich am Morgen des 25. Oktobers zeigen sollte, sah der Einsatzplan nicht genügend Spielraum für die Landungen vor: Die Transport-Flugzeuge der First Rangers, die mit Fallschirmen auf dem noch unfertigen Port Salinas-Flughafen abspringen und die Anlandung weiterer Kräfte mit Flugzeugen sichern sollten, hatten navigatorische Probleme. Eine Schlechtwetterzone nahe Grenada zwang zu einem weiteren Umweg, so daß die erste Welle mit mehr als einer halben Stunde Verspätung über der Landezone anlangten – nicht mehr im Schutz der Dunkelheit, sondern im Licht des Morgengrauens. Die MC 130 H »Combat Talon«-Transporter gerieten in das Abwehrfeuer von 23 mm Fla-Geschützen und zwei der ersten drei Maschinen gingen auf Ausweichkurs, was später zu Anschuldigungen wegen Feigheit führen sollte, die aber seitens des Pentagons unterdrückt wurden. Man wollte die Aura des Erfolgs, mit dem die Grenada-Operation umgeben war, nicht beflecken. Nur die dritte Hercules kam zum Einsatz und warf den Bataillonskommandeur, Wes Taylor, und 47 Mann im Tiefflug ab. Die geringe Sprunghöhe von 500 Fuß, bei der diese und die nachfolgenden

Ranger bewachen kubanische „Entwicklungshelfer", die auf Grenada gefangengenommen wurden. Beide Soldaten tragen Ausrüstungswesten anstelle herkömmlicher Koppeltragegestellte (Gung Ho Magazine/US Army)

Rangereinheiten absprangen, verhinderte, daß die Transporte in das Feuer der 23 mm Flak kamen: Die auf einem Hügel eingegrabenen Geschütze konnten ihre Rohre nicht genügend senken. Oberst Taylor und seine Handvoll Ranger hielten das hintere Ende der Landebahnen gegen wiederholte Angriffe der Kubaner. In der Zwischenzeit drehten die beiden MC 130H der ersten Welle und formierten sich mit der zweiten Welle zu einem neuen Anflug. Diese zweite Welle, bestehend aus Einheiten des zweiten Rangerbataillons war ursprünglich für eine Anlandung vorgesehen und mußte nun in aller Eile für einen Absprung umrüsten. Trotz der ungewöhnlich niedrigen Sprunghöhe – normale Übungssprünge erfolgen ab 1200 Fuß Höhe, und seit dem II. Weltkrieg war kein amerikanischer Soldat mehr so niedrig »ausgestiegen« – gab es nur ein gebrochenes Bein. Bei den Kämpfen kamen 5 Rangers ums Leben.

Auch die Windstärke über der Sprungzone war nicht gerade für einen Absprung mit vollem Gepäck vorteilhaft, einige Ranger schlugen mit Geschwindigkeiten von fast 30 km/h auf. Die Landung der Rangers wäre fast zu einem Fiasko geworden, weil es an einer vorher infiltrierten Pfadfindergruppe mangelte, die den heranfliegenden Verbänden letzte Wetterinformationen, eine genaue Einschätzung der Feindstärke und Navigationshilfen beim Anflug gegeben hätte. Die Zusammensetzung einer solchen Aufklärungseinheit war Gegenstand erbitterter Rivalitäten zwischen Teilstreitkräften gewesen: Die Navy wollte ihre SEAL-Teams mit dieser Aufgabe betrauen, weil die gesamte triphibische Aktion unter dem Oberkommando der Marine stand und weil eine solche Infiltration von See her erfolgen müßte. Armee und Luftwaffe bestanden auf die Verwendung der dafür trainierten Combat Control Teams (CCT), den roten Baretten des 1st Special Operations Wing (SOW) der Luftwaffe. Am Ende stand ein weiterer fauler Kompromiß – ein Dutzend SEALs und vier CCT-Angehörige sollten zusammen die Aufklärung durchführen. Anstelle der CCT-Schlauchboote wurden zwei flache Fiberglass-Boote vorgesehen. Das gesamte Unternehmen bekam einen politischen Beigeschmack, wurde überhastet vorbereitet und war taktisch unklug. Der Mischverband sollte nicht direkt aus der Luft in Aktion gehen, sondern zuerst an einem Rendezvous-Punkt 40 Seemeilen vor Port Salines abspringen, um von einem Navy Zerstörer aufgenommen zu werden. Anstelle der dafür ausgebildeten Transportgeschwader des SOW übernahmen zwei USAF C 130 mit nicht-tiefflugtrainierten Besatzungen die Beförderung und warfen das Team zu weit vom Zerstörer ab. Eines der Boote ging verloren, vier SEAL-Männer ertranken. Trotzdem versuchten die Übriggebliebenen, die Infiltration in der Nacht vom 23. zum 24. Oktober durchzuführen.

Bei der Annäherung an Grenada entkamen die Zwölf nur mit Mühe einem Patrouillenboot der Inselmiliz, sie mußten um- und zum Zerstörer zurückkehren. Am nächsten Tag sprangen weitere SEALs beim Zerstörer ab, ein zweites Fiberglassboot wurde abgeworfen und in der nächsten Nacht ein zweiter Infiltrationsversuch gestartet. Auch dieser Versuch schlug fehl, beide Boote liefen voll Wasser, die Teams konnten nicht landen und wurden erst während der Invasion aufgefischt. Für die Ranger bedeutete das Fehlschlagen dieser Infiltrationsversuche eine »blinde« Landung ohne Bodeneinweisung beim Anflug und die Gefahr, in das Feuer der 23 mm Flaks zu kommen. Pfadfinder hätten die Geschützstellungen vorher aufspüren und durch Luftangriffe ausschalten können.

Ähnliche Schwierigkeiten sollen auch zu Fehlschlägen bei anderen Spezialeinsätzen geführt haben – wobei der Pentagon keinerlei Auskunft über den Einsatz von Sonderverbänden gibt und bisher alle Berichte über Fehler während der Grenada-Aktion dementiert hat. Die SEAL-Abteilung, die für die Befreiung von Gouverneur Scoon verantwortlich war, mußte bei Tageslicht einfliegen. Ein Hubschrauber wurde zusammengeschossen und mußte umkehren, und nur ein kleiner Teil der Sturmgruppe gelangte zum Ziel, allerdings ohne Funkgeräte. Scoon konnte befreit werden, aber ein Gegenangriff der Miliz brachte die SEALs in starke Bedrängnis. Ohne Funkverbindung zum Rest der Invasionsstreitmacht schien es unmöglich, Luftunterstützung anzufordern, bis ein SEAL-Offizier auf die Idee kam, das örtliche Telefonnetz zu benutzen. Eine Verbindung mit den Ranger-Trupps in Port Salines kam zustande, »Spectre« AC-130 beharkten die Kubaner und Milizionäre mit ihren 20 mm Gatlings, bis Ersatz eintraf.

Planungsfehler bei der Vorbereitung der Invasion sorgten dafür, daß zwei Einsätze des Delta-Detachments auf Grenada statt in der Nacht bei vollem Tageslicht erfolgten und fehlschlugen. Der Absturz eines mit Delta-Angehörigen beladenen Hubschraubers, der von einem Zivilisten gefilmt wurde, wurde nicht vom Pentagon bestätigt, auch ein anderer Bericht, wonach ein Spezialtrupp bei dem Versuch, nach Port Salines zu gelangen, von Milizionären entdeckt und zusammengeschossen wurde, resultierte lediglich in Dementis des Pentagon.

Nur bedingt einsatzbereit?

Will man den zahlreichen, vom Pentagon dementierten Informationen über die Fehlleistungen amerikanischer Spezialeinheiten beim Einsatz in Grenada Glauben schenken – und verschiedene Indizien sprechen für die Richtigkeit dieser Berichte – so stellt sich die Frage nach der Einsatzbereitschaft der U.S. Streitkräfte in einem unkonventionellen Konfliktfall. Bei einer Überprüfung im Frühjahr 1985 mußte die Heeresleitung feststellen, daß rund 63% ihrer Spezialverbände als nicht oder nur begrenzt einsatzfähig zu klassifizieren waren.

An Geld mangelt es nicht: Seit 1981 hat die Reagan-Administration die Zuschüsse für die Spezialeinheiten vervierfacht. Im Budgetjahr 1985/86 erhielten die seit dem Vietnamkrieg vernachlässigten Kleinkriegspezialisten allein 1,2 Milliarden Dollar und für die nächsten fünf Jahre sind insgesamt 12 Mrd. veranschlagt, um die Ausrüstung auf den neuesten Stand zu bringen! Die unter dem Sammelbegriff »Special Operations Forces« (SOF) fallenden Sondereinheiten in den verschiedenen Teilstreitkräften belaufen sich zur Zeit auf 15 000 Mann: 9300 im Heer, 1700 in der Marine und 4000 in der Luftwaffe. Das Gros der Luftwaffenangehörigen, die im Ernstfall auch noch durch Reservisten auf über 5000 Mann aufgestockt werden können, gehören zum First Special Operations Wing, einem Spezialgeschwader für den Transport, die Luftunterstützung und das Absetzen von Spezialkräften. In den nächsten Jahren erhält die U.S. Air Force rund 3,3 Milliarden Dollar, um die Transportkapazität und Reichweite dieser Staffeln zu verdoppeln! Trotzdem, im Gesamthaushalt des amerikanischen Verteidigungsministerium stellen die Aufwendungen für den SOF-Bereich gerade 1% dar.

Was fehlt, ist eine geradlinige Koordinierung und Zusammenfassung der SOF Verbände. Zwar wurde das Joint Special Operations Command als höchste Kommando-Ebene geschaffen, aber jede Teilstreitkraft entwickelt ihre Spezialtruppe ohne Rücksicht auf das Ganze. Fast in jeder Waffengattung wird an einer Anti-Terror-Einheit gebastelt, in jeder Stationierungsregion proben Militärpolizisten Geiselbefreiungen und Schutzmaßnahmen für Generäle.

Aber in der Zusammenarbeit mit anderen Verbänden hapert es schließlich: In Grenada führte die von den verschiedenen Marine- und Heeresteilen verwendete Fernmeldetechnologie dazu, daß die Funkverbindung zwischen den Rangern und Fallschirmjägern auf der Insel und den Schiffen vor der Küste laufend ausfiel. Eine geheime Nachteinsatz-Hubschrauberstaffel des Heeres, die in Barbados bereitstand, kam nicht zum Einsatz, weil die Navy-Führung nichts über deren Möglichkeiten wußte. Ähnlich ein Vorfall im Sommer 1985 auf dem Höhepunkt der TWA-Flugzeugentführung durch schiitische Extremisten nach Beirut. Laut einem Bericht des »Armed Forces Journal« sollte eine in England stationierte Hubschrauberstaffel das Detachment Delta nach Beirut einfliegen, aber nur eine Handvoll der Piloten hatte die dazu notwendige Nachtflugqualifikation, die dafür benötigten technischen Gerätschaften fehlten gleichfalls vor Ort. Die Rivalität zwischen den Waffengattungen verhinderte, daß eine für solche Missionen ausgebildete Heereshubschrauber-Einheit berücksichtigt wurde. Und: Im Planungswirrwarr wurde der Umstand übersehen, daß eine nur drei, vier Flugstunden entfernte andere Luftwaffeneinheit über die Technik und entsprechende Befähigungen verfügte. Der Einsatz fand nicht statt, der amerikanische Präsident sah sich gezwungen, auf eine militärische Option zu verzichten. Malta, November 1986: Palästinenser entführen ein ägyptisches Passagierflugzeug nach Malta. Der Abflug eines Delta Teams zur Unterstützung der örtlichen Sicherheitskräfte wird aber durch technisches Versagen dreier Transportmaschinen verzögert, schließlich stürmt die inzwischen in Malta eingetroffene ägyptische Spezialtruppe »Saaka« die Maschine. Im Feuerhagel der »Saaka« Soldaten sterben 12 Passagiere.

Erinnerungen an »Operation Adlerklaue«, dem tragischen Versuch der Geiselbefreiung im Iran, werden wach – auch damals mußten aus Rücksicht auf den Konkurrenzneid innerhalb der Streitkräfte Luftwaffen und Marinepiloten zum Einsatzteam gehören. Während der gesamten Vorbereitungsphase war die Zusammenarbeit der unterschiedlich ausgebildeten Teamelemente problematisch, am Ende scheiterte die Mission am Versagen des fliegerischen Personals.

Der politische Fallout des Fehlschlags trug zur Wahlniederlage Präsident Carters einen großen Teil bei.

So als bedurfte es noch eines i-Punktes, um das Vertrauen der amerikanischen Öffentlichkeit gänzlich in die geheimnisumwobene Eliteeinheit des Heeres zu erschüttern, veröffentlichte die Washington Post im November 1985 Einzelheiten über einen weiteren Skandal in der Delta-Truppe: Mehr als 80 Mann der rund 300 Soldaten starken Einheit, so die »Post«, wären im Zuge einer großangelegten Untersuchung überführt worden, gefälschte Reisekostenabrechnungen in Höhe von über $ 200 000.– eingereicht zu haben, während sie für Personenschutzaufgaben zum U.S. Außenministerium abgestellt waren. Die Untersuchungen wurden zeitweise ausgesetzt, während Delta für die Bewältigung der »Achille Lauro«-Entführung nach Europa verlegt wurde. Die Washington Post, die in ihrem Bericht mit dem Namen des derzeitigen Delta-Kommandeurs und dem früheren Befehlshaber neben anderen Einzelheiten aufwarten konnte, unterließ es nicht, darauf hinzuweisen, daß der Pentagon-Sprecher eine Bestätigung auch nur der Existenz einer Delta-Abteilung verweigerte. Die großangelegte Hexenjagd, die bereits Ende 1983 mit Untersuchungen gegen CIA-Beamte und die militärischen Nachrichtendienste begonnen hatte, erwies sich letztlich als wenig erfolgreich. In nur einem Fall kam es wegen einem $ 796 Flugschein zu einer rechtskräftigen Verurteilung! Am Ende mutete das ganze Verfahren nur wie eine interne Abrechnung innerhalb des Pentagon an, der auf dem Rücken der Spezialeinheiten ausgetragen wurde – Symptom für die Pentagon-Querelen und das öffentliche Mißtrauen gegenüber den geheimnisumwobenen Spezialeinheiten.

Es gibt verschiedene Gründe, warum die größte Militärmacht der westlichen Welt auf diesem Gebiet nicht zurechtzukommen scheint und immer wieder die Fehler der Vergangenheit wiederholt.

Das Problem beginnt mit Größe, Rolle und sozialem Status der Streitkräfte. Die USA haben weltweite Verpflichtungen, die Streitkräfte müssen sich im Zeichen der globalen Abschreckungsdoktrin auf nukleare und konventionelle Auseinandersetzungen im Rahmen eines »großen« Krieges vorbereiten. Hier liegt der Schwerpunkt der Ausbildung von Heer, Marine, Luftwaffe und Marinekorps. Für diesen Verteidigungsbereich besteht ein ganzes Arsenal des Schreckens, von der Intercontinentalrakete mit nuklearem Gefechtskopf, über Panzerkolonnen und Artillerieparks bis hin zu Landungsbooten und Seeminen. Seit dem Debakel der amerikanischen Intervention in Vietnam besteht eine sehr starke Abneigung amerikanischer Militärs gegen alles, was mit dem »kleinen« Krieg zu tun hat. In dieser Sorte schmutziger Konflikte sind keine Lorbeeren zu gewinnen und mehr als alles andere fürchten die Planer im Pentagon heute eine neue Niederlage im Stil von Südostasien. Diese Art Vietnamtrauma erstreckt sich auch auf die Existenz von Sonder- und Spezialeinheiten für die Bekämpfung von Guerrilleros und Terroristen. In der Gesamtstärke der Streitkräfte stellen die 15 000 Mann SOF lediglich eine kleine Nische dar, die über Gebühr Finanzmittel auffrißt. Hinzu kommt der exotische Charakter der Eliteverbände, der den Managern und Generalstäblern im Pentagon suspekt ist. In den kleinen Spezialeinheiten mit ihrem beengten Planstellenspektrum kann man keine Karriere machen, im Gegenteil, eine Versetzung in eine solche Truppe mit der damit verbundenen Spezialisierung wirkt sich zumeist negativ auf eine Karriere aus. Darüber hinaus haben die Sondertruppen nicht gerade einen sehr respektablen Ruf innerhalb der Streitkräfte.

Schon in den gegen Ende der sechziger Jahre wurde in Armeekreisen hinter vorgehaltener Hand darüber gesprochen, daß Einheiten wie die Special Forces etwas für jene Offiziere wäre, deren Karriere ohnehin in einer Sackgasse ist. Diese Ansichten wurden in der letzten Dekade nur noch verstärkt. Das Image, das sich Rangers, SEALs oder Green Berets zwecks Außenwerbung und Nachwuchsrekrutierung gaben, stellte nicht gerade Intelligenz, überlegtes Handeln und differenzierte Analysen in den Vordergrund. Draufgänger und Sportskanonen wurden angesprochen, das »Rambo-Syndrom« war entwickelt, lange bevor Hollywood und Sylvester Stallone diese Figur kreierte.

Ohnehin haben die Angehörigen der amerikanischen Streitkräfte nicht den höchsten sozialen Stellenwert in ihrer Gesellschaft, der Dienst als Offizier ist längst nicht mehr Ehrensache, sondern führt geradewegs in ein gesellschaftliches Ghetto. Die Umstellung der Streitkräfte von einer Wehrpflichtigen- zu einer Berufsarmee hat diesen Trend nur noch verstärkt. Die bildungsmäßige und soziale Elite der Nation sieht keine Zukunft im Waffendienst. Folgerichtig werden zwar Waffensysteme, Ausbildung und Verwaltung der Militärmacht immer komplexer, aber der Pentagon sieht sich der Gefahr gegenüber, daß ihm die Köpfe für diesen Apparat ausgehen. Fähige Führungskräfte werden von der Wirtschaft abgeworben.

Das amerikanische Versetzungs- und Rotationssystem tut ein übriges, daß Erfahrungen nicht weitergegeben und ausgewertet werden können. Mitunter beträgt die Verweildauer in einer Position nur zwei Jahre. Längerfristige Planungen und Entwicklungen werden durch diese karrieremäßig bedingten Parforce-Touren nur behindert. Ein rigides Planstellensystem, das die Beförderung innerhalb der Spezialeinheiten erschwert, verhindert auch, daß erfahrene Offiziere aus den eigenen Reihen an die Spitze gelangen. Ein kontinuierlicher Aufbau ist vor dem Hintergrund dieses Systems kaum möglich.

Über allem schwebt die Rivalität der Teilstreitkräfte, denen bei Operationsplanungen und Budgetzuwendungen stets Rechnung getragen werden muß. Jede Waffengattung hat eine Spezialeinheit – oft sogar mehr als eine – und will bei einer Aktion und dem zu erwartenden Lorbeersegen beteiligt sein. Jeder beharrt auf seinen Zuständigkeitsbereich, so daß Kritiker des derzeitigen Systems den einzigen Ausweg in der Schaffung einer weiteren, fünften Waffengattung, speziell für den Kleinkrieg und Spezialeinsatzbereich zuständig, sehen. Doch derzeit ist eine solche Lösung zwar schon propagiert, aber noch nicht absehbar. Weitere Fehlschläge scheinen vorprogrammiert.

„ANYTHING, ANYTIME, ANYPLACE, ANYHOW" – DIE RANGERS

Die modernen Kommandoverbände der U. S. Army wurden 1942 in Carrickfergus, Nordirland, als „1st Ranger Battalion" geboren, eine Entwicklung, die durch das Vorbild der britischen Commandos

Ranger in der Dschungelausbildung (GH Magazine/US Army)

beeinflußt wurde. Sechs dieser Bataillone wurden im Laufe des II. Weltkriegs aufgebaut, aber der Trend in Auswahl und Ausbildung aller Ranger wurde von Captain William O. Darby geformt. Darby war Adjutant des Oberbefehlshabers aller amerikanischen Truppen in Nordirland, General Russell Hartle, und wurde mit der Aufgabe betreut, Freiwillige auszusuchen, die an der Seite britischer Commandos an den Unternehmen von Mountbattons Combined Operations teilhaben konnten. Aus den 2000 Freiwilligen hatte Darby bald 600 Männer ausgewählt, wobei er sein Auswahlverfahren an den rigiden Bestimmungen und Härtetests der Briten ausrichtete. Nach drei Wochen vorbereitenden Auswahl- und Konditionstrainings wurde das erste Rangerbataillon am 19. Juni 1942 offiziell in Dienst gestellt und danach sofort nach Achnacarry zum britischen Kommandokurs verlegt. Rund 100 Mann bestanden die harten Anforderungen des sechswöchigen Lehrgangs nicht, aber die anderen hatten den Respekt ihrer britischen Gastgeber gewonnen.

Rangerverbände kämpften in Nordafrika, auf Sizilien und in Italien, und bildeten die Speerspitze bei den alliierten Landungen in der Normandie, wo das Motto der Einheit – „Rangers, lead the way!" – durch General Norman Cota von der 29th U. S. Infantry Division geprägt wurde. Trotz ihrer hervorragenden Leistungen bei den Kämpfen in Europa und Nordafrika widerfuhr den Rangers das gleiche Schicksal wie den britischen Commandos, sie wurden nach Kriegsende aufgelöst. Erst mit Beginn des Koreakrieges entschied sich der Generalstab für die Einrichtung von „Ranger-Kompanien", die in Klammern die Bezeichnung „Airborne" als Zusatz trugen. Diese Fallschirm-Spezialeinheiten sollten als Kommandos oder wie die offizielle Bezeichnung lautete, als „marauder-companies" im Rücken der koreanischen Kommunisten gegen „Kommandozentren, Artillerie, Panzerlager und Nachrichtenzentren" vorgehen, wie es ein Memorandum an das Armeeministerium umschrieb. Im September 1950 wurde in Fort Benning ein „Ranger Training Center" zur Ausbildung der neuen Airborne Ranger-Kompanien eingerichtet. Freiwillige rekrutierten sich aus den 11. und 82. Ranger-Fallschirmjägerdivisionen des Heeres. Der erste Ausbildungsdurchgang sah einen sechswöchigen Kurs mit 48 Trainingsstunden pro Woche vor, sehr bald wurde dieser Lehrgang auf acht Wochen mit je 60 Stunden verlängert. Das Training beinhaltete amphibische- und Luftlandeübungen und legte einen besonderen Schwerpunkt auf die Marschleistungen der Kompanien, die in die Lage versetzt werden sollten, 40 bis 50 Meilen querfeldein in 12 bis 18 Stunden, abhängig vom Gelände, zurückzulegen. Ein besonderer psychologischer Trick bestand im Aufstellen eines Jeeps im Übungsgelände, der mit einer weißen Fahne gekennzeichnet war. Wer immer aus dem Trainingsprogramm ausscheiden wollte, brauchte sich nur in das Fahrzeug zu setzen, er wurde zur Kaserne zurückgefahren und aus dem Lehrgang ausgegliedert, bevor seine Kameraden zurückgekehrt waren. Niemand, der den „Biß" nicht hatte, sollte durch die Umstände oder durch Angst vor Schande gezwungen sein, bei den Rangers zu bleiben!

In Korea wurden die Kompanien als Verfügungstruppen auf die dort eingesetzten U.S. Divisionen verteilt, die sie oft genug als Feuerwehr, als Streifkommando oder als Stöpsel gebrauchten, um Einbrüche zu bereinigen. Andererseits wurden Rangerkompanien aber auch als Kommandos eingesetzt, die 2nd und 4th Company führten Kampfabsprünge bei Munsan-Ni aus. In zahlreichen Gefechten zeigte sich der Esprit dieser Freiwilligenverbände, die immer wieder an den Brennpunkten der Kämpfe eingesetzt wurden. Die Verlustraten lieferten den besten Beweis dafür, die Kompanien hatten zwischen 40 % und 90 % ihrer Originalstärken verloren! Als Anhängsel an reguläre Divisionen und deren Regimenter waren die kleinen Einheiten in eine Pariahrolle gedrängt, die ihrem Enthusiasmus und ihrer Einsatzbereitschaft nicht gerecht wurde. Stabsoffiziere betrachteten die Spezialisten mit Mißtrauen und eine Äußerung wurde bekannt, in der von „Primadonnas" die Rede war. Im November 1951 wurde die letzte Rangerkompanie aufgelöst, fortan sollte der Rangerlehrgang nur noch der individuellen Ausbildung im Rahmen der Infanterieschulung in Ft. Benning dienen.

Der Ranger-Lehrgang

Die Aufgabe der Rangerschule der fünfziger Jahre bestand in der Ausbildung von Führungspersonal für das Heer. Offiziere und Unteroffiziere der Infanterie sollten in diesem Kurs eine realitätsnahe Einführung in die Gefechtstaktik kleiner Einheiten erhalten. Von 1954 bis 1971 war die Teilnahme an einem Ranger- oder Fallschirmjägerkurs für jeden Berufsoffizier nach Abschluß der Heeresoffiziersschule vorgeschrieben. Die Armee betrachtete den Lehrgang als eine Form, um »Selbstvertrauen, Eigeninitiative und praktische Fähigkeiten« zu entwickeln, um den Kampfgeist der Rangerschule in alle Ebenen der Kampfeinheiten einzuführen. Nahkampf, Bajonettfechten, Abseil- und Durchschlageübungen standen neben der Durchführung von taktischen Manövern im Gebirge und in den Sümpfen von Florida im Vordergrund des achtwöchigen Kursus. Gegen Ende der fünfziger Jahre begannen sich die ersten Nachteile dieser Ausweitung des Rangerprogramms zu zeigen. Das Rangerabzeichen war nicht mehr einer kleinen Elite vorbehalten, sondern wurde zu einer Stufe, die man auf der Karriereleiter zu nehmen hatte, um weiter befördert zu werden. Der hohe Standard früherer Rangerverbände ließ sich nicht erfüllen, wenn jeder West-Point-Absolvent das Abzeichen bekommen sollte. Der Vietnamkrieg brachte hier einen Einschnitt, der zur Rückbesinnung auf den ursprünglichen Wert einer Leistungselite führte. Heute ist der Standard angehoben, der Lehrgang ist auf freiwilliger Basis. Eine Versagerquote von 50 bis 60 % ist nicht die Ausnahme, sondern die Regel!

Es gibt eine Reihe von Gründen, um aus dem Rangerlehrgang geworfen zu werden – u.a. Verstoß gegen die Sicherheitsregeln, Befehlsverweigerung oder der Versuch, bei einer der Übungen zu betrügen. Diese Punkte führen auch zu einem Bericht, der in der persönlichen Akte des Betroffenen aufgenommen wird. Negative Berichte seitens der Ausbilder oder Lehrgangsteilnehmer (jeder im Kurs wird durch seine Lehrgangskameraden beurteilt!), körperliches Versagen, fehlende Führungseigenschaften oder nicht ausreichende Leistung bei den „Ranger Runs" (3-Meilen-Lauf in Kampfstiefeln in maximal 22 Minuten) führen zu einem Abbruch des Lehrgangs für

Beeinflußt durch den Kommando-Lehrgang in Achnacarry, hat die Ranger-Schule seit ihren frühesten Tagen Kletter- und Bergausbildung in den Vordergrund gestellt. Während der Invasion in der Normandie erklommen die 2nd Rangers die über 30 Meter hohen Kliffs von Pointe du Hoc, die den Omaha-Strandabschnitt beherrschten.

den Betroffenen. Allerdings besteht die Möglichkeit, den Kurs zu einem späteren Zeitpunkt zu wiederholen.

Der Lehrgang umfaßt derzeitig vier Hauptphasen, 1075 Unterrichtsstunden in 58 Tagen, mit einer durchschnittlichen Schlafzeit von vier Stunden täglich. Da die überwiegende Mehrheit der Teilnehmer Offiziere und Unteroffiziere sind, liegt der Schwerpunkt der Ausbildung weiterhin im Führen von Einheiten bei Patrouillen, Aufklärungsmissionen und Kommando-Aktionen. Der erste Teil wird in Ft. Benning absolviert, hier erfolgt die Einweisung in Waffen- und Sprengtechnik, in Landnavigation und Gefechtsführung. Dem schließt sich eine Gebirgs- und Wüstenphase an, von respektive zwölf und sieben Tagen. Die Kandidaten übernehmen bei diesen Abschnitten die Führung ihrer Streifen selbst, der physische und psychische Leistungsdruck ist erheblich stärker als in Benning. Alle Elemente der Ausbildung – die Durchschlage- und Überlebensübun-

Links und unten links: 5: Hindernis- und Angriffsparcours in Ft. Benning (GH Magazine/US Army)

Unten rechts 5: Ein Ranger-Instrukteur demonstriert die als „Australian Rappel" bezeichnete Abseiltechnik, während er das 10,5 kg schwere M 60 Maschinengewehr mit einer Hand hält und schießt. Trageriemen für das MG sind bei den Rangers verpönt! (GH Magazine/US Army)

gen, Kleingruppentaktik und Sabotagetraining – kommen in den letzten 17 Tagen zusammen, die in den Sümpfen von Florida abgehalten werden. Die Ranger-Kandidaten sehen sich dieser Ausbildungsphase einer Gruppe von als Guerilleros verkleideten Instrukteuren gegenüber, die bekämpft werden müssen. Der Rangerlehrgang ist kein Einzelkämpferkurs. Der überwiegende Teil der Aufgaben wird im Rahmen der Gruppe und des Zuges gelöst. Obwohl Unterricht zu Themen wie Ernährung im Feld, Schlangen, Flucht und Widerstand in der Gefangenschaft zum Programm gehören, ist die Rangerschule kein wirklicher Survivaltest. Der zukünftige Ranger soll nur die unterschiedlichen geographischen Bedingungen wie Gebirge, Wüste und Sumpf kennenlernen, damit er später seine Einheit in solchem Terrain führen kann.

Rangers in Vietnam

»Während dieser Fernspähpatrouille stießen wir auf eine Ansammlung, die wie eine Kaderschule aussah, im Zuge der Annäherung wurden wir entdeckt und von da an waren wir nur noch am Laufen ... zwei Tage lang, und immer wieder versuchte Charlie (der Vietcong) uns einzukreisen. Als uns die Hubschrauber schließlich aufsammelten, hatten wir kaum noch Munition und auch den MG-Schützen der Chopper war der Stoff ausgegangen, während wir an Bord kletterten. Einer der Charlies schaffte es bis zur Türöffnung des Choppers und erschoß den Crew-Chief, bevor wir ihn erwischten ...« (Ein LRRP Ranger)

In Vietnam erlebten die im Koreakrieg deaktivierten Rangerkompanien eine Neuauflage als Aufklärungsstreifen auf Brigade-, Divisions- und Korpsebene. Bereits bei Beginn des amerikanischen Engagements in Vietnam war erkannt worden, daß die dort eingesetzten Bodentruppen nicht ohne eigene spezialisierte Aufklärungspatrouillen auskommen konnten. Diese Spähtrupps waren nicht durch Luftaufklärung oder elektronische Mittel ersetzbar. Nur am Boden, im Busch, konnten die durch andere Quellen gewonnenen Informationen über den Feind verifiziert werden. Die Spähtrupps mit ihren vier bis sieben Mann waren auch eher in der Lage, sich dort unerkannt und unentdeckt zu bewegen, wo größere Verbände längst den Vietcong zum Rückzug veranlaßt hätten.

Erste Spähtrupps wurden unabhängig voneinander entwickelt: William C. Westmoreland, der spätere U.S. Oberkommandierende in Vietnam hatte schon 1958 einen Fernspählehrgang für die von ihm geführte 101st Airborne Division gegründet. Als er 1966 eine ähnliche Schule für amerikanische und vietnamesische Truppen in Vietnam aufbaute, konnte er auf die Erfahrungen der 5th Special Forces Group zurückgreifen: Das »Project Delta« oder »Detachment B-52« war eine kleine Freiwilligeneinheit der Special Forces, die als Vorauskommando in Territorien infiltriert wurden, die für divisionsstarke Säuberungsaktionen vorgesehen waren. Außerdem sollten B-52 Teams mit südvietnamesischen Airborne Ranger-Einheiten bei Jagdkommandos zusammenarbeiten – der vier Mann starke Spähtrupp spürte den Gegner auf, beorderte Artillerie oder Luftangriffe, wies die mit Hubschraubern anlandenden Ranger-Kompanien ein und sollte darüber hinaus Bombardierungsschäden dokumentieren, Festnahmen von Untergrundzellen in den Siedlungen und kleine Kommando-Aktionen durchführen.

Im September 1966 beorderte General Westmoreland die Einrichtung der »Recondo«-Schule, die Angehörigen aller in Vietnam eingesetzten Verbände, d.h. auch von Australiern und Koreanern, in einem Drei-Wochen-Kurs eine Einführung in die Techniken der Fernspähtrupps gab, die jetzt als »Long Range Patrol« (LRP) oder »Long Range Reconnaissance Patrol« (LRRP) bezeichnet wurden. Neben Kleingruppentaktik standen vor allem Kartenkunde, die Auswertung von Luftaufnahmen und erbeuteten Feinddokumenten auf dem Lehrgangsprogramm.

Das Colt Commando XM 177 E2, die erste Version des gekürzten M 16. Gewicht geladen 3,23 kg, Gesamtlänge mit eingeschobenem Schaft: 71 cm, Lauflänge: 25,5 cm (M 16: 50,8 cm), Kadenz: 750–900 sch/min. Im Hintergrund der für den Vietnam-Einsatz entwickelte „Alice" Nylonrucksack.

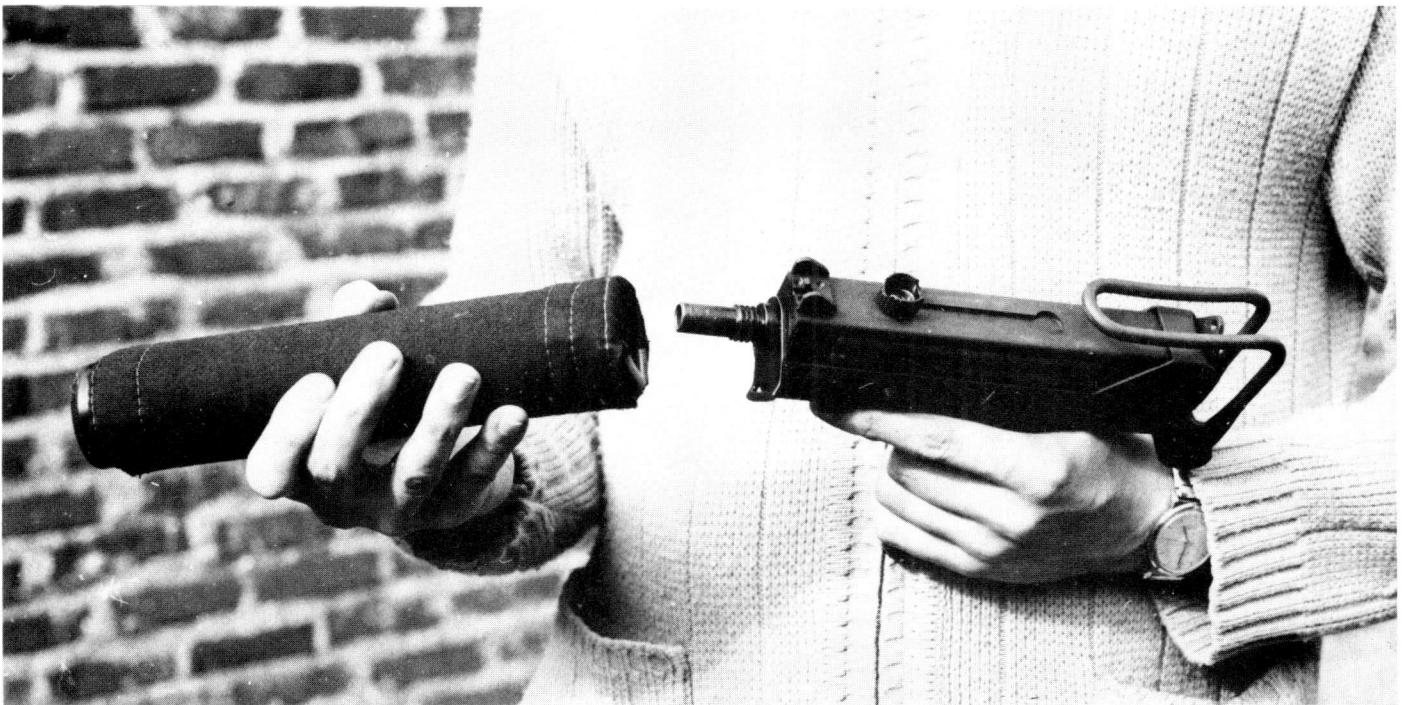

Ingram M 10. Diese kleine und sehr einfache Maschinenpistole, die in den Kalibern .45, 9 mm Para und (M 11) 9 mm kurz von der Military Armament Corporation herausgebracht wurde, fand sofort Abnehmer unter den Kommandotruppen in Vietnam. Die MPi wurde serienmäßig mit einem Schalldämpfergewinde gebaut, ihr Erfinder Gordon B. Ingram war Spezialist auf diesem Gebiet. Seit 1970 ist die M 10 und M 11 bei den amerikanischen Special Operations Forces im Gebrauch, erst in den letzten Jahren trat die mit integrierten Schalldämpfern ausgestattete Heckler & Koch MP 5 an ihre Stelle. Ausgemustert wurden die Ingram MPis jedoch nicht.

Je größer das amerikanische Truppenkontingent in Vietnam wurde, desto mehr LRRPs wurden gebraucht. Jede Division baute eine eigene, unabhängige Kompanie aus Absolventen der Ranger- und Recondo-Kurse auf. Verwaltungsmäßig wurden alle diese über ganz Südvietnam verteilten Einheiten ab Januar 1969 in ein Regiment zusammengefaßt: Die LRRPs bekamen den Titel »Airborne Ranger«, die Stammeinheit wurde das reaktivierte 75th Infantry Regiment, das Ranger Department in Ft. Benning wurde das verwaltungsmäßige Hauptquartier der Aufklärer. Die LRRPs in Vietnam bekamen besondere Tarnuniformen (»tiger-stripes«) und schwarze Barette, aber im Dschungel setzten sich sehr schnell die weichen Buschhüte und ein Konglomerat undefinierbarer Kleidungsstücke durch, bei dem sehr oft erbeutete Uniformstücke des Vietcong oder der nordvietnamesischen Armee dominierten. Um nicht sofort aufzufallen, wurden auch schwarze Leinenrucksäcke anstelle der Nylonstücke der U.S. Army benutzt. Tennisschuhe und vietnamesische Sandalen traten an die Stelle der GI Dschungelstiefel mit ihrem markanten Profilabdruck. LRRPs bekamen besondere Rationen, experimentierten mit neuen Survivalpäckchen und waren die ersten Truppen, denen die Benutzung von irregulären Waffen gestattet wurde: Während die Infanterie noch mit dem M 14 und später dem M 16 auf Patrouille gingen, besorgten sich die Ranger leichte M 2 Karabiner, AK 47 oder Maschinenpistolen aller Art. Später kam die gekürzte Commando-Version des M 16 in Mode. Schalldämpferwaffen der verschiedensten Art wurden erprobt und die Sten Mark II (S) erfreute sich laut einiger Veteranen großer Beliebtheit, besonders dann, wenn die LRRPs zu „snatch operations" eingesetzt wurden, bei denen es darauf ankam, Gefangene für Verhöre zu beschaffen.

Mit dem Ende des Vietnam-Engagements geriet die Kunst der Fernspähtechniken etwas in Vergessenheit, die Spezialeinheiten des Heeres erlebten eine drastische Reduzierung. Erst 1974 wurden zwei Bataillone Ranger neu aufgestellt, die Freiwilligen dazu kamen aus den Veteranen der gerade deaktivierten LRRP Ranger-Kompanien. Der ursprüngliche Gedanke war, die Spähtruppaufgabe in den neuen Rangerformationen fortzuführen, aber im Laufe der Zeit entwickelte sich für die zwei Bataillone des 75. Infanterieregiments ein neues Einsatzkonzept.

Das moderne Ranger-Regiment

Im Herbst 1984 wurde ein drittes Ranger-Bataillon aufgestellt, zusammen mit einer neugeschaffenen Hauptquartier-Abteilung verfügen die Ranger jetzt über ein Regiment mit drei Kampfeinheiten zu je 606 Mann. Jedes Bataillon ist ähnlich einer Infanterietruppe in drei Schützenkompanien und eine Hauptquartier-Kompanie eingeteilt. Diese Gliederung deutet darauf hin, daß die modernen Ranger zu mehr bestimmt sind als nur detachierten LRRP-Missionen.

In ihrer Essenz sind die heutigen Rangerverbände leichte Infanterie, eine kleine, schnelle Eingreiftruppe ohne großen logistischen Apparat. Ein Grundzug der Rangerausrüstung ist die Tatsache, daß das gesamte Kampfgerät von den Männern getragen werden kann. Zur Verlegung braucht der Verband lediglich 15 Stunden Vorwarnzeit. Eine Aktion wie die Einnahme des Port Salines Flughafen auf Grenada entspricht genau den Fähigkeiten der Ranger-Voraushut, Speerspitze eines größeren Angriffs zu sein – Schlüsselstellungen im feindlichen Hinterland durch raschen Zugriff aus der Luft, zu Land oder über Wasser zu nehmen und großangelegte Stör- und Sabotageunternehmen im Rücken des Feindes durchzuführen. Ranger sind darüber hinaus in der Lage, Aufklärungstrupps zu bilden oder als Jagdgruppen Guerillabekämpfung durchzuführen. Das Einsatzspektrum reicht vom Aufgabenbereich leichter, luftlandender Infanterie in einem konventionellen Gefechtsfeld bis hin zur unkonventionellen Kriegsführung als Konterguerilla oder Anti-Terror-Truppe.

Die Zwischenfälle des »deutschen Herbstes« von 1977 – die Geiselnahme von Hanns-Martin Schleyer und die Entführung der Lufthansa Landshut-Maschine nach Mogadischu – ließen in den USA den Ruf nach einer Einheit laut werden, die im Bedarfsfall wie der SAS oder die GSG 9 eingesetzt werden konnte. Zu diesem Zeitpunkt war der Aufbau der »Delta«-Einheit bereits im vollen Gange, aber es würde noch Monate, wenn nicht Jahre brauchen, bis Delta voll einsatzbereit war. Die Armee entschied sich für eine Zwischenlösung: »Blue Light«. Im Rahmen der 5th Special Forces Group wurde in Fort Bragg, North Carolina, ein ad-hoc-Team von Angehörigen der Green Berets und der Rangers zusammengestellt und für Anti-Terror-Aufgaben trainiert. Darüber hinaus erhielten 1/75 und 2/75 die Weisung, sich ausbildungsmäßig auch auf Aufgaben der Terrorismusbekämpfung zu spezialisieren. Wieder begann sich ein Konflikt zwischen zwei Einheiten mit dem gleichen Aufgabenbereich zu entwickeln: Blue Light und Delta waren zwar örtlich gesehen Nachbarn, aber Konkurrenten in den finanziellen und materiellen Zuwendungen. Am Ende konnte sich Delta behaupten und der Blue Light Verband wurde auf seine Zwischenrolle beschränkt. An der versuchten Rettungsaktion im Iran nahmen neben ehemaligen Angehörigen von Blue Light und Delta-Teams vor allem auch Ranger aus den zwei Bataillonen teil: Ranger gehörten zu den ersten Teams, die im Iran landeten, um »Desert One«, den Rendezvouspunkt in der Wüste, zu sichern. Ranger sollten den Manzarieh Flughafen erobern und sichern, der am Ende der Aktion zum Ausfliegen der Geiseln und der Rettungsteams bestimmt war. Ranger und Special-Forces-Angehörige gehörten zu den Teams, die das Außenministerium zur Befreiung der drei Geiseln zu stürmen hatten und die Fluchtwege um und an der Botschaft sichern sollten.

Anders als die Special Forces sind die Männer der Ranger-Bataillone durchschnittlich jünger und können direkt aus dem Zivilleben in die Waffengattung rekrutiert werden. Sie durchlaufen eine dreiwöchige Vorbereitungsphase, bevor sie in ihr Bataillon integriert und zum Ranger-Lehrgang gesendet werden. Der Kursus in Fort Benning wird als Bonus betrachtet, den man erst erhält, wenn man sich im Bataillon und in der regimentseigenen Ausbildung bewährt hat.

Die Ranger betrachten sich als die legitimen Nachfolger jener legendären Rangerverbände aus den vorigen Jahrhunderten: Roger's Rangers, dessen Regeln für den Kampf* auch heute noch im Ranger-Handbuch und auf Tafeln in der Kaserne stehen; Daniel Morgans Streifkorps im amerikanischen Unabhängigkeitskrieg oder Francis Marions Partisanen, die als »Sumpffüchse« bekannt wurden. Die modernen Rangers sehen sich als Nachfolger von Mosby's Partisan Rangers der Konföderation oder den Ranger-Aufgeboten, die Siedler des Grenzraumes im Westen schützten und gegen Indianer kämpften. Natürlich sind die Rangers des II. Weltkriegs und die des Korea-Krieges direkte Vorläufer des heutigen Ranger-Regiments, aber während des Vietnamkrieges bekamen die neuen Ranger LRRP-Verbände die Regimentsbezeichnung der 75er, während die Einheitstradition jener früheren Ranger-Einheiten und der kanadisch-amerikanischen First Special Service Force an die Special Forces überging. Gegenwärtig sind Bestrebungen im Gange, diesen historischen Fehler rückgängig zu machen und dem Ranger Regiment die ihm zustehende Traditionslinie zukommen zu lassen. Auch die Special Forces sind mit den ihnen übertragenen »Vorgängern« nicht ganz zufrieden – sie sehen sich in der Tradition von Bill Donovans Office for Strategic Services (OSS) stehend. Aber irgendwer im Armeeministerium war anderer Meinung, ohne zu erkennen, welche Bedeutung Einheitstraditionen für den Korpsgeist und die Motivation eines Verbandes spielen können.

SPECIAL FORCES

»De Oppresso Liber«
(Die Unterdrückten befreien)

Die Einrichtung dieser Spezialeinheit nach dem II. Weltkrieg muß unter dem Eindruck des Kalten Krieges gesehen werden. Als die ersten Freiwilligen sich im April 1952 bei Oberst Aaron Bank in Fort Bragg meldeten, sah man den Einsatz der neuen Truppe hauptsächlich im Rahmen der psychologischen Kriegsführung, »Psyop« im Armeekürzeljargon. Special Forces Agenten sollten in einem kommenden Konflikt tief im Herzen der kommunistischen Länder Partisanengruppen aufstellen und ausbilden, ganz nach dem Vorbild britischer und amerikanischer Agenten im besetzten Europa des II. Weltkriegs. Folgerichtig wurde der erste Verband, die 10th Special Forces Group, verhältnismäßig kurze Zeit nach ihrer Aktivierung zum Brennpunkt des neuen globalen Konflikts gelegt, nach Deutschland. Hier ist das 1. Bataillon dieser Einheit noch heute in Bad Tölz stationiert. Den wirklichen Durchbruch von einer exotischen Randgruppe der Streitkräfte zur gefeierten Elite einer neuen Form unkonventioneller Kriegsführung aber erlebten die Special Forces (SF) erst eine Dekade nach ihrer Einrichtung durch das persönliche Interesse von Präsident John F. Kennedy. Kennedy und seine Berater sahen in den vom Präsidenten persönlich autorisierten Männern mit dem grünen Barett die Möglichkeit, dem Vormarsch

---
* siehe Boger: »Jäger und Gejagte«, Motorbuchverlag Stuttgart 1980, S. 68 ff.

kommunistischer Revolutionäre in Dritte-Welt-Ländern entgegenzuwirken. Der Konflikt in Vietnam stellte den ersten Testfall für dieses Konzept dar. SF-Teams, ursprünglich als Amerikas Guerillakämpfer geplant, wurden nun zu Konterguerilla-Experten, Bestandteil eines breit angelegten »Counterinsurgency«-Beraterprogramms, mit dem die USA der Südvietnamesischen Republik beistehen wollten. A-Teams, die kleinsten taktischen Elemente einer SF-Group, bildeten Heimwehren aus, waren Berater südvietnamesischer Einheiten oder lebten in den Bergdörfern der ethnischen Minderheiten Vietnams, leiteten landwirtschaftliche und medizinische Versorgungsprogramme oder führten Spähtrupps, die oft wochenlang am Ho-Tschi-Minh-Pfad die Bewegungen des Gegners beobachteten. Die enge Zusammenarbeit mit Nachrichten- und Geheimdiensten und der Anteil der Special Forces am »Phoenix«-Programm, einer Attentatsserie zur Ausschaltung der Vietcongkader unter der Bevölkerung, trugen ihren Teil dazu bei, daß die Green Berets bei der regulären Armeehierarchie in Verruf gerieten. Als sich die USA aus Indochina zurückzog, stand auch die Zukunft der Special Forces in Frage. Erst mit der Neuorientierung der amerikanischen Außenpoli-

Links und rechts: Special Forces Trooper im Winter-Look (GH Magazine/US Army)

Zwei SF-Männer demonstrieren Nahkampftechniken, sie gehören zum „Gabriel-Team", der Public Relations und Werbegruppe des Verbandes.

tik unter Präsident Reagan und den wachsenden Spannungen in Mittel- und Lateinamerika öffnete sich wieder ein Betätigungsfeld, das dem Grundkonzept der Special Forces entspricht.

Eine Hauptaufgabe der über 9000 Green Berets ist nach wie vor die Entsendung von Ausbildungsteams zur Unterstützung befreundeter Staaten. Je zwölf Mann gehören zu einem solchen A-Team,

Fünf SF-Männer demonstrieren Waffen- und Ausrüstungsvielfalt der Special Forces (v. links): Rotchinesisches AK 47 – Schutzkleidung für Baumsprünge; HALO-Springer mit Sauerstoffgerät und FN FAL G1; Kampfschwimmer mit Uzi Mpi; Einsatzsprungausrüstung mit Gepäcksack und G 3; Berater mit Abseilzeug und M 21 Scharfschützengewehr (GH Magazine).

das von einem Hauptmann geführt wird. Jeder Mann im Team hat eine besondere Spezialisierung und kann im Notfall die Funktion von einem oder mehrerer Teampartner übernehmen: Nachrichtenbeschaffung, Funker, Spreng- und Pionierdienst, Waffenausbildung, Reparatur usw. Grundsätzlich kann ein Team das Rückgrat einer bataillonsstarken Partisanen- oder Militäreinheit bilden und es in allen Bereichen ausbilden und führen. Je vier A-Teams werden von einem B-Team geführt und koordiniert. Drei dieser B-Teams, die je aus 18 Unteroffizieren, 5 Offizieren und einem Major als Kommandeur bestehen, bilden ein Führungselement oder C-Detachment die weitere Beraterausgaben übernehmen können und dem Einsatzleiter, einem Oberstleutnant, zur Seite stehen.

Auf einem konventionellen Kriegsschauplatz wie Europa erfüllen die Special Forces noch eine Fülle weiterer Aufgaben, die jenseits des ursprünglichen Konzepts entwickelt wurden: Hier stehen die SF-Angehörigen in der ersten Front der Nachrichtenbeschaffung, führen Fernspähaufträge aus, penetrieren weit ins feindliche Hinterland und bilden Sabotagetrupps. Nach jüngsten Berichten, die ersten gelangten 1981 in die Presse, werden SF-Trupps auch an den gemeinhin als »Tornisterbomben« bezeichneten »Special Atomic De-

Getreu der alten Regel von Robert Rogers, auf weite Abstände beim Patrouillieren zu achten, übt dieser Spähtrupp in der märkischen Kieferlandschaft von Ft. Bragg. (GH Magazine).

SF-Angehörige werden an einer Vielzahl von fremden Waffen ausgebildet, der knieende Soldat führt das RPDM IMG russischer Herkunft (Foto: Jim Shults).

169

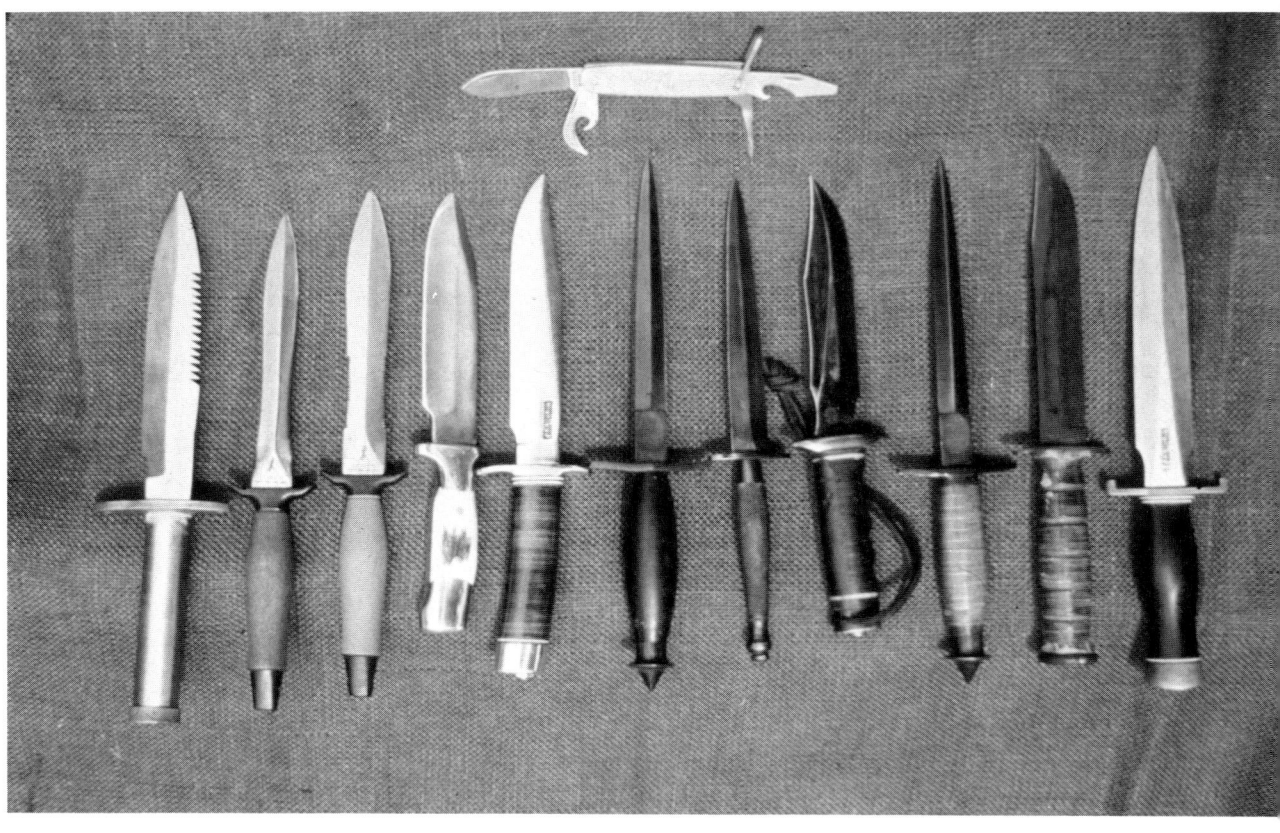

Special Forces Messer: Randalls Survival mit Hohlgriff, frühes Gerber Mark II, Gerber Mk II mit Sägerücken, Ruana Camper; Randall No. 1, First Special Service Force Standardmesser, II. Weltkrieg, Faribairn-Sykes Dolch der brit. Commandos, Special Forces GI Messer, Variation des Ist SSF mit Ledergriff, US Navy/Marines K-Bar, Randall No. 2 (Foto: Jim Shults). Das SF-GI Messer wurde speziell für die 5th SF Group in Okinawa hergestellt.

Der letzte Ausbildungsteil: Counterinsurgency-Taktik in den Sümpfen Floridas, ein Job, bei dem man selten trockene Füße hat.

molition Munitions« (SADMs) ausgebildet, die über Funk oder per Zeitzünder ausgelöst werden.

Die Rekruten für die SF-Verbände müssen bereits einige Jahre Erfahrung nachweisen und einen gewissen Dienstgrad haben. Sprachkenntnisse sind von Vorteil bei der Auswahl. Als erste Hürde steht der Q-Kurs, 17 Wochen Training und Tests, in denen sich der Kandidat für die weitere Ausbildung qualifizieren muß. In dem dreiphasigen Programm, das die Eintrittsstufe für die Mitgliedschaft in einem A-Team darstellt, wird der Schüler in allen Bereichen der normalen SF-Tätigkeit eingewiesen. Er durchläuft Survival-Seminare, macht Kleinkriegsübungen im Sumpf oder im Gebirge mit, lernt die Bedienung aller amerikanischen und zahlreicher fremder Handwaffen und muß immer wieder seine Willenskraft und Ausdauer unter Beweis stellen. Später kommen Tauchlehrgänge und Freifallschirmspringen hinzu, Sprachunterricht und andere Spezialausbildungen folgen, so daß ein Neuling mehr als ein Jahr braucht, um integriertes Mitglied in einem A-Team zu werden. in der Regel fällt die Ausbildung zu vier Wochen auf die Grundausbildung und zu je acht Wochen auf die Bereiche Handwaffen, schwere Waffen, Sprengtechnik und Minen, Funkausbildung, Sanitäterschule und – bei Offizieren – besonderes Führungstraining. Weitere fünf Wochen werden für gemeinsame Übungen im Team benötigt.*

* Eine ausführliche Beschreibung der Entwicklung der U.S. Special Forces ist in Hartmut Schauers »Soldaten aus dem Dunkel«, Motorbuchverlag Stuttgart, nachzulesen.

WIE ROBBEN IM WASSER – DIE U.S. NAVY SEALs

Die kleinste und beste Einheit für Spezialunternehmen der U.S. Streitkräfte gehört ohne Zweifel der Marine: Die Abkürzung SEAL steht für „Sea, Air, Land" und umschreibt die triphibische Einsatzform dieser Elite. Aber die vier Buchstaben bilden auch das englische Wort für Robbe, Seehund, und man hätte schwer ein besseres Synonym finden können! Fast alle Staaten mit Marinestreitkräften haben spezialisierte Kampfschwimmertrupps. Die Möglichkeiten der Unterwassersabotage oder der Infiltration auf dem Seeweg, die im II. Weltkrieg in Europa und auf dem pazifischen Kriegsschauplatz erprobt wurden, haben Schule gemacht – selbst die PLO bemüht sich seit Jahren um die Ausbildung einer eigenen Tauchergruppe. Die SEALs stellen eine Besonderheit dar. Sie sind nicht nur Unterwasserspezialisten für Sabotageaktionen oder zum Entschärfen von Seeminen und Kampfmittel, wie zum Beispiel die Bundeswehr Kampfschwimmer und Minentaucher, sondern sie haben ein viel breiteres Aufgabenspektrum, das von der klassischen Aufklärung bis zur Terrorismusbekämpfung reicht.

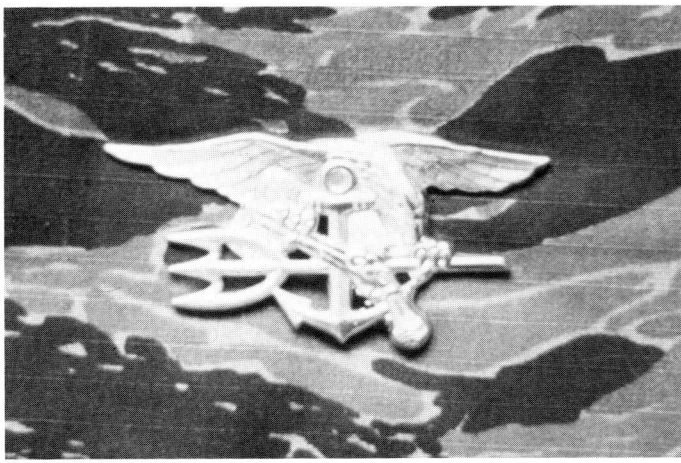

Der Trident – das Leistungsabzeichen des SEALs (GH)

Der „Areospace Rescue and Recovery Service (ARRS)", Teil der Luftwaffenspezialverbände, ist eine Rettungseinheit, die als Fallschirmspringer und Kampfschwimmer notwassernde Piloten und Raumkapseln bergen können und als Kommandotrupp auch an Land in Not geratende Piloten hinter den feindlichen Linien retten. Auch in Friedenszeiten ist diese Spezialistentruppe ständig in Alarmbereitschaft. Hier ein Teil der Ausrüstung an der Heckklappe einer Hercules-Sonderausführung HC–130 H für SAR („Search and Rescue") Missionen. Der 1946 gegründete ARRS-Luftwaffenverband, der auch Wetterbeobachtungsflüge und Katastropheneinsätze durchführt, hat im Koreakrieg 996 und im Vietnamkonflikt 2759 Menschenleben gerettet.

Die U.S. Marine gelangte recht spät zu der Einsicht, daß sie eigene Kampfschwimmerverbände benötigte: Auslösendes Moment waren die schweren Verluste der 2. Marineinfanteriedivision bei der Landung auf Tarawa. Ungenügende Aufklärung hatte dazu geführt, daß die Landungsboote auf Korallenriffe vor dem Strand aufliefen und die Marines im Abwehrfeuer der Japaner lange Strecken durch das Wasser waten mußten. Die Hauptaufgabe der Taucherteams im II. Weltkrieg und im nachfolgenden Koreakrieg lag weniger in Sabotageeinsätzen gegen Schiffe oder Küstenanlagen, als in der Vorbereitung von Landeunternehmen. Wie so oft leisteten die Briten auch auf diesem Gebiet Pionierarbeit mit den als „Combined Operations Assault Pilotage Parties (COPPs)" bezeichneten Aufklärern. Die amerikanischen Marinetaucher der „Navy Combat Demolition Units" arbeiteten eng mit den englischen Experten zusammen. Wie der Name der U.S. Navy Einheit bereits ausdrückte, sah man in den vierziger und fünfziger Jahren den Hauptwert der Marinetaucher in der Erkundung von Stränden für amphibische Landungsunternehmen. Die später als „UDTs" (Underwater Demolition Teams) bekannten Schwimmer wurden vor der Küste abgesetzt, um Strömungsverhältnisse, Strandfestigkeit, Über- und Unterwasserhindernisse aufzuklären, Karten und Skizzen zu erstellen, Markierungen zu setzen und gegebenenfalls die Sturmboote einzuweisen. Waren künstliche oder natürliche Sperren am geplanten Strandabschnitt, so fiel deren Zerstörung den UDTs zu. Direkte Sabotageangriffe, wie etwa die israelischen Kampftauchereinsätze gegen ägyptische Rake-

UDT-Kampfschwimmer bei der Vorführung von Fallschirmsprüngen ins Meer und Aufnahme der Taucher durch Hubschrauber (GH Magazine/US Navy).

tenboote im Sechs-Tage-Krieg von 1967, waren im Vergleich dazu eher Ausnahme als Regel.

Für die amerikanischen Kampfschwimmer kam mit der Präsidentschaft John F. Kennedys der große Wandel: Ähnlich wie die Special Forces des Heeres sollte auch die Marine eine Kapazität für die unkonventionelle Kriegsführung entwickeln. Natürlich kamen die ersten Freiwilligen für diese neue Truppe aus den UDTs, fortan existierten SEALs und UDTs mit separaten Aufgabenbereichen aber teilweise gemeinsamer Ausbildung nebeneinander her. Erst zwanzig Jahre später, im Mai 1983, wurden die UDTs aufgelöst. Ihr Tätigkeitsfeld fiel an die SEAL-Teams, die derzeitig eine erhebliche personelle und ausstattungsmäßige Vergrößerung erfahren. Die Abteilung für „besondere Kriegsführung" – im Navy-Sprachgebrauch „Special Warfare Program", unterliegt einer strengen Geheimhaltung. Offiziell lassen die SEALs wenig über sich verlauten, die Existenz eines besonderen SEAL-Teams mit der Numerierung ‚6' zur Terrorismusbekämpfung wird drastisch dementiert, obwohl in der Presse immer wieder Hinweise in dieser Richtung auftauchen. Die

Sprengung einer Treibmine (Aufnahme der Bundeswehr-Minentaucherkompanie bei einer gemeinsamen Übung mit „nageurs" der französischen Marine im Mittelmeer).

Amerikanische Kampfschwimmer üben das Einsetzen aus einem Schnellboot im „Roll-Off"-Verfahren von einem angekoppelten Schlauchboot. Das Aufnehmen erfolgt ähnlich mit Hilfe einer Armschlinge, die der Schwimmer erfassen muß, um von dem Beschleunigungsmoment ins Boot gezogen zu werden (GH Mag./US Navy).

meisten der SEAL-Aktionen werden mit der höchsten Geheimhaltungsstufe klassifiziert, und diese Verschwiegenheit erstreckt sich noch immer auf die Mehrzahl der Operationen dieser Einheit während des Vietnamkrieges. Bekannt ist lediglich die derzeitige Gliederung der Navy-Spezialverbände:

Die SEAL-Teams 1, 3 und 5 sind zusammen mit der zu ihnen gehörenden SEAL „Delivery Vehicle Team" No. 1 (wie die Abteilung für Klein-U-Boote und Unterwasserfahrzeuge bezeichnet wird) an der Westküste der Vereinigten Staaten in Südkalifornien stationiert. Aktionsbereich: Pazifik

Die SEAL-Teams 2 und 4, zusammen mit dem SDVT-2, sind für die Ostküste und den Atlantikbereich verantwortlich. Ihre Basis liegt im Bundesstaat Virginia.

„Special Boat Unit": Im Vietnamkrieg wurde innerhalb der Navy ein Sonderverband aufgestellt, der für den Transport der SEALs bei Einsätzen in Flüssen und Kanälen mit besonders entwickelten Schnellbooten helfen konnte. Aus dieser „Braun-Wasser-Marine" entwickelte sich ein Sonderverband mit besonderen technischen Qualifikationen, dessen Angehörige eng mit den SEALs und UDTs zusammenarbeiteten und gemeinsam taktische Konzepte entwarfen. SBUs sind an beiden Küsten der USA stationiert und gehören zur Flotte im Pazifik. Sie sind vielleicht am ehesten mit dem britischen Raider Squadron der Royal Marine Commandos zu vergleichen.

Die Ausbildung

Wie die Special Force so rekrutieren die SEALs nicht direkt aus dem Zivilleben, sondern nehmen nur Bewerber an, die bereits in der Marine integriert sind und ihre Grundausbildung beendet haben.

Auftauchtraining im 50-Fuß-Tauchturm von Coronado. Der Schüler muß langsam und ohne Panik nach oben steigen und gleichmäßig Luft aus der Lunge entweichen lassen. Die 16 Meter erscheinen dabei wie eine Ewigkeit . . . (GH Magazine)

„Hell week", eine Ausbildungsphase mit wenig Schlaf und vielen unangenehmen Einlagen wie diesem Spiel, bei dem SEAL-Rekruten Geschoßeinschläge im Sand simulieren.

Die obere Altersgrenze liegt bei 30 Jahren. Der Eingangstest sorgt dafür, daß rund 85 Prozent der Freiwilligen an dieser Hürde scheitern: Neben einer eingehenden psychologischen Überprüfung und einer tauchärztlichen Untersuchung, wird die körperliche Qualifikation getestet:

– 300 Yards müssen brustschwimmend in weniger als siebeneinhalb Minuten zurückgelegt werden. Der Kandidat hat danach 10 Minuten Zeit, sich zu erholen und Hemd, Hose und Kampfstiefel anzuziehen, bevor es zu den nächsten Stationen geht.

– In je zwei Minuten müssen 30 Liegestütze, 30 Sit-ups und sechs Klimmzüge geschafft werden. Je zwei Minuten Pause werden zwischen den Einzelübungen veranschlagt.

– Am Ende steht ein Ein-Meilen-Lauf mit einer Maximalzeit von siebeneinhalb Minuten. Die drei Übungssequenzen zusammen testen den gesamten Körperbereich der Bewerber, und während jede Übung für sich allein genommen nicht allzuschwer erscheint, erschöpft das Hintereinander selbst Durchtrainierte.

Das Auswahlverfahren ist nur eine Vorahnung dessen, was dem SEAL-Aspiranten in „BUD/S" erwartet, der Grundausbildung in Coronado, Kalifornien: Das „Basic Underwater Demolition/SEAL"-Training beläuft sich auf sechs Monate und neben den zahlreichen physischen Anstrengungen und Ausdauerleistungen umfaßt dieser Lehrgang sehr viel Theorie. Oft scheitern mehr als ein Viertel der Kandidaten nicht an den tage- und nächtelangen Konditionsübungen, sondern am akademischen Teil der Ausbildung, der solch komplexe Bereiche wie Tauchmedizin, Navigation, Berechnungen von Sprengungen und Meeresströmungen, den Aufbau von elektronischem Gerät aller Art und die Bedienung einer Vielzahl von Kampfmitteln beinhaltet. Weniger als fünfzig Prozent der Lehrgangsteilnehmer bestehen diese Anforderungen. Klassen, die mit 100 Mann anfangen und nach den sechs Monaten nur noch aus zehn Mann bestehen, sind keine Seltenheit! Nach BUD/S folgt die Fallschirmspringerausbildung in Ft. Benning, Georgia, die SEAL-Veteranen als eine Erholungsphase betrachten. Nach der halbjährigen Knochenmühle von Coronado sind die physischen Bedingungen, die von den Instrukteuren in Benning gestellt werden, keine Schwierigkeit mehr: Einem BUD/S-Absolventen, der den Zorn seines Springlehrers erregt hatte, wurde einmal befohlen, sofort 30 Liegestütze zu machen. Der angehende SEAL fragte nur noch: „Mit welchem Arm, Sir?" und begann dann vor dem verdutzten Fallschirminstruktur ohne groß die Miene zu verziehen, 30 Liegestütze zuerst auf der rechten und dann auf der linken Hand zu vollziehen. Seitdem hält man sich in Ft. Benning gegenüber den SEAL-Kandidaten in bezug auf „Strafen" etwas zurück.

Auch nach dem Springerkurs erhält der SEAL-Bewerber noch nicht das Abzeichen der Spezialeinheit, den „Trident". Dies kann

„Und ab!" Hell week, die fünfte Woche der Ausbildung, ist eine Schlammkur, bei der sich die angehende SEALs an „ihr Element" – Meer, Fluß- und Uferzonen – auf die unterschiedlichste Art gewöhnen dürfen.

Kopfstände und Purzelbäume im Schlamm eines Flußdeltas gehören zur Ausbildung – andere Menschen bezahlen für Schlammbäder teures Geld, bei den SEALs gibt es sie gratis! (GH Magazine/US Navy).

noch sechs Monate oder ein Jahr dauern. In dieser Zeit wird der SEAL-Neuling im Rahmen des taktischen Trainingsprogramms auf seine Rolle im Team vorbereitet. Auch altgediente SEALs, die eine zeitlang außerhalb des Verbandes waren, durchlaufen diese Ausbildungsphase zum Auffrischen ihrer Kenntnisse. Die in den BUD/S-Monaten gelernten, theoretisch und praktisch angerissenen Bereiche werden hier vertieft. Teamübungen setzen die einzelnen Elemente in einen taktischen Rahmen: Der Neuling hat jetzt jede Möglichkeit, mit der Vielzahl der Arbeits- und Kampfmittel dieser Spezialeinheit zu arbeiten, die verschiedensten Sprengungen und Infiltrationsmethoden auszuprobieren und in den unterschiedlichsten geographischen Regionen Erfahrungen zu sammeln. Auch jetzt noch scheiden Bewerber aus oder werden ausgesondert. Ein Qualifikationskatalog begleitet den Neuling durch diese Ausbildungsphase. Zugführer und Teamkommandeur sowie die Ausbilder der Spezialbereiche beurteilen den Neunen ständig und entscheiden schließlich, ob er ein vollwertiges Mitglied der Einheit geworden ist. Erst jetzt wird ihm das Trident-Abzeichen verliehen und er ist ein Teil des Teams geworden: BUD/S-Absolventen werden je nach Bedarf und Neigung entweder einem der SEAL- oder der SDVT-Teams zugeteilt. Die Monate des taktischen Trainingsprogramms stellen eine Bewährungsprobe dar, erst nach Erhalt des Trident tritt der neue SEAL von dem Ausbildungszug in einen operationellen Zug (platoon) über.

Schlauchboote sind ein wichtiges Ausrüstungsstück der Kampftaucher, den SEAL-Aspiranten wird die Wertschätzung dieses Geräts u. a. durch Liegestützeinlagen mit dem Boot auf dem Rücken eingebleut.

Die SEAL-Teams sind in Züge aufgeteilt, die je nach Aufgabenbereich aus 14 oder 16 Männern bestehen und in zwei Trupps à 7 Mann oder vier 4-Mann-Gruppen zerfallen. Jeder Zug stellt eine autarke, unabhängige Operationseinheit dar und wird von zwei Offizieren geführt.

SEALs in Vietnam

Der Aufbau dieser Spezialeinheit wurde unmittelbar von den ersten Einsätzen auf dem vietnamesischen Kriegsschauplatz begleitet, und seitdem haben SEALs an allen Krisenpunkten der Welt, wo U.S. Streitkräfte im Einsatz waren, ihren Teil beigetragen. Die Marine erhielt in Vietnam sehr früh ein Kampffeld besonderer Art zugewiesen, das Mekong-Delta. Als Faustregel galt später, daß die Navy für die zehn Meilen rechts und links der Wasserwege Vietnams zuständig war und angesichts der zahllosen Kanäle und Wasserstraßen des Landes, hatte die Marine alle Hände voll zu tun. Die Aktionen erfolgten von Anfang an in enger Zusammenarbeit mit der südvietnamesischen Marine. So wie die Green Berets der U.S. Army als Berater wirkten und vietnamesische Konterguerilla-Einheiten aufstellten, so fungierten die SEALs als Ausbilder der vietnamesischen Kampfschwimmer und als Aufklärer.

Am Anfang benutzte die Marine ihre neue Spezialeinheit vornehmlich in nichtoffensiven Einsätzen: Truppweise infiltrierte man die SEALs auf dem Wasserwege oder aus der Luft, ließ sie Beobachtungsposten einnehmen, um dann auf der Basis der eingehenden Nachrichten mit Schnellbooten, Hubschraubern und Marineinfanterie zuzuschlagen. Ab 1966 gingen die SEALs in zugstarken Raids gegen Verstecke und Basen des Vietcong vor, die Kampfschwimmer erstellten aber auch nachrichtendienstliche Analysen durch ausgedehnte Beobachtungen der Wasserstraßen, der Feindbewegungen, dessen Nachschub und die Schwerpunkte dessen Verteidigungsstellungen. Mehr als jede andere amerikanische Truppe in Vietnam bewegten sich dabei die SEALs auf der gleichen Ebene wie der Vietcong:

Einmal im Operationsgebiet angekommen, paßten sich die Männer ganz den Gewohnheiten des Gegners an, sie arbeiteten mit den PRUs – den vietnamesischen Aufklärungseinheiten der jeweiligen

SEAL-Team in Vietnam mit zwei südvietnamesischen Scouts. Man beachte die unterschiedliche Bewaffnung dieser Zehn-Mann-Gruppe mit Colt Commando, Stoner und M 60-Modellen, die zusammen eine enorme Feuerkraft bedeuten. Der zweite Mann von rechts trägt eine Spezialweste für 40-mm-Granaten.

Vietnam, Kien Hoa Provinz, 50 Meilen westlich von Saigon, Januar 1968: Ein SEAL-Team bei einem Überraschungsangriff auf eine Vietcong-Basis: Der Point-Man links im Bild trägt eine M 37-Ithaca-Schrotflinte, das ASPB-Sturmboot ist mit zwei 20-mm-Schnellfeuerkanonen, mehreren MGs und (Bildmitte) zwei 40-mm-Granatwerferautomaten XM 174 bewaffnet, die eine Kadenz von 300 sch/min haben.

Provinz, die vom CIA gefördert wurden. Die SEAL-Infiltrationsteams bewegten sich nur nachts, wie der Vietcong, sie trugen schwarze Pyjamas und liefen barfuß, um keine verräterischen Stiefelabdrücke zu hinterlassen. Tagsüber lagen sie in Dschungelverstecken, oft genug in Erdlöchern entlang den Uferböschungen oder bis zum Hals im Wasser, wenn sich Vietnamesen näherten. Für viele Aufträge war es unmöglich, amerikanische Waffen zu führen, weil die kleine Streife auf den ersten Blick wie eine Vietcong-Gruppe aussehen sollte. Obwohl das genaue Ausmaß der SEAL-Aktivitäten immr noch in den geschlossenen Pentagon-Archiven vergraben ist, steht fest, daß die Erfolge dieser Einheit bei ihren Spähzügen und Hinterhalten unvergleichlich hoch für einen zahlenmäßig so kleinen Verband war. Nach offiziellen Statistiken wurden den SEALs bis zur Mitte 1972 580 Vietcongs an Getöteten und weitere 300 mögliche Fälle zugeordnet. Die Zahl der Gefangenen, die von den SEALs in

Ein SEAL-Kommando bereitet einen Vietcong-Bunker zur Sprengung vor.

SEAL beim Verlassen des Flußpatrouillenbootes im Uferschlamm, Mai 1970, Südvietnam, Mekong-Delta. Die Waffe ist ein Stoner IMG, Kaliber .223 mit 150-Schuß-Gurtkasten. Die Navy führte das Modell 63 Stoner-System als Sonderwaffe für die SEAL-Teams unter der Bezeichnung „Mark 23 Commando MG" ein: Zusammen mit 800-Schuß-Munition wog dieses IMG weniger als 35 Pfund! Es hatte eine Kadenz von 750 sch/min und ließ sich bequem im Schulteranschlag schießen.

dieser Zeit eingebracht wurden, übersteigt bei weitem diese beiden Bodycount-Ziffern. Drei Ehrenmedaillen des Kongresses, die höchste Tapferkeitsauszeichnung, gingen an SEALs, neben 50 Silver Stars und mehr als 400 Bronze Stars.

VIETNAM: EIN BLICK AUF DIE ANDERE SEITE

Die vietnamesische Volksbefreiungsarmee und die Nationale Volksarmee, die nordvietnamesische NVA, waren zusammen mit den politischen Organen der kommunistischen Partei in der „Nationalen Befreiungsfront" zusammengefaßt. Ab dem Sommer 1964, in dem die Führung in Hanoi beschloß, den Kampf im Süden zu intensivieren, wurden verstärkt Regimenter und Divisionen der NVA eingesetzt. Mit dieser Truppenentsendung folgte Hanoi dem Drei-Phasen-Prinzip der maoistischen Guerilladoktrin und ging vom Partisanenkampf der zweiten Phase, zur Offensive mit regulären Streitkräften und der Schaffung befreiter Gebiete über.

Der Vietcong, die irregulären Verbände der südvietnamesischen Kommunisten, war in zwei Ebenen unterteilt: Die „paramilitärischen Kräfte" (vietn.: Thanh Phan Ban Quan Su) waren örtliche Dorfguerilla und Heimwehren, die in Drei-Mann-Zellen als eine Art Volksmiliz organisiert waren und nur gelegentlich an Sabotageunternehmen und Überfällen teilnahmen. Die „militärischen Elemente" (Thanh Phan Quan Su) unterschieden sich nach regional rekrutier-

SEALs bei der Landung von einem Navy LCM, das zur Feuerunterstützung mit .50 Browning MGs bestückt wurde. Vietnam, Rung-Sat Zone. (GH Magazine/US Navy).

ten „selbständigen Kompanien" der „Territorialtruppen" (Bo Doi Dia Phuong) und den Verbänden der „Hauptstreitkräfte" (Quan Doi Chu Luc). Letztere waren zwar aus der Bevölkerung des Südens angeworben, aber im Norden ausgerüstet und geschult worden. Sie waren nach regulären militärischen Gesichtspunkten in Kompanien, Bataillone und Regimenter strukturiert und operierten nach konventionellem Muster. Mitte der sechziger Jahre tauchten als Zeichen der neuen Phase im Volksbefreiungskrieg Vietcong-Divisionen auf. Wie die NVA kämpften diese Vietcong-Truppen nicht mit Guerillamethoden. Sie griffen amerikanische und südvietnamesische Stützpunkte direkt an und führten großangelegte Aktionen aus. Die mit dem Vietnamkrieg vornehmlich assoziierten Kleinkriegsformen – die Hinterhalte, Sprengfallen, kurzen Feuerüberfälle und Sabotageakte – waren das Werk der paramilitärischen Kleingruppen und der territorialen Kompanien, die oft nur eine Stärke von 20 – 40 Mitgliedern hatten. Sie versuchten mit allen Mitteln, dem Feind Schaden zuzufügen und stellten dabei oft genug Zivilisten, Frauen und Kinder in den Dienst.

Auch die vietnamesischen Kommunisten bedienten sich besonderer Spezialeinheiten und Eliteverbände, die als solche formiert und mit besonderen Privilegien ausgestattet waren. Bei den regulär strukturierten Regimentern der NVA und der Vietcong-Hauptstreitmacht waren zwei Arten bekannt: Aufklärer und Sturmpioniere. Zwar waren einige Bewerber zu diesen Einheiten Freiwillige, aber vornehmlich bestimmten die Politkader, wer sich zu dieser Spezialausbildung zu bewerben hatte. – Die Späheinheiten waren als kleine Kompanien von 50 – 100 Mann den Regimentern und Divisionen zugeteilt und wurden von der Kommandoführung zur Vorbereitung von Angriffen eingesetzt: Tage vor der Offensive bezogen Drei-Mann-Spähtrupps Beobachtungspositionen in der Nähe des Angriffsobjekts, stellten Skizzen der Verteidigungsstellungen, der Drahtverhaue, MG-Bunker und Artilleriepositionen her und versuchten die Schwachpunkte herauszufinden. Die Trupps standen mit dem Führungsstab der Aufklärungskompanie in Verbindung, der die Informationen sammelte und auswertete und sie dem Stab des Regiments zukommen ließ. Beim Angriff wiesen die Aufklärer in der Regel zwar die Kampfeinheiten in ihre Anmarsch- und Bereitstellungsräume ein, nahmen aber nicht am eigentlichen Kampf teil. Bei Aktionen in besiedelten Gebieten war es Sache der Aufklärer, Kontakt mit den örtlichen Vietcong-Kadern und Informanten aufzunehmen und in die Stadt einzusickern – mitunter in Uniformen der südvietnamesischen Armee.

Aus einer Propagandaveröffentlichung Hanois: Die Volksbefreiungsarmee beim Angriff auf eine Stellung in der südvietnamesischen Provinz Quang Tri/Thua Thien.

Ein normaler Infanteriesoldat der NVA oder des Vietcong wurde meist nach einem Monat Ausbildung schon als kampfbereit erachtet. Die Schulung der Aufklärer dauerte im Minimalfall anderthalb Jahre! Einige Spähtrupps hatten sogar eine umfassende Einweisung von fast vier Jahren Dauer, die funk- und radiotechnisches Training einbezog. Alle Aufklärer hatten eine mehrjährige Schulbildung und konnten lesen, schreiben und rechnen. Waffenmäßig bekamen sie die neuesten Modelle, d.h. in Rotchina hergestellte Kalaschnikow-Sturmgewehre und Pistolen, wobei betont werden muß, daß die Spähtrupps sich nicht auf Kampfhandlungen einlassen sollten. Auch bekleidungsmäßig waren diese Spezialisten wesentlich besser gestellt als die normalen Verbände.

Die Sturmpioniere hatten eine Ausbildung von einem halben Jahr, verschiedentlich bis zu 18 Monaten: Sie wurden primär in den Gebrauch von Sprengstoffen unterwiesen, lernten, wie man Sprengungen aller Art durchführte, aus Blindgängern Bombenfallen baute und improvisierte Ladungen anfertigte. Der zweite Teil bezog sich auf das Aufspüren und Entschärfen amerikanischer Minen und Warnanlagen. Der dritte Ausbildungsbereich konzentriert sich auf die Infiltrationstaktiken. Die Sturmpioniere waren Meister im Anschleichen und Durchdringen von Drahtverhauen, so daß ihnen von den Amerikanern fast übernatürliche Fähigkeiten der Konzentration und Gelenkigkeit zugerechnet wurden. Diese Elitetruppe war kein Selbstmordkommando, auch wenn dies von amerikanischer Seite aus angesichts der todesverachtenden Angriffsmethoden der Sturmpioniere oft geglaubt wurde. Annäherungs- und Rückzugswege der Teams wurden genau geplant, am Sandkastenmodell durchgesprochen und Tage vor dem Einsatz methodisch durchexerziert. Das Endresultat war eine Spezialistengruppe, die dank eingehendem Training und präziser Vorbereitungen ihre Aufgaben konnte, ein gesundes Selbstbewußtsein hatte und sich des Erfolgs sicher war.

Sturmpioniere wurden bataillonsweise den Divisionen zugeordnet, mit vier Kompanien zu je ca. 50 Mann. Die Einsätze erfolgten meist kompanieweise, wobei jede Kompanie über drei Züge à 15 Mann verfügte. Vor dem eigentlichen Angriff wurden Schleichwege erkundet und die Reaktion der Verteidiger getestet. Immer wieder bemerkten amerikanische Soldaten morgens, daß über Nacht die an den Drahtverhauen angebrachten Sprengfallen und Claymore-Minen abgebaut oder so umgedreht waren, daß die Verteidiger bei Zündung der Claymores ihre eigenen Splitter abbekamen. Die Annäherung und Infiltration in die Verteidigungsstellung ist zeitlich genau mit einem Mörser- oder Raketenüberfall abgestimmt, der den Gegner veranlassen soll, in Deckung zu gehen, seine Kräfte von der vorgesehenen Einbruchstelle abzuziehen und die beim Anschleichen unumgänglichen Geräusche überdeckt.

Oft brauchten die Sturmpioniere mehrere Stunden für die Bewältigung der letzten Meter bis in die Stellung, aber für die Verteidiger war das Auftauchen der Trupps mit ihren Sprengladungen in ihrer Mitte zumeist völlig überraschend. Die Sturmpioniere trugen oft keine Infanteriewaffen, sondern nur ihre Ladungen in Umhängetaschen und Rucksäcken. Manchmal wurden diese Träger von mit Sturmgewehren und Maschinenpistolen bewaffneten Kameraden unterstützt, die ihnen den Weg freikämpften und den Gegner so lange banden, bis die Pioniere ihre Ladungen an den Zielobjekten – Kommandobunkern, Artilleriestellungen, Munitions- und Treibstoffdepots, Flugzeugen – niedergelegt und die Zeitzünder betätigt hatten. Überraschung und Verwirrung waren die Hauptmittel dieser Spezialtruppe, um ihr Ziel zu erreichen und sich zurückzuziehen. Trotzdem war ihre Verlustrate sehr hoch, was aber das Ansehen in den eigenen Streitkräften nur noch steigerte.

1ST SPECIAL FORCES OPERATIONAL DETACHMENT DELTA

Delta ist seit seiner Aktivierung im Herbst 1977 von einem Wall der Geheimnistuerei umgeben, der umso absurder ist, weil das Pentagon offiziell die Existenz der Spezialeinheit nicht bestätigen will, obwohl andererseits die Memoiren des Gründers und ersten Kom-

„Charging Charlie", der erste Kommandeur der offiziell nicht existierenden Delta Force.

mandeurs, Charlie A. Beckwith, mit Bildern von Einheitsmitgliedern und der Basis schon vor drei Jahren erschienen ist. Offiziell existiert die Truppe nicht, aber ein weit verbreitetes Armee Bulletin, datiert vom 14. Mai 1985, wirbt für neue Rekruten mit folgenden Sätzen:

... 1st Special Forces Operational Detachment – DELTA (die U.S. Army DELTA Force) ist eine sehr selektive, speziell trainierte Einheit besonders sorgsam ausgesuchter Freiwilliger ... wenn Du ausgewählt wirst, wirst Du bis zu den Grenzen Deiner geistigen, emotionalen und physischen Fähigkeiten gefordert. Nirgendwo sonst in der U.S. Armee ist das Training so realistisch und so hart wie in 1st SFOD-D ... Unteroffiziere haben unvergleichliche Gelegenheiten für Verantwortung und um etwas für die Freiheit der Nation zu geben ... Deltas Standard ist hoch und wird nicht gesenkt ...

Als Anreiz für die Unteroffiziersdienstgrade, die mit diesem Pamphlet angesprochen werden, nennt der Kommandeur der Einheit u.a. eine sechsjährige Verweildauer (solange der Angehörige sich in seinem Tätigkeitsbereich nicht disqualifiziert), zusätzlichen Sold, Möglichkeiten weltweiter Reisen und das Bewußtsein, etwas unmittelbar Wichtiges im Dienst für die Nation zu tun. Als Voraussetzungen werden ein Mindestalter von 22 Jahren, der Mindestrang eines Unteroffiziers (Korporal) und eine bereits absolvierte Fallschirmjägerausbildung oder die Bereitschaft dazu verlangt.

»Charging« Charly Beckwith, der mit der Aufstellung des Delta-Detachments beauftragt wurde und die Einheit bis zum Frühsommer 1980 führte, war in den sechziger Jahren als Austauschoffizier beim britischen SAS gewesen. Überzeugt von der Notwendigkeit, eine Spezialeinheit wie 22 SAS in der amerikanischen Armee zu haben, hatte er immer wieder versucht, das britische Modell einzuführen. In Vietnam setzte Beckwith einige seiner Vorstellungen als Leiter des Delta-Projekts um, aber die Armeehierarchie zeigte sich gegenüber einer SAS-ähnlichen Einheit uninteressiert – und das obwohl australische SAS-Teams, die in Vietnam das amerikanische Engagement unterstützten, herausragende Erfolge erzielt hatten.

Die Welle terroristischer Aktivitäten in den siebziger Jahren und die Neuorientierung der US-Streitkräfte in der Nachwelle des Vietnam-Traumas bot Beckwith 1976 die Chance, seine Idee wieder neu vorzustellen. Ein Jahr später war es soweit: Die Aufstellung einer neuen Special Forces-Kategorie, einem D-Detachment neben den A- und B-Teams und den C-Detachments, wurde autorisiert. Die »Delta Force« sollte eine Kommandotruppe par excellence werden, überall dort einsetzbar, wo es galt, einen chirurgisch präzisen Schlag durchzuführen. Für Beckwith hieß das, eine Truppe nach dem Ebenbild des SAS aufzubauen!

Wie der SAS, so rekrutiert Delta seine Freiwilligen aus allen Bereichen der Armee, nicht nur innerhalb der Special Operations Forces. Eingangs- und Qualifikationsprüfungen entsprechen dem britischen Vorbild, mit tagelangen Orientierungsmärschen in den Bergen West-Virginias, Durchschlage-Übungen und Befragungstests. Am Ende steht ein 74-km-Marsch mit 70-Pfund-Rucksäcken unter extrem engen Zeitbedingungen, bei dem jeder Kandidat zu seinem eigenen persönlichen Tiefpunkt gelangen muß. Wer sich hier selbst überwindet, beweist, daß er die notwendige Motivation und Willenskraft besitzt. Wer diese Hürde passiert, verbringt die nächsten fünf Monate in Fort Bragg in dem Grundlehrgang der Einheit. Die derzeit etwa 300 Mann starke Einheit verlangt einen hohen Spezialisierungsgrad von ihren Angehörigen. Die Präzisionsschützen üben tagelang mit ihrer Waffe, laden ihre eigene Munition und müssen eine hundertprozentige Trefferleistung für Ziele bis 600 Yards erbringen. Eine Vielzahl von Waffen steht zur Auswahl; speziell von der Fa. Remington angefertigte Scharfschützengewehre, Colt .45 ACP Custom-Umbauten, deutsche Heckler & Koch MPi 5 Versionen aller Art. Im Oktober 1980 fand ein Vergleichsschießen mit Scharfschützen anderer Waffengattungen und der verschiedensten amerikanischen Sicherheitsdienste statt – Delta siegte noch vor dem U.S. Secret Service, den Personenschützern des amerikanischen Präsidenten.

Wie der SAS, so übt auch Delta in einem nach britischem Vorbild erstellten Schießhaus. Die für den Zugriff designierten Teams haben keine Beschränkungen in der Munition, es müssen nur Ergebnisse erbracht werden. Das kleinste taktische Element ist das aus vier Mann bestehende Team – auch hier war der britische Einfluß sichtbar, wenn auch Delta sich nicht scheute bei der GSG 9, der GIGN, den Israelis, beim FBI und Secret Service zu hospitieren, um Erfahrungen und Ideen aufzunehmen. Die Zusammenarbeit auf internationaler Ebene, der gegenseitige Erfahrungsaustausch trug entscheidend bei der Entwicklung des Delta-Detachments bei.

Was der Einheit fehlt, ist praktische Erfahrung. Im Iran kam es nicht zum eigentlichen Einsatz, die Geiselbefreiung lief bereits in der Annäherungsphase ans Objekt auf Grund. Ein »Mogadischu« oder »Entebbe« steht bislang aus. Unter der Reagan-Administration haben sich tiefgreifende Umschichtungen ergeben: Delta – ursprünglich dem Armeeministerium unterstellt und in der Special Forces »Gemeinde« von Fort Bragg eingebunden – ist nun direkt den vereinigten Stabschefs unterstellt und vom üblichen Gerangel der Hierarchie unabhängig. Viel wird gemunkelt, daß Delta zu einer gemeinsamen Elitetruppe aller Waffengattungen ausgebaut wird, einige Indizien in bezug auf einen gemischten Delta/SEAL-Einsatz in Grenada deuten in diese Richtung – letztlich ist aber der genaue Umfang dieser Neuordnung ein gut gehütetes Geheimnis. Fest steht, daß zwei atomgetriebene Klein-U-Boote, die »USS Sam Houston« und die »USS John Marshall« für den Einsatz der Anti-Terror-Spezialisten bereitgestellt wurden.

Noch immer fehlt es an einer genauen Begrenzung der Rolle dieser amerikanischen Spezialeinheit. Kritik wurde an der Verwendung von auf Geiselbefreiung und Terrorismus-Abwehr spezialisierten Teams während der Invasion auf Grenada laut. Ursprünglich war das SFOD-D als umfassende Kommandotruppe vorgesehen worden, dann verlagerte sich der Schwerpunkt unter dem Eindruck terroristischer Überfälle in aller Welt auf diesen Bedrohungsbereich: Besonders im Fall nuklearer Erpressung, etwa bei der Übernahme eines Kernkraftwerkes durch Radikale, sollte Delta auf den Plan gerufen werden. Als weiterer Punkt – Nachwirkung aus dem Vietnam-Debakel – wird die Befreiung von Kriegsgefangenen als Auftragsgebiet der Einheit genannt. Delta-Teams wurden als Personenschützer für Botschafter und diplomatisches Personal in brisanten Regionen wie dem Libanon, El Salvador und den Honduras benutzt, aber es ist fraglich, ob dies wirklich auf Dauer ein geeignetes Arbeitsgebiet für dieses Kommando sein kann. Wie so oft in der amerikanischen Gesellschaft, kann man auch bei Delta eine gewisse Faszination für technische Hilfsmittel entdecken. Der Verband hat ungeheure Finanzmittel zur Verfügung und konnte z. B. 1985 auf ein Budget von rund 200 Millionen Dollar zurückgreifen! Die Gefahr ist groß, in einen Ausrüstungsfetischismus zu verfallen und das Wesentliche aus den Augen zu verlieren – Einsätze werden nicht durch technische Gags gewonnen, sondern durch gute Planung, präzise Vorbereitung und sinnvolles Training. Auch im personellen Bereich scheinen noch nicht alle Schwierigkeiten bereinigt zu sein, wie der eingangs geschilderte Spesenschwindel zeigt. Physische Leistungsfähigkeit wurde und wird in den amerikanischen Spezialeinheiten sehr hoch bewertet, auch die von Beckwith initiierten Tests liefen darauf hinaus. Zuwenig Betonung wird dabei vielleicht auf die psychologischen Aspekte gelegt...

IV Verteidigungslinie des demokratischen Rechtsstaats
Die polizeilichen Spezialeinheiten

Jenseits aller sozialwissenschaftlichen Definitionsversuche und Erklärungsansätze sind terroristische Attentate und Übergriffe in erster Linie Verbrechen. Ob politisch motiviert oder von »edlen« Beweggründen geleitet, juristisch fallen die Taten der Terroristen in Kategorien wie Körperverletzung, Mord, Erpressung, Verstöße gegen Waffen- und Sprengstoffgesetze, Paßdelikte usw. Ganz gleich, ob wir mit einer international operierenden Gruppe oder mit einer lokalen, »hauseigenen« Zelle zu tun haben, die Abwehr und Bewältigung terroristischer Angriffe gehört in den westlichen Demokratien zum Verantwortungsbereich der Innen- und Sicherheitsministerien. Terrorismus ist eine extreme Kriminalitätsform, vor allem aus der Sicht der Opfer – und dieser Umstand wird leider zu oft aus den Augen verloren.

Dabei ist die Frage der juristischen Einordnung des Terrorismus mehr als nur eine Propagandafloskel oder legalistische Semantik. Die Art und Weise, wie ein Staat, wie eine Gesellschaft der terroristischen Bedrohung durch interne oder transnationale Verursacher entgegentritt, berührt sofort und unmittelbar die demokratischen Fundamente eines Rechtsstaates. Diktaturen und totalitäre Systeme haben keine Probleme bei der juristischen Bewältigung solcherart Opposition. Aber die Geschichte der letzten Jahrzehnte weist genügend Beispiele dafür auf, daß terroristische Angriffe immer auch eine Herausforderung der rechtsstaatlichen Normen darstellen. Die Fallstudien reichen von Palästina bis Uruguay, von Belfast bis Stammheim. Das Schicksal jener Regierungen ist bekannt, die sich entschlossen, aus dem demokratischen Rahmen zu treten, legale Beschränkungen fallenzulassen und dem Terrorismus mit seinen eigenen Mitteln, auf der gleichen Ebene zu begegnen.

Terrorismus ist die Kriegserklärung einer Minderheit an den Staat. Wo das Militär rückhaltlos gegen die Umtriebe dieser Gruppe eingesetzt wird, wo Militärgewalt anstelle der zivilen Gewaltenteilung tritt, haben die Terroristen bereits die erste Schlacht gewonnen.

Israel, 11. März 1978, auf der Autobahn Herzliya–Tel Aviv: Die Geiselnahme eines vollbesetzten Tourbusses endet kurz hinter einer Polizeistraßensperre, Bilanz: 37 Tote, 76 Verwundete. Die Terroristen, Angehörige von Arafats hauseigener Fatah und Absolventen des „Ashbal"-Jugendtrainings waren von See infiltriert und planten schießend durch Tel Aviv zu fahren, wobei die Businsassen als Schutzschild dienen sollten, später wollten sie mit den Geiseln zum Flughafen und die Flucht mit einer El Al-Maschine erzwingen. Nach mehreren vergeblichen Versuchen gelang es der Polizei, den Bus zu stoppen. Daraufhin begannen die 11 Palästinenser die Insassen zu töten. Bei dem Versuch der Geiselbefreiung wurden mehrere Angehörige der Grenzpolizei-Spezialeinheit, darunter der Kommandeur Assaf H., verwundet. Durch die Handgranaten der Attentäter geriet der Bus in Brand, im Hintergrund sind schemenhaft flüchtende Geiseln zu sehen. In einer PLO-Presseerklärung wurde der Überfall als revolutionäre Heldentat gefeiert, bei den Insassen hätte es sich angeblich um Militär gehandelt – in Wahrheit um Mitglieder einer Buskooperative mit ihren Frauen und Kindern. Trotzdem hatte dieses Verbrechen anscheinend eine anregende Wirkung auf andere Terrorgruppen: Vier Tage später nahmen Molukker Geiseln in einem Regierungsgebäude...

Jede grundlegende Veränderung des legalen Status – und dies kann schon durch die überstürzte parlamentarische Verabschiedung von Sondergesetzen geschehen – arbeitet in die Hände der Terroristen, hilft ihnen bei der Demontage des ihnen verhaßten Systems. Der Einsatz militärischer Einheiten zur Abwehr der terroristischen Bedrohung stellt ein scharfes aber zweischneidiges Schwert dar: Der Rechtsstaat droht sich damit unbewußt auf das ausgewählte Schlachtfeld der Terroristen zu begeben, und diese werden zu Kombattanten – ein Status, den jede moderne Terrorgang, von der IRA bis zur Baader-Meinhof-Bande, für sich fordert.

Es gibt noch die andere Seite dieser Medaille: Wie brauchbar sind militärische Einheiten bei der Bewahrung der inneren Sicherheit? Wie gut eignen sich selbst Elitetruppen wie die Fallschirmjäger oder Marine-Commandos zur Bekämpfung eines Feindes, dessen gesamte Taktik darauf ausgerichtet ist, keine erkennbaren Angriffspunkte zu bieten. Terroristen operieren ohne Uniformen, mit versteckten Waffen, ohne Basen oder feste Stellungen, die man erobern und besetzen könnte. Ihre Waffen sind die Zeitzünderbombe, der Schuß aus dem Hinterhalt, der Mordanschlag gegen Unbeteiligte. Nach den Angriffen gegen die Flughäfen von Rom und Wien im Dezember 1985 konnte die britische Öffentlichkeit wieder Zeuge des dramatischen Schauspiels werden, bei dem Truppenverbände mit Maschinengewehren und Schützenpanzer einen Kordon um die Londoner Flughäfen legten. Das britische Heer hat die Personalreserven, die der britischen Polizei fehlen, durch die Einsätze in Nordirland sind die Tommies an Aufgaben des internen Sicherheitsdienstes gewöhnt, aber der Abschreckungswert der Militärkontrollen bleibt zweifelhaft, die reale Wirkung solcher Sicherheitsmaßnahmen ist fragwürdig. Außerdem kann der Einsatz von Militär immer nur eine zeitlich begrenzte Zwischenlösung sein: Europas Friedensarmeen sind personell einfach nicht in der Lage, das ganze Jahr hindurch Sicherheitskräfte zu stellen, ohne daß die Ausbildung für die eigentlichen Verteidigungsaufgaben in Mitleidenschaft gerät. Natürlich gibt es Situationen, wo nur die Streitkräfte die Resourcen haben, die benötigt werden, um eine bestimmte Lage zu lösen: Die Geiselnahme von Entebbe ist ein solches Beispiel. Aber selbst Israel hat die Nachteile des militärischen Einsatzes bei der Terrorbekämpfung erkannt: 1975 wurde ein großer Bereich dieser Verantwortung vom Verteidigungs- auf das Innenministerium übertragen: Die Bombenentschärfung wurde Sache der Polizei, im Rahmen der Grenzpolizei wurde eine Spezialeinheit aufgestellt, die für Geiselbefreiung zuständig wurde. Auch die britische Polizei bemüht sich seit einigen Jahren, eigene Kapazitäten für die Bewältigung außergewöhnlicher Situationen zu entwickeln. Man versucht die Stufe, bei der man auf die Hilfe der Militärs zurückgreifen muß, schrittweise höher zu legen.

EIN SCHRITT IN DIE RICHTIGE RICHTUNG

Mit dem Aufbau polizeilicher Spezialeinheiten und Einsatzkommandos zur Terrorismusabwehr Anfang der siebziger Jahre schlug man in Europa den richtigen Weg ein – allerdings sehr spät! Die warnende Schrift war bereits 1967–68 deutlich an der Wand zu lesen. Das amerikanische Vorbild wurde diesseits des Atlantiks mit spöttischen Bemerkungen mißachtet. Man hielt Geiselnahmen und Heckenschützen für ein typisches Problem der amerikanischen Wildwest-Mentalität, die man in Europa immer wieder zu diagnostizieren glaubte. Auch als die ersten politischen Gewalttaten aus dem Nahen Osten nach Europa überschwappten, wiegte man sich in falscher Sicherheit und sprach von Einzelfällen. Selbst nach dem Schock des Münchener Massakers reagierten längst nicht alle europäischen Staaten: Bis vor kurzem hielten sich die skandinavischen Länder für immun, ohne zu erkennen, daß nur deshalb in diesen Staaten eine trügerische Ruhe herrschte, weil sie als Ruhe- und Logistikräume für die wesentlichen Gruppierungen dienten.

Anders als in Europa ist die dezentralisierte, gemeinde-orientierte amerikanische Polizei unvergleichlich flexibler, wenn es darum geht, einer veränderten Verbrechensrealität entgegenzutreten. Das auslösende Moment für die Schaffung von Spezialistenteams in Los Angeles und anderen Großstädten, wo die ersten Sonderkommandos ab 1965 geschaffen wurden, war auch das Versagen herkömmlicher Polizeimethoden. Nur dort reagierte man schneller: Zwar hat auch die amerikanische Polizeiverwaltung ihre Tücken, aber sie ist wesentlich empfänglicher gegenüber Kritik und Ratschlägen von außen. Sie muß es sein, denn kein Beamtenrecht, kein Personalrat schützt den Polizeibeamten, der fahrlässig handelt oder seine Pflicht versäumt hat. Presse und Öffentlichkeit lassen sich nicht mit Vertuschungsmanövern abspeisen, und personelle Konsequenzen werden sehr schnell gezogen. Polizeioffiziere, die in prekären Situationen falsche Entscheidungen fällen oder sich unfähig erweisen, eine Geiselnahme zu lösen, werden nicht in ihrem Amt belassen oder nur versetzt – sie werden gefeuert. In der Geschichte der amerikanischen Polizei ist es mehrfach vorgekommen, daß ganze Führungsschichten ausgewechselt wurden. Die amerikanische Polizei genießt einen verhältnismäßig hohen sozialen Status in der Gesellschaft, aber auch für sie gilt das Leistungsprinzip.

Mit der Einrichtung polizeilicher Spezialverbände wurde überall Neuland betreten, es gab kaum Orientierungspunkte oder Vorbilder. Bewaffnung und taktische Konzepte waren und sind noch Gegenstand unterschiedlichster Ansichten, bestimmte Einsatzformen und Mittel bleiben umstritten. In einigen europäischen Ländern, wie in Holland, der Schweiz und der Bundesrepublik, waren die neuen Einheiten ein Politikum, ihr paramilitärisches Auftreten wurde vielerorts als gegensätzlich zum zivilen Charakter der Polizei gesehen. Kompetenzwirrwarr, Bürokratie und Konkurrenzdenken taten ein Übriges, um die Entwicklung innerhalb der Ländergrenzen zu behindern.

Gegenwärtig ist die Polizei in den modernen Industriegesellschaften wie kaum je zuvor in ihrer Geschichte gefordert. Unsere Gesellschaft ist auf vielen Gebieten in eine tiefe Strukturkrise geraten. Die herkömmlichen Polizeimethoden reichen nicht mehr aus, um den neuen Verbrechenswellen zu begegnen, sei es im Bereich der Wirtschaft, in der Umwelt, auf dem Gebiet der Rauschgiftdelikte oder in der zunehmenden Radikalisierung des politischen Protests. Immer mehr gerät die Polizei von der Verbrechensverhütung und -bekämpfung in ein Rückzugsgefecht – zur Verbrechensverwaltung. Der

GSG 9-Beamte proben die Erstürmung eines Busses und eines Zuges, nach dem Attentate in Holland und Israel die Notwendigkeit zur Vorbereitung auf solche Lagen demonstriert haben.

»Schutzmann an der Ecke«-Typ des Polizisten ist längst Geschichte, und die an den Führungsakademien gelehrten Einsatztechniken würden besser in die fünfziger als in die achtziger Jahre passen. Andererseits erleben die Sicherheitsbehörden eine immer schneller um sich greifende Politisierung ihres Handelns. Jede ihrer Aktionen und Maßnahmen werden aufmerksam von einer sich kritisch dünkenden Presse, von inner- und außerparlamentarischen Oppositionen zum Gegenstand von Kampagnen genommen. Diese Politisierung macht auch nicht vor den eigenen Reihen halt. Parteizugehörigkeit ist vielerorts Vorbedingung zur Karriere geworden, und auch die Gewerkschaften haben sich mitunter für diese Seilschaften mißbrauchen lassen. Dazu kommt, daß das berufliche Selbstverständnis der Polizei in einigen Ländern erschüttert ist, ein Berufsethos ist in einigen Staaten sogar von der politischen Führung unerwünscht.

Die Spezialeinheiten mit ihrer Leistungsorientierung und ihrem festen Teamgeist haben in dieser Situation einen schwierigen Stand. Für linke Kritiker und Sensationsjournalisten sind sie eine Mischung von Henker, Rambo und James Bond – je nachdem was gerade zur Polemisierung gebraucht wird: Auch 1986 entblödeten sich einige deutsche Blätter nicht, in ihren Reportagen Themen wie »Killer mit Lizenz« oder »Superbullen« anklingen zu lassen. Für einige Minister und Polizeichefs waren und sind die Kommandos ein willkommenes Aushängeschild, solange ihre Einsätze fehlerlos verlaufen. Man kann sie bei Polizeischauen und Vorführungen heranziehen, Staatsbesuchern ein kleines Programm bieten oder sie sogar zur Verbesserung der Außenhandelsbilanz und Ausbildungszwecken in Dritte-Welt-Länder schicken, wie mit der GIGN oder der GSG 9 geschehen. Andererseits aber sind die Spezialeinheiten unbequem, sie kosten nicht wenig, fordern laufend neue technische Geräte und Personalerweiterungen, ihr Trainingsgebaren ist unfallträchtig – und sie sollen nur ja keinen Elitegeist zeigen, denn das verärgert andere und schafft Neider innerhalb der Behörde.

Auch in den Reihen der Polizeiführung ist man sich über Art und Verwendung der neuen Einheiten nicht ganz klar. Für die einen stellen die Teams ein stets anzuzapfendes Kräftepotential dar, das man bei Großveranstaltungen oder für die Erledigung unangenehmer Aufgaben verwenden kann, auch wenn das zu Lasten der Ausbildungszeit geht. Ewig-Gestrige sehen in den festgefügten Verbänden den letzten Hort von »Zucht und Ordnung«, wo »ganze Männer« noch »Schliff« haben, während Polizeigewerkschaftler argwöhnen, daß hier die Rückkehr militärischer Polizeitruppen eingeleitet wird. Die Führungsposten der Kommandos werden mancherorts nicht nach wirklicher Befähigung vergeben, sondern um Protégés das schnelle Erklimmen der Karriereleiter zu ermöglichen: Einige Jahre beim Spezialeinsatzkommando ohne Pannen und schon steht der Beförderung nichts im Weg.

Die Spezialeinheiten könnten eine Vorbildfunktion für den Rest der Polizei haben, richtig eingesetzt sind sie ein chirurgisches Skalpell in der Hand der Polizeiführung (bei dem Sorge getragen werden muß, daß es ständig scharf bleibt). Sie können Versuchsfeld für neue Einsatzmittel und Methoden sein und ihre Erfahrungen könnten – richtig umgesetzt – den übrigen Schichten der Behörde zugutekommen. In vieler Hinsicht sind sie ein Modell, wie die Polizei von morgen strukturiert sein muß – ohne Ballast, leistungsorientiert mit Erfolgsmotivation, der Aufgabe angemessen ausgestattet und durch die Ausbildung mit dem erforderlichen Rüstzeug versehen.

DIE BESONDERHEITEN EINER POLIZEILICHEN SPEZIALEINHEIT

An dieser Stelle sollten einige Gemeinsamkeiten polizeilicher Spezialverbände erwähnt werden, um den besonderen Charakter von Einheiten wie den deutschen SEKs, den amerikanischen SWATs und HRTs, den französischen und österreichischen Gendarmeriekommandos zu unterstreichen:

In erster Linie sind die Angehörigen dieser Teams Polizisten mit der entsprechenden vorhergegangenen Ausbildung und Erfahrung. Sie kommen aus dem Streifen- oder kriminalpolizeilichen Dienst und werden zumeist dorthin zurückkehren, wenn ihre Verwendung im Sonderdienst beendet ist. Sie sind Polizeibeamte und unterstehen der zivilen Führung, auch wenn sie im Rahmen ihrer Aufgaben wie militärische Kommandos bewaffnet, gekleidet und taktisch eingesetzt sind. Ihr Hintergrund und ihre Perspektive ist die des polizeilichen Generalauftrags – die Abwehr von Gefahren, die Wiederherstellung von Recht und Ordnung, der Schutz der Bürger.

Ihre Aufgaben, ihre Anwendung von Gewalt und die Verwendung von Waffen unterliegen grundsätzlich den gleichen legalen Kategorien wie normale Polizeimaßnahmen. Es gibt keine und es darf keine Sondergesetze für Spezialkommandos geben, sie sind Bestandteil des sicherheitspolitischen Instrumentariums und ihr Einsatz ist eine Maßnahme aus dem Katalog polizeilicher Strategien. Er stellt keine Ausnahmesituation dar, weder rechtlich noch sicherheitspolitisch.

Wo ist der Unterschied zwischen den normalen Polizeibeamten und diesen Kommandos? Jenseits von Ausrüstung und Ausbildung liegt der grundlegende Faktor, der eine Einheit wie die französische RAID oder die GSG 9 kennzeichnet, in dem Ansatz der Vorgehensweise: Der durchschnittliche Polizist ist gesetzlich und ausbildungsmäßig darauf ausgerichtet, jeder Situation direkt und auf individueller Basis zu begegnen, allein oder mit seinem Streifenpartner. Im Vergleich dazu handelt die Spezialeinheit immer als eine taktische Einheit, als Team mit einer genauen Rollenverteilung: Verantwortung und Arbeit sind zwar aufgeteilt, aber die Gruppe arbeitet zusammen wie die Finger einer Faust. Jeder einzelne kann sich auf seinen Teil konzentrieren und sich sicher sein, daß seine Partner genauso ihre Aufgabe erfüllen und ihm den Rücken freihalten. Durch ständiges Training wird dieses Teamkonzept einstudiert und ein kollektives Bewußtsein gebildet, das es schließlich erlaubt, auch komplexe Zugriffsmuster zu meistern und in Notsituationen zu improvisieren. Schnelligkeit ohne Hast resultiert aus diesem Ansatz – statt einer Gruppe von Individuen, die nach vorn stürmen, operiert das Team im Idealfall wie ein Körper mit einer Vielzahl von Händen, Augen und Gehirnen: Der Täter sieht sich nicht einem oder zwei Beamten gegenüber, die er vielleicht noch überwältigen könnte, sondern einem planmäßig zusammenarbeitendem Team mit koordinierten Reaktionen. Statt einer Waffe, sollten gleichzeitig soviel

Die moderne Technik, die heute der Polizei zur Verfügung steht, wie hier z. B. der straßenunabhängige Schnelltransport durch Hubschrauber des BGS für das SEK einer deutschen Großstadt, eröffnet neue taktische Möglichkeiten, erfordert aber auch besonders trainierte, verbandsmäßig vorgehende Polizeibeamte.

Waffen wie möglich zur Geltung gebracht werden – nicht zum Schuß, sondern zur Einschüchterung, um den Täter zur Aufgabe zu bringen.

Rechts: Wenn möglich wird versucht, den Täter durch „einfache körperliche Gewalt", d. h. mit den Techniken der waffenlosen Selbstverteidigung zu überwältigen: Bei dieser Aufnahme eines Überwachungsvideosystems ist der Moment festgehalten, bei dem ein Angehöriger der „Stake-out"-Einheit der Polizei von Philadelphia einen Bankräuber überrascht.

Rechts unten: SEK-Beamte aus Frankfurt demonstrieren die Überwältigung und Entwaffnung eines mit Handgranaten bewaffneten Geiselnehmers.

Links unten: Ein amerikanisches SWAT-Team beim Absuchen eines Gebäudes nach einem flüchtigen Amokschützen – der vorderste Mann, der mit einem Handspiegel einen Flur beobachtet, wird durch seine Kollegen gegen Überraschungen gesichert.

Eine Festnahme oder Konfrontation mit Waffengewalt, die bei normalen Streifenbeamten mit großer Wahrscheinlichkeit in eine tödliche Schießerei eskalieren würde, endet bei einem Spezialeinsatzkommando meist unblutig: Anders als der einzelne Beamte weiß das Team bei Alarmierung, daß eine gefahrenträchtige Situation bevorsteht. Es kann seine Bewegungen vorausplanen, auf besondere Einsatzmittel zurückgreifen und die Überraschung als Element des Vorgehens ausnutzen. Der Schlüssel zum Erfolg ist die präzise Planung, das Training und die Rollenverteilung, die in einem Verhalten vor Ort zusammenkommen, bei dem jedes Mitglied des Teams bei seinem Vorgehen von einem oder zwei Partnern gedeckt ist. Viele Fälle in den vergangenen Jahren haben gezeigt, daß selbst professionelle Gewaltkriminelle und Terroristen aufgegeben haben, wenn sie keine Chance zur Gegenwehr oder Flucht sahen. Die Statistik von Polizeibehörden mit ausgebauten Spezialverbänden zeigt, daß die Verwendung solcher Teams die Fälle von Schußwaffengebrauch der Polizei bei Festnahmesituation reduziert und abschreckend wirkt.

Geiselnahmen stellen immer eine besonders schwierige polizeiliche Lage dar: Wie bei anderen Situationen in der Abwehr terroristischer Angriffe kann man das primäre polizeiliche Ziel mit dem Begriff »Schadensbegrenzung« umreißen: Die Polizei handelt reagierend – Tatzeit, Tatort und Intensität wird durch den oder die Täter bestimmt. Bei Eintreffen der Polizei sind die ersten Schäden bereits eingetreten: die Anwendung von Gewalt, Freiheitsberaubungen, Körperverletzungen. Nun gilt es, die Situation einzugrenzen, weitere Opfer und Straftaten zu verhindern. Dieses Primat bestimmt die Handlungsweise der Polizeikräfte vor Ort: Die Rettung der Opfer, Bergung von Verwundeten, Befreiung der Geiseln und erst an dritter Stelle die Festnahme der Verursacher. Der Einsatz von Waffen und anderen Mitteln wird von dem Ziel bestimmt, die Geiseln zu befreien, nicht die Täter zu bestrafen. Darüber hinaus aber stellt jede terroristische Erpressung dieser Art ein weiterreichendes sicherheitspolitisches Problem dar: Wird den Tätern nachgegeben, hat dies Präzedenzcharakter für spätere Fälle dieser Art, ein Erfolg der Täter reizt zur Nachahmung durch andere Politkriminelle und Trittbrettfahrer ...

Der Zugriff, ob mit einem eindringenden Angriffstrupp oder durch den Schußwaffengebrauch der Präzisionsschützen, ist nur das letzte Mittel, wenn alle Versuche der Verhandlungslösung fehlgeschlagen sind. Im Idealfall sind die Verhandler integrierter Bestandteil der Spezialeinheit. Taktische Teams, die Sammlung und Auswertung von Informationen und die Verhandlungsführung sind Elemente eines gemeinsamen Lösungsmodells und müssen nahtlos kooperieren – in diesen Situationen ist kein Platz für Kompetenzgerangel und Konkurrenzdenken. Terrorismusbekämpfung ist eine zu ernste Angelegenheit, um es zum Gegenstand von Profilierungsneurosen werden zu lassen, nicht auf polizeilicher und noch viel weniger auf politischer Ebene!

GEGEN DEN STROM

Die Tradition der britischen und amerikanischen Polizisten war immer bestimmt von der kommunalen Ebene. Konstabler und Sheriff wurden von den Bürgern der Gemeinde gewählt, sie waren Vertreter dieser Gemeinde und in letzter Instanz verantwortlich. Im Gegensatz dazu entwickelte sich die moderne Polizei in den meisten Staaten des europäischen Kontinents als zentralisiertes Vertretungsorgan der Regierung, eine Fortsetzung des Militärs für innere Ordnung. Diese nahe Verwandtschaft zum Militärischen ist immer noch nachvollziehbar – in der Uniformierung, der Dienstgrade, der Bewaffnung, dem Ausbildungssystem und dem hierarchischen Aufbau. Jahrhundertelang war die Ableistung des Militärdienstes Voraussetzung für die Einstellung in die Polizei, und das Rückgrat der Behörden waren im Dienst ergraute Offiziere und Unteroffiziere des Heeres, die in die Polizei übernommen wurden. Auch heute noch kann die Vorherrschaft des militärischen Waffenarsenals mit seinen Sturmgewehren, Karabinern, Maschinenpistolen und Vollmantelgeschossen nur erklärt werden, wenn man auf dieses Erbe der europäischen Polizeien hinweist. In jenen Ländern, wo eine Entmilitarisierung der Polizei angestrebt wurde, wie z.B. in der Bundesrepublik, hat man sich in vieler Hinsicht nur mit kosmetischen Veränderungen begnügt – die Bezeichnung der Dienstgrade, eine neue Uniform, etwas Etikettenschwindel, aber wesentliche Grundzüge veränderten sich nicht. Das Beharrungsvermögen der hierarchischen Ordnung mit ihrem obrigkeitsstaatlichen Denken zeigt sich in zahlreichen Bereichen, in der zentralen Beschaffung selbst der geringsten Ausstattungsteile, in dem klippschulartigen Unterricht für Nachwuchs- und Führungskräfte, das jeden pädagogischen Fortschritt verneint, in den bürokratischen Verwaltungsstrukturen, die darauf abzielen, Eigenverantwortung zu meiden.

In einem solchen System ist jede Veränderung extrem schwierig, besonders dann, wenn sie »heilige Kühe« wie Ausbildung, Ausrüstung, Bewaffnung, Taktiken oder die Verwendung von Kräften berührt. Ein empfindlicher Nerv im Gesamtsystem wird berührt und eine Abwehr mobilisiert, um der Störung zu begegnen.

Von Anfang an bedeutete die Entwicklung der Spezialeinheiten in den europäischen Polizeien eine solche Störung, ja sogar eine Herausforderung des Gesamtsystems. Und hierin liegt auch ein Grund, warum die Einrichtung solcher Abteilungen in vielen europäischen Staaten lange Zeit verhindert wurde. Die Spezialeinheiten zur Terrorismus- und Höchstkriminalitätsbekämpfung sahen sich behördenintern einer Kette von Hindernissen gegenüber, die aus Papierkrieg, Vorurteilen, Dienstvorschriften und Regeln und hierarchischer Schwerfälligkeit bestand. Während sich die über internationale Nachschubwege verfügenden Terroristen und Bandenkriminellen nach dem neuesten Stand der Waffentechnik orientierten und Spannabzugspistolen, Hohlspitz- und KTW-Geschosse, amerikanische Revolver und osteuropäische Klein-MPs ins Feld führten, waren die europäischen Sicherheitsbehörden mit 7,65 mm Taschenpistolen, veralteten Schutzwesten und militärischen Restbeständen versehen. Es kam einer kleinen Revolution gleich, als die ersten .357 Magnum Revolver für die Spezialeinheiten einiger Länder geneh-

Ein Beamter des New Yorker ESU-Teams bereitet sich auf einen Zugriff vor: Hauptarbeitsmittel amerikanischer Polizisten in gefährlichen Situationen ist die 12 gauge Flinte (hier eine gekürzte Ithaca 37) wegen ihrer einschüchternden Wirkung auf Angreifer.

Standardwaffe deutscher Spezialeinheiten ist die Heckler & Koch MPi 5 in ihren verschiedenen Varianten, eine aufschießende 9-mm-Parabellum-Waffe mit einer Kadenz von 650 sch/min.

MP 5 k, eine Sonderwaffe für den verdeckten Einsatz, deren Verwendungswert unter Fachleuten umstritten ist.

Ein schwieriges Unterfangen war und ist die Einführung von Flinten bei der bundesdeutschen Polizei. Der hier gezeigte von Heckler & Koch vertriebene italienische Franchi-Halbautomat ist bei einigen SEKs und der GSG 9 in den Arsenalen, aus denen sie nur mit besonderer Genehmigung zum Einsatz gebracht werden können. Der A & W-Shotdiverter an der Mündung soll die Schrote horizontal oder vertikal – je nach Bedarf – verteilen.

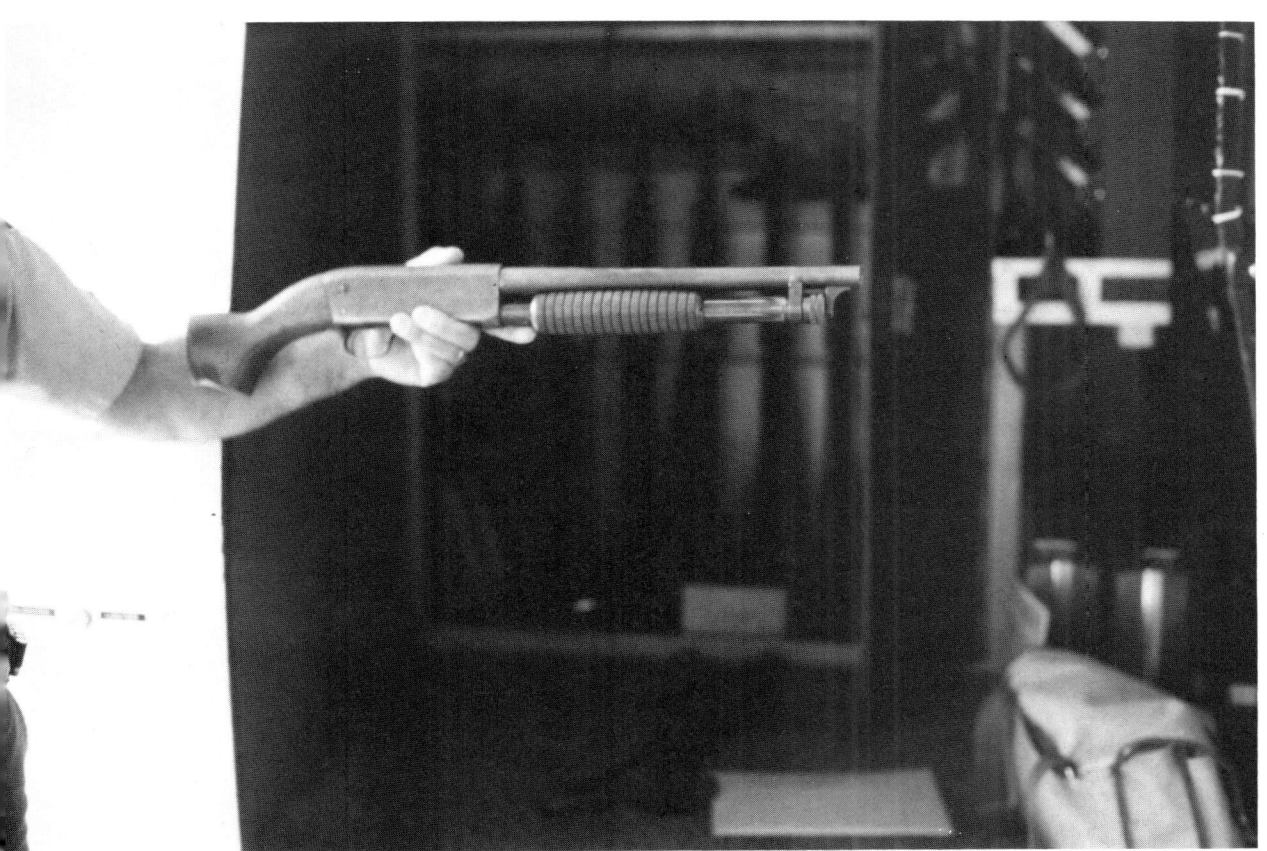

Gekürzte Ithaca M 37 des SWAT-Teams, L.A. Sheriff Department. Die Flinten und anderes Spezialeinsatzgerät ist in einem Lieferwagen verstaut, der zusätzliche Munition, M 16 A1-Gewehre, PSK-Waffen, Gasgranaten, Abseilgeräte, Schutzwesten und vieles mehr zum Einsatzort bringt.

migt wurden! In den USA lagen die Schwierigkeiten ähnlich, aber mit umgekehrten Vorzeichen: Jenseits des Atlantiks waren zwar Revolver und Schrotflinten als Polizeibewaffnung akzeptiert, nicht aber Pistolen und vollautomatische Waffen. Hier führten Spezialeinheiten einen oft vergeblichen Papierkrieg mit ihren vorgesetzten Behörden, um Revolver oder Flinten als Sonderbewaffnung genehmigt zu bekommen, dort traf der Wunsch nach MPis oder .45 ACP Colt Pistolen auf ähnlichen Widerstand: Als die Sondereinheit der Polizei von St. Paul, Minnesota, sich vier (!) M 16 A1 Colt Sturmgewehre zulegte, um für einige Situationen wenigstens eine Waffengleichheit mit jenen Banden zu haben, die sich aus Armeedepots bedienten, gab es sogar eine Demonstration von liberalen Bürgergruppen vor dem Rathaus!

SWAT – ZWISCHEN HOLLYWOOD UND BRONX

Die sechziger Jahre waren auch in den Vereinigten Staaten eine Zeit des Umbruchs: Gewalttätige Auseinandersetzungen bei studentischen Demonstrationen, Unruhen in den Wohngebieten der farbigen Minderheiten – die schließlich nur noch mit dem Einsatz der Nationalgarde beantwortet werden konnten, das Aufkommen von Heckenschützen, Amoktätern und Geiselnahmen bei Banküberfällen, die ersten Flugzeugentführungen, sprunghaft ansteigende Kriminalitätsraten ...

Der Aufbau polizeilicher Spezialeinheiten war in den USA – anders als z.B. in der Bundesrepublik – keine koordinierte, gleichmäßige Entwicklung. Dazu sind die Police oder Sheriff Departments zu unterschiedlich voneinander, zu autark und eigenverantwortlich. Der Prozeß, der 1966 mit der Einrichtung des »Special Weapons and Tactics (SWAT)« Teams in Los Angeles begonnen wurde, ist längst noch nicht abgeschlossen. Viele Behörden begannen den Aufbau eines solchen spezialisierten Verbandes erst in den achtziger Jahren in Angriff zu nehmen, als die Nachrichten über Terroranschläge in aller Welt auch ein Übergreifen dieser Politkriminalität auf die USA vermuten ließ. Größe, Struktur, Bewaffnung und Einsatzkonzeptionen sind von Ort zu Ort, von Bundesstaat zu Bundesstaat unterschiedlich: Viele kleine Polizeien können sich kein ständig einsatzbereites Team leisten und begnügen sich mit einer Handvoll Streifenpolizisten, die regelmäßig zusammen trainieren und nur bei entsprechenden Zwischenfällen aus dem normalen Dienst oder von zu Hause zusammengerufen wird. Andere haben einen festen Verband mit paramilitärischem Anstrich, der über Hubschrauber, Sprengmittel, gepanzerte Fahrzeuge und automatische Waffen verfügt. Die Qualität rangiert im Rahmen einer Skala, die von »sehr gut« bis »selbstmörderisch« reicht.

Die Bundesbehörde FBI, die in ihren »field stations«, den örtlichen Büros über kleine, besonders trainierte Festnahmeteams verfügt, hat jahrelang versucht, dieser vielschichtigen Entwicklung durch Schulungsprogramme eine gewisse Richtung zu geben. Sie bietet Ausbildungsseminare für Führungskräfte an, in denen besonders die ausländischen Erfahrungen eingebracht werden und auf technische, ballistische und sprengtechnische Untersuchungen der

SWAT-Beamte in einer Übung in einem Vorort von San Francisco. Die Flinte ist eine Remington 870 mit Klappschaft.

FBI-Labors und Prüfanstalten zurückgegriffen wird. Erst vor wenigen Jahren und mit dem Blick auf die damals bevorstehende Olympiade in L.A., hat man sich beim FBI zur Aufstellung einer eigenen Sondergruppe durchgerungen: Das »Hostage Rescue Team« (HRT) ist in seiner Konzeption sehr vom SAS beeinflußt worden und hat eine Stärke von 40 – 50 Mann. Es ist immer noch in der Phase der Wegfindung begriffen und ganz offensichtlich ist der genaue Einsatzbereich des HRT im Zuständigkeitswirrwarr der amerikanischen Verbrechensbekämpfung noch nicht genau abgesteckt. Das HRT hat aber bereits »scharfe« Einsätze erlebt, so z.B. 1985 bei der Aushebung einer rechtsradikalen Survival-Gruppe, die sich in einer verminten und mit Sprengfallen und Drahtverhauen gesicherten Farm verschanzt hatten.

Teamführer weist die Beamten in die Situation ein: Militärische Tarnkleidung aus GI-Surplusbeständen werden zumeist aus Kostengründen getragen, HK 33 Sturmgewehre, Kaliber 5.45 × 45 mm, sind die neueste Mode in den USA.

Ähnlich vielseitig wie der Ursprung der Spezialeinheiten ist auch ihre Bezeichnung. Als Sammelbegriff hat sich in der letzten Zeit SRT oder TRT eingebürgert – »Strategic« bzw. »Tactical Response Teams«: In New York City, wo die Zahl der Geiselnahmen in den letzten zwanzig Jahren einen dreistelligen Zuwachs zu verzeichnen hat, fällt die Bewältigung außergewöhnlicher Lagen der »Special Emergency Unit« (SEU) zu, die in erster Linie als Rettungssanitäter und technische Truppe ausgebildet ist und Unfallopfer aus verklemmten Autos schweißt oder Personen aus Aufzügen befreit. In Philadelphia und San Francisco sind es die »Stake Out«-Beamten, die im normalen Dienst an den Verbrechensschwerpunkten der Stadt als potentielle Verbrechensopfer verkleidet oder in Hinterzimmern von Bankinstituten und Geschäften in Lauerstellungen sind. In vielen Städten des Westens begannen die »SWAT«-Teams oder »Special Service Units« ursprünglich als Scharfschützen zur Abwehr von Heckenschützen, bevor sie unter dem wachsenden Druck der sich verändernden Kriminalität zum Aufbau von »Entry Teams«, d.h. Zugriffsgruppen für den Sturm bei verbarrikadierten Lagen, übergingen.

Auswahlverfahren, Training und Qualifikationstest sind von Bezirk zu Bezirk verschieden. Los Angeles, das im Sheriff Department und in der L.A. Metropolitan Division zwei SWAT Abteilungen hat; die seit 1966 Pionierarbeit geleistet haben, soll hier als Beispiel für Aufbau und Konzept herangezogen werden: Das L.A. Metro SWAT-Team hat 67 Angehörige und steht unter dem Befehl eines Leutnants. Als Untereinheit ist das »Squad« von einem Sergeant geführt und setzt sich aus zwei Einsatzelementen zu je fünf Mann zusammen: Je zwei Mann dieses Fünfer-Trupps sind als Zielfernrohr-Schützen und Beobachter geschult, ihre Waffen sind das G 3 SG 1 für den Schützen und das HK 33 kurz im Kaliber .233 für den Beobachter, der außerdem den Schützen mit einem Remington M 700 Repetiergewehr unterstützen kann. Der Führer des Trupps und sein »Scout« tragen neben ihren .45 Colt Government die HK MP 5, der dritte Mann ist mit einer Benelli-Schrotflinte ausgestattet, er trägt auch die Tränengas- und Reizstoffmittel der Gruppe. Im normalen Dienst haben die L.A. SWAT-Beamten einen Teil ihrer persönlichen Ausrüstung in ihren Streifenfahrzeugen, mit denen sie in Stadtteilen mit hoher Kriminalitätsrate Dienste tun.

Um für das Auswahlverfahren zugelassen zu werden, muß ein Polizist mindestens vier Jahre Streifendienst hinter sich haben und in seiner Dienstbewertung zum oberen Viertel der Beamten zählen. Der physische Test ist eine vereinfachte Form der halb- und vierteljährlichen Qualifikationsprüfungen, denen sich jeder SWAT-Angehörige unterziehen muß. Die initiäre Ausbildung umfaßt eine fünfwöchige Orientierung bevor der Neuling in ein Team integriert wird, wo er dann sein taktisches Training erhält. Jeder in der Gruppe muß in der Lage sein, die Rollen der anderen als Schütze oder Beobachter, als Scout oder »Gasmann« zu übernehmen. Anders als in den meisten amerikanischen Polizeien hat L.A. eine in die SWAT-Abteilung integrierte Verhandlergruppe, die bei Geiselnahmen in Kontakt mit dem Täter tritt und von Beamten der Kriminalpolizei unterstützt wird. Alle Teams werden in die Grundzüge und Techniken der Verhandlungsführung eingewiesen.

Neben dem umfangreichen Schießprogramm – im Schnitt verbraucht jeder MPi-Schütze 400 Schuß, jeder Scharfschütze 200 Schuß pro Monat – und den taktischen Übungen, bei denen man sich auf die Zusammenarbeit im Team konzentriert, nimmt das Konditionstraining einen großen Teil der Ausbildungszeit ein. Viele der Übungen und auch die Tests, die teilweise mit Schutzweste und Gerät absolviert werden müssen, sind einsatzbezogen: Der Hindernisparcours entspricht den in Los Angeles vorhandenen baulichen Gegebenheiten und beinhaltet Zäune und Kletterstrecken, das Bergen von Verletzten und das Tragen von Einsatzleitern.

Stagnation?

Anfang der siebziger Jahre, als man in Europa die ersten Einsatzkommandos aufstellte, richtete man den Blick natürlich auch nach Amerika, um von den dortigen Erfahrungen zu profitieren. Teilweise wurden Aufbau und Methoden übernommen. Die amerikanischen Polizeien, jedenfalls jene, die 1973–74 über ein entsprechend strukturiertes SWAT-Team verfügten, hatten einen nicht zu verkennenden Wissensstand auf diesem neuen Gebiet. Besonders die Verwendung von mannstopwirksamer Munition, Schrotflinten und Irritationsmitteln, aber auch die flexiblen Kevlar-Schutzwesten fanden in Europa verdiente Beachtung. Zugangssprengungen und Eindringtechniken waren in den USA längst erprobt und in die Praxis umgesetzt worden, während sie z.B. in Deutschland noch kaum in die taktische Planung Eingang gefunden hatten.

Mittlerweile hat man diesseits des Atlantiks in einigen Bereichen erhebliche Fortschritte gemacht und gelungene Aktionen wie Mogadischu und Princess Gate haben die europäische Reputation gefördert. Die weite Verbreitung von Maschinenpistolen und anderen 9 mm Waffen begann die amerikanische Seite zu faszinieren, und zur Zeit ist eine undifferenzierte Nachahmung in den USA zu beobachten. »Gadgets«, das sind technische Neuheiten, sind bei einigen Polizeien in den Vordergrund getreten.

Wie baut man ein SWAT-Team auf? Well, zuerst einmal werden einige Kisten mit teuren Maschinenpistolen und den neuesten Blitzblendgranaten gekauft, dann kleidet man die Truppe in schwarze Overalls, gibt ihnen Skimasken und Baseballmützen und bingo! ist das SWAT-Team einsatzbereit.

Ausrüstungsfetischismus ist eine Falle, in die fast jede Spezialeinheit in ihrer Entwicklung gerät. In Amerika sind die Planungsarbeiten, das Durcharbeiten von Szenarios und neuer Einsatzmethoden vernachlässigt worden. Taktisch ist in der letzten Dekade wenig geschehen – die Einsatzmethoden sind immer noch sehr einfach und direkt von militärischen Handbüchern zur Häuserkampftechnik abgeleitet worden. Viel zu viel Zeit wird mit Hanteltraining und mit Schießstandübungen vergeudet, wo man mit den neuen automatischen Waffen ein bißchen Rambo spielt. Waffen- und »Fach«-Zeitschriften fördern diesen Irrweg noch, indem sie kräftig am SWAT-Image polieren, dem auch Hollywood einige Fernsehfilme gewidmet hat. Eine Stagnation hat eingesetzt und wenn es noch eines Beispiels bedurft hätte, so waren es die Vorfälle in San Diego und in Philadelphia, wo polizeiliche Einsatzleitung und Spezialkräfte in zwei Fällen versagt haben, die dem Debakel von München kaum nachste-

Abseilen und Eindringen über die Fenster ist bei amerikanischen Spezialeinheiten ein zentrales Ausbildungselement.

hen. Die Veränderungen und Reformen der sechziger Jahre liegen nun zwei Dekaden zurück, derzeit sind nur wenige amerikanische Polizeibehörden befähigt, einer terroristischen Lage mit ihrer komplexen Bedrohung adäquat zu begegnen. Es fehlt am Know-how, an der differenzierten, selbstkritischen Betrachtung in den Behörden selbst und an geeigneten Instrukteuren. Anders als in Europa aber haben private Trainingsinstitute und Universitäten diese Lücke erkannt und bieten entsprechende Programme an. In den SWAT-Teams selbst ist vielerorts ein Nachholbedürfnis erkannt worden, aber es wird wohl noch einige Fehlschläge und tragische Zwischenfälle brauchen, bis auch die Behördenchefs und zivilen Administrationen aufwachen werden ...

Zu den exotischen Sonderwaffen im Arsenal des SWAT Team vom L. A. Sheriff Department gehört die American 180, eine Maschinenpistole im Kaliber .22 l.r. mit einem Magazin von 177 Schuß und einer Kadenz von 1800 – 2100 sch/min.

Zwei Instrukteure des Pan Am World Services IPS, einem privaten Ausbildungsinstitut für polizeiliche Spezialeinheiten in Georgia, demonstrieren Eindringtechniken.

ISRAEL

Wenn im Ausland über die israelischen Methoden bei der Bekämpfung von Terroristen diskutiert wird, so ist nur von der Armee die Rede. Wenig ist von der polizeilichen Seite bekannt: Die Armee war bis 1975 allein für die Abwehr der terroristischen Bedrohung zuständig gewesen, und obwohl sich die Anti-Terror-Trupps der Fallschirmjäger bei den unterschiedlichsten Geiselbefreiungen bewährt hatten, wurden nach dem blutigen Ausgang der Geiselnahme von Maalot Stimmen laut, die eine Sondereinheit forderten: Die Armee hätte andere Aufgaben an den Grenzen zu erfüllen, das Spezialtraining würde zuviel Ausbildungszeit in Anspruch nehmen, der Durchlauf der Wehrpflichtigen ließe Erfahrungen verlorengehen.

Maalot, 15. Mai 1975: Fallschirmjäger bergen die verletzten Kinder, während in der Schule noch geschossen wird. Drei palästinensische Infiltranten nahmen 103 Schulkinder und vier Erwachsene als Geiseln, nachdem sie beim Eindringen bereits mehrere arabische Frauen verwundeten und das Hausmeisterehepaar töteten. Da die Verhandlungen ergebnislos verlaufen, setzt die Armee gegen sechs Uhr abends zur Geiselbefreiung an. Schon verwundet, können die Terroristen noch Handgranaten zünden. 25 Menschen werden getötet, 66 verletzt, die meisten von ihnen Kinder zwischen 12 und 16 Jahre alt.

Präzisionsschütze der Jamam mit dem österreichischen Steyr SSG, Kaliber 7.62 mm NATO

Das Resultat war die Gründung einer »Jachida Mejuchedet«, im Hebräischen mit »Jamam« abgekürzt, einer »besonderen Einheit« der Grenzpolizei. Kommandeur wurde ein Oberstleutnant und früherer Bataillonskommandeur der Fallschirmjäger, Assaf H. Damit war die Marschrichtung klar: Die Ausbildung würde ähnlich der der militärischen Einheiten sein. Der erste Stab der Jamam bestand aus Kameraden von Assaf, die nach Ableistung ihres Wehrdienstes nun Polizeibeamte wurden, eine Tendenz, die auch heute noch andauert. So entfällt ein großer Teil der Grundausbildung und der neue Nachwuchs wird direkt in den Teams in die Feinheiten der Jamam-Taktik eingewiesen. 1975 wurde diese Umstellung auch von der Regierung mit einer Kabinettsentscheidung zementiert. Von nun an war die Armee für den unmittelbaren Grenzbereich von 10 km Breite landeinwärts zuständig, die Polizei aber für die Sicherheit im Landesinneren. Sonderfunktionen, wie die Entschärfung von Bomben, fielen nun den neu aufzustellenden Polizei-Entschärfungskommandos zu. Wenn es auch Überschneidungen gab und gibt, so hat sich diese Regelung bewährt. Die Polizei mit ihrer besseren Ortskenntnis und

Grenzpolizei auf dem Tel Aviver Flughafen mit einem Panzerfahrzeug „Walid", das aus erbeuteten ägyptischen Beständen des Sechs-Tage-Krieges 1967 stammt.

Ein Grenzpolizeioffizier erklärt dem israelischen Ministerpräsidenten Rabin (3. v. r.) und dem Generalinspekteur der Polizei das Instrumentarium der Jamam für die Aufruhrbekämpfung.

Nähe zur Bevölkerung kann mehr leisten als eine Militäreinheit, deren Mannschaften ständig ausgewechselt werden.

Die Jamam hatte zu Anfang einen schweren Stand in Konkurrenz zu den Sayeret-Spezialisten. Auch innerhalb der Grenzpolizei war es nicht einfach, sich eine Nische zu erkämpfen und die notwendige Unterstützung zu erhalten. Zwar war der Grenzpolizei das Problem der Terrorismusabwehr nicht unbekannt – schließlich operierte dieses ursprünglich als Ableger der Armee entstandene Korps in den besetzten Gebieten und an den Grenzen des israelischen Staates – aber auch die Grenzpolizei wurde Mitte der siebziger Jahre vom Verteidigungs- zum Innenministerium delegiert und diese Veränderungen und Neuaufgaben schufen nicht wenig Kopfschmerzen. Mit der Jamam war vor allem der regulären »blauen« Polizei des Staates ein wichtiges Hilfsinstrument entstanden, das bei der Festnahme von Kriminellen, Amoktätern und bei Entführungsfällen die notwendige Fachkenntnis einbringen konnte. Einer der ersten Einsätze der Jamam bestand deshalb auch in der Festnahme eines französischen Mietkillers, der, aus dem Gefängnis ausgebrochen, sich in einem der obersten Stockwerke eines Tel Aviver Neubaus in einer konspirativen Wohnung versteckt hielt. Da der Mann über eine Pistole und

Ein Jamam-Beamter führt das Pepperfog-Gerät vor, ein Reizstoffgenerator, der in wenigen Sekunden eine Nebelwand von Tränengas legen kann.

Ein Jamam-Team beim Vorgehen gegen eine gewälttätige Menschenansammlung, die hier von Polizeischülern simuliert wird.

eine Uzi-MPi verfügte und zu allem entschlossen schien, wollte man sich nicht allein auf das Eindringen durch die Tür verlassen: Parallel zur Zugangssprengung an der Wohnungstür seilten sich andere Jamam-Trupps vom Dach des Gebäudes ab und drangen über den Balkon und die Außenfenster ein. Als der Berufsverbrecher trotzdem nach seinen Waffen griff, beendeten einige gezielte Pistolenschüsse seine Karriere.

Die unterschiedliche Altersstruktur der Jamam, die längere Verweildauer der Polizisten und die größere Spezialisierung des Verbandes waren Vorteile, die im Unterschied zu den militärischen Kommandos eine höhere Qualität zur Folge hatte. Zwar wurden die militärischen Verbände deshalb nicht in ihrem Aufgabenbereich geschmälert und weiterhin zur Lösung von bestimmten Situationen herangezogen, aber dies lag nicht an der Einsatzbereitschaft der Jamam, sondern an den direkteren Verbindungen, die die israelischen Streitkräfte auf der obersten politischen Entscheidungsebene

März 1975, Tel Aviv: Grenzpolizisten am Savoy-Hotel, in dem PLO-Terroristen Urlauber als Geiseln genommen hatten.

Polizeifeuerwerker, eine hart geprüfte Spezialeinheit, die pro Jahr rund 15 000 Einsätze hat, erklärt israelischen Schulkindern arabische Bombenfallen, wie sie in Jerusalem z. B. als Blumentopf getarnt entschärft wurde.

haben. Nach wie vor steht die Polizei im Schatten des militärischen Sicherheitsapparats, ein Zustand, der sich erst in den kommenden Jahren mit einem Generationswechsel auf den oberen Führungsebenen ändern wird.

EUROPA: VERSPÄTETE REAKTIONEN

Die europäischen Staaten können auf eine lange Geschichte organisierter Gewaltkriminalität und politischen Terrorismus zurückblicken. Trotz allem waren die letzten Jahrzehnte von Zögern und Halbherzigkeit geprägt, nationale Bedenken verhinderten eine effektive Zusammenarbeit mit den Nachbarländern, obwohl es an Deklarationen in dieser Richtung nicht fehlte. Außen- und handelspolitische Rücksichtnahmen bestimmten die Sicherheitspolitik von Ländern wie Italien, Österreich, der Bundesrepublik und Frankreich. Den Betreibern des Terrorgeschäfts, Gruppen wie Unterstützer-Staaten, wurde jahrelang Erpreßbarkeit signalisiert. Durch mangelnde Entschlossenheit auf einzelstaatlicher wie gesamteuropäischer Ebene herausgefordert, wurde Westeuropa zum Spielplatz der verschiedensten Terrorgruppen und staatlich gesandter Killerteams. Erfolgt ein Zwischenfall, so wird im nachhinein mit viel Polizei Abwehrbereitschaft vorgespielt, Politiker geben einige markige Statements von sich, bei denen man sich aber beeilt, zu beteuern, daß es sich wahrscheinlich um ein isoliertes Ereignis handelt, von einer kleinen Gruppe Desperados begangen und keinerlei Anzeichen dafür bestehen, daß Hintermänner oder fremde Staaten involviert seien. Mitunter fungieren selbst die polizeilichen Spezialeinheiten in diesem Alibi-Streben.

Als arabische Terroristen im Dezember 1985 eine Gruppe internationaler Touristen vor dem Schalter der israelischen Luftlinie EL-AL in der Abfertigungshalle des Flughafens Wien-Schwechat unter Feuer nahmen, hatten sie leichtes Spiel. Voraufklärung durch einen nie gefaßten Hintermann hatte die drei Attentäter die Schwachstellen der Flughafensicherung erkennen lassen. Ungehindert gelangten sie in die Haupthalle, wo sie ihre Kalaschnikows und Handgranaten aus den Handtaschen entnahmen. Die Rolltreppe, die zum EL-AL Schalter führte, wäre normalerweise von einem oder mehreren Beamten bewacht gewesen, zum Zeitpunkt des Angriffs war niemand dort. Nur die israelischen Sicherheitsbeamten mit ihren .22 l.r. Beretta Pistolen erwiderten das Feuer der Angreifer und trieben sie in die Flucht, obwohl der ursprüngliche Plan des Trios vorsah, Geiseln zu nehmen und dann mit einer der Maschinen von Wien wegzufliegen. Die Kritik der Überlebenden richtete sich vor allem gegen die österreichischen Behörden, die es an einer koordinierten Reaktion auf den Angriff fehlen ließen. Ohne die israelischen Sicherheitsleute, so einige der Touristen, wären alle Opfer des Anschlags getötet worden: Es bedurfte fast einer halben Stunde, bis die Verletzten durch Ambulanzen abtransportiert waren, das Absuchen des Tatorts war derart unprofessionell, daß eine Handgranate erst zwei Tage später durch das Reinigungspersonal gefunden wurde. Die österreichischen Polizeikräfte waren nicht in der Lage, die drei Männer an der Flucht aus dem Flughafengebäude zu hindern. Die Terroristen irrten sich zuerst in der Ausfahrt und gelangten mit Verzögerung auf die Autobahn. Dank diesem Irrtum konnten die Gendarmen der Flughafensicherungsgruppe »Kranich« die Flüchtenden einholen und stellen. Zu diesem Zeitpunkt war Terroristen und Polizeibeamten bei der wilden Verfolgungsjagd die Munition fast gänzlich ausgegangen. So als ginge es darum, im nachhinein etwas zu beweisen, konnte man die »Kranich«-Gendarmen an den Tagen nach dem Attentat in jeder Ecke des Flughafens postiert sehen – deutlich erkennbar an ihren Baretten und Springerstiefeln, mit gebügelten Kampfanzügen, das Steyr AUG Sturmgewehr einsatzbereit quer vor der Brust...

Die Episode ist sehr symbolträchtig für die Art und Weise, wie einige westeuropäische Industrienationen »post factum« auf die Herausforderung des Terrorismus reagieren: Mit demonstrativer Polizeipräsenz, Straßensperren und uniformierten Posten – Gegenmaßnahmen, die mehr der eigenen Bevölkerung und der Beruhigung der Öffentlichkeit gelten als der Abschreckung der Terroristen. Österreich war schon früher Schauplatz spektakulärer Anschläge gewesen und hat nie die politischen Konsequenzen daraus gezogen. Im Rahmen der Gendarmerie wurden zwei Kommandos gegründet, von der Presse nach ihren Funk-Codenamen »Kranich« und »Cobra« getauft und mit den entsprechenden publizistischen Lobeshymnen versehen. Für die österreichische Regierung waren diese Einheiten ein willkommenes Feigenblatt, eine Fassade der entschlossenen Terrorismusabwehr, hinter der man weiter Gruppen wie die PLO hofieren und Länder wie Syrien und Libyen mit Waffen beliefern konnte.

DAS ÖSTERREICHISCHE GENDARMERIEEINSATZKOMMANDO (GEK)

Die dringende Notwendigkeit in der österreichischen Polizei einen Verband aufzustellen, der bei besonderen Lagen eingesetzt werden kann, hätte den Verantwortlichen der Alpenrepublik spätestens im Dezember 1975 klarwerden müssen, als unter Führung von »Carlos« ein internationales Terrorkommando die OPEC-Zentrale in Wien besetzte. Der Versuch einer Gruppe Wiener Polizisten, die Etage zu stürmen, in dem die Attentäter die OPEC-Minister gefangenhielten, blieb im Abwehrfeuer der Bande liegen, zu der auch der Deutsche Hans-Joachim Klein gehörte. Die Wiener Polizisten waren damals nicht einmal in der Lage, ihren angeschossenen Einsatzleiter aus der Feuerlinie zu bergen. Die OPEC-Attentäter erhielten mit ihren Geiseln freien Abzug und ein Flugzeug und wurden in aller Höflichkeit von Kanzler Kreisky verabschiedet.

Die GEK-Aufstellung folgte erst 1978, nicht zuletzt angesichts der Ereignisse in Deutschland und als Reaktion auf den Erfolg der GSG 9. Wie viele andere europäische Spezialeinheiten der Polizei, so lehnt sich auch das GEK in Bereichen wie Struktur, Rekrutierung und Ausbildung an das deutsche Vorbild an. Die Grenzschutzgruppe 9 hat in der Anfangsphase beratend »Pate gestanden«. Das rund 140 Mann starke Kommando unter dem Befehl eines Oberst setzt sich aus Einsatzzügen zu je 20 Mann zusammen, deren Einsatzgruppen als kleinstes taktisches Element das Drei-Mann-Team haben,

Rechts: Die Truppenfahne des GEK mit dem Wahlspruch „Tapfer und Treu". Die Einheit ist auf diesem Bild noch mit FN-High-Power-Pistolen und Uzi-Mpis angetreten.

Schloß Schönau, das idyllische Hauptquartier des GEK

Die drei Phasen einer Übungslage: 1. Planung des Zugriffs mit Einweisung der Beamten und Delegierung der Aufgaben. 2. Vorbereitung der Aktion und Annäherung an das Objekt – wie beim scharfen Einsatz wird die Übung mit geschwärzten Gesichtern, Bristol-Westen und israelischen Schutzhelmen durchgeführt. 3. Zugriff! Während von der einen Gebäudeseite ein Abseiltrupp den Raum ausleuchtet, dringt der Haupttrupp über Steckleitern durch die Fenster ein.

das sich auch in Israel und bei verschiedenen anderen Anti-Terror-Kommandos bewährt hat. Der Grundlehrgang hat eine Dauer von 22 Wochen, wobei nur solche Gendarmerieangehörige sich freiwillig zum GEK melden können, die die normale Ausbildung erfolgreich abgeschlossen haben.

Der Hauptaufgabenbereich des GEK liegt im Training für den besonderen Ernstfall, eine terroristische Geiselnahme, das Neutralisieren eines Amokschützen, die Bewältigung einer Flugzeugentführung. Sekundär ist das GEK für Personenschutzeinsätze bei Staatsbesuchen und hochgestellten Politikern zuständig, außerdem für außergewöhnliche Schutzmaßnahmen im Zusammenhang mit dem österreichischen Flugverkehr.

FRANKREICH – IM POLITISCHEN KREUZFEUER

Das Verhältnis der Franzosen zu ihrer Polizei war schon immer kritisch, der Spitzname »Flic« hatte nie den wohlwollenden Beigeschmack des englischen »Bobby«, sondern eher den Klang des deutschen »Bullen«. Die Polizei war immer die Obrigkeit, der lange Arm der zentralisierten Macht in Paris, ihre kasernierten Bereitschaftskräfte das Haßobjekt einer ganzen Generation von 68ern. Natürlich genießt die Polizei auch keinen besonderen Ruf bei den sozialistischen Kräften im Lande, die in den vergangenen Jahren immer mehr die Politik des Landes beeinflußt haben, zuerst auf kommunaler, schließlich auf nationaler Ebene. Die Folge: Gehörte die französische Polizei Anfang des 20. Jahrhunderts noch zu den modernsten und effektivsten Ordnungskräften Europas, so war sie bei Erreichen des achten Jahrzehnts auf einem Tiefpunkt angelangt. Von der politischen Führung vernachlässigt, von der Presse beargwöhnt, von der politischen Linken gehaßt, stand eine personell unterbesetzte und ausrüstungsmäßig hoffnungslos veraltete Polizeibehörde mit einem ungenügenden Ausbildungsprogramm einer sich von Jahr zu Jahr verschärfenden Kriminalität gegenüber. Auch auf dem Gebiet der Gewaltkriminalitäts- und Terrorismusbekämpfung geriet die französische Polizei ins Hintertreffen.

Gegenwärtig vollzieht sich ein Wandel: Die Regierung hat ein ehrgeiziges Modernisierungsprogramm in die Wege geleitet, das im Juli 1985 von der Nationalversammlung gebilligt, einen Fünfjahresplan bis 1990 vorsieht, dessen Finanzierung mit 15 Milliarden Francs zusätzlichen Kosten verbunden ist. Neben der Computerisierung, einer verbesserten Ausrüstung und Ausbildung der Streifenbeamten wird auch ein Posten aufgeführt, der sich speziell mit der Bewältigung der neuen Sicherheitsproblematik auseinandersetzt:

– Unter Führung von Raymond Sasia, dem bekannten Schießausbilder, soll eine neue Abteilung geschaffen werden, zu deren Aufgaben die bessere Bewachung von öffentlichen Gebäuden und Botschaften gehört.

– In Anlehnung an die alte B.R.I., die »Brigades Anti-Gang« der Kommissare Leclerc und Broussard, wurde eine neue Einheit der Nationalen Polizei geschaffen, die die Öffentlichkeit zum erstenmal im Juli 1985 zu sehen bekam: RAID steht für »Recherche, d'Assistance, d'Intervention et Dissuasion«, d.h. Forschung und Aufklärung, Unterstützung, Zugriff und Intervention und Verhandlungsführung – eine Einheit also, die das gesamte Repertoire der Reaktion auf terroristische Zwischenfälle in den eigenen Reihen aufweisen kann: Spezialisten, die das nachrichtendienstliche Material zusammentragen und auswerten können, die Observationen durchführen und Erkenntnisse aufarbeiten, die bei Geiselnahmen da eingreifen, wo das Instrumentarium der normalen Polizei nicht mehr ausreicht und sowohl Verhandlungsexperten wie auch Präzisionsschützen in einem Verband antreten.

Der erste dreimonatige RAID-Grundkurs begann im Juni 1985 mit siebzig Teilnehmern, die aus 1200 Freiwilligen im Rahmen einer Testwoche ausgewählt wurden. Die unter der Federführung von Chefinspektor Mancini stehende Einheit legt einen besonderen Schwerpunkt auf die psychologische Ausbildung ihrer Angehörigen, die eine unblutige Lösung von polizeilichen Problemfällen zum Ziel hat. Zwar kommen Schieß- und Nahkampftraining, Klettern, Fallschirmspringen, der Umgang mit Explosivstoffen und die Fahrerausbildung beim RAID-Kursus nicht zu kurz, aber die Unterstützung der örtlichen Polizei soll bei der psychologischen Analyse des Täters und der Verhandlungsführung beginnen. Intervention und Zugriff stellen nur das letzte Glied einer Kette von RAID-Maßnahmen dar. Die Gliederung der Einheit in kleine, autarke Untergruppen von 8 bis 10 Beamten, die auf sich allein gestellt eine Lage in Zusammenarbeit mit den lokalen Sicherheitskräften lösen sollen, entspricht dieser Aufgabenstellung. Im Dezember 1985 hatte RAID eine erste Bewährungsprobe in Nantes zu bestehen, wo sich zwei Angeklagte im Gerichtssaal verschanzt hatten, vor Pressekameras mit Sprengkörpern hantierten, herumschossen und androhten, ihre Geiseln in die Luft zu jagen. Nach 40 Stunden zäher Verhandlungen ergaben sich die Geiselnehmer.

Das Grundkonzept von RAID entspricht den Forderungen der Praxis und ein solcher Zusammenschluß von Kapazitäten in einer Einheit kann erfolgreich sein, wie das Berliner Modell des Referats EuS zeigt. Es steht abzuwarten, wieweit das Reformprogramm der französischen Polizei in der Realität »greifen« kann und wie sich RAID weiterhin im Ernstfall bewähren wird. Eine zivilpolizeiliche Variante der GIGN ist in Frankreich bitter notwendig, denn wie eine Konferenz der französischen Polizei-Berufsvertretungen im September 1984 feststellen mußte, sind in den vergangenen Jahren zuviele Personen bei Polizeieinsätzen getötet oder verletzt worden: Polizisten, Unbeteiligte und Kriminelle – mangelnde Ausbildung wurde als ein Grund für diese Fehlleistungen genannt.

GIGN – DER INTERVENTIONSTRUPP DER GENDARMERIE

Die französische »Gendarmerie Nationale« ist ein paramilitärisches Korps, dessen Geschichte bis ins Mittelalter zurückgeht. Manche Historiker behaupten, bis in die Zeit der ersten Frankenkönige. Seit dem 14. Jahrhundert stellt die Gendarmerie die Polizei der Streitkräfte dar, aus dem deutsch-französischen Krieg von 1871 stammt die mobile Einsatzbrigade, die auch in überseeischen Besitzungen Frankreichs ihren Dienst tut. Während die Polizei die Ordnungsaufgaben in den größeren Städten und Gemeinden wahrnimmt, sind es auf dem Lande die Gendarmen, denen im 16. Jahrhundert 3676 Reviere (cantonments) zugeteilt wurden. So ist die Gendarmerie Nationale ein Mittelding zwischen Polizei und Militär und untersteht dem Verteidigungsministerium in letzter Instanz. Vom Eingriffsrecht aber ist die Gendarmerie ganz Polizei und der Justiz verantwortlich.

GIGN-Angehöriger mit Nachtsichtbrille und der schallgedämpften MP 5 SD mit Zielpunktprojektor.

Die Gründung der GIGN, der »Groupe d'intervention Gendarmerie Nationale«; erfolgte am 3. November 1973 auf Order des Direktors der Gendarmerie, M. Cochard, der damit unmittelbar auf

GIGN beim Anflug im Polizeihubschrauber auf ein Objekt

Schießübung mit Geiselszenario: Standardwaffe der GIGN ist der MR-73-Revolver Kaliber .357 Magnum

die Besetzung der saudi-arabischen Botschaft in Paris am 14. September durch palästinensische Terroristen reagierte. Das Massaker von München hatte den Denkanstoß geliefert, Paris den Ausschlag gegeben, wobei die Nationale Polizei und das Innenministerium die politischen Implikationen einer Spezialeinheit zu scheuen schienen. Die GIGN entstand als zweigeteilte Truppe: Die GIGN 1, kaserniert in Maisons-Alfort, zuständig für den Norden des Landes, die GIGN 4 mit Stützpunkt in Mont-de-Marsan für den Süden. Erst 1976 wird diese Zweiteilung aufgegeben, beide Verbände werden unter den Befehl von Capitaine (Hauptmann) Christian Prouteau gestellt.

Anders als die GSG 9 ist die GIGN mit weniger als 50 Männern ein relativ kleiner Verband ohne großen versorgungstechnischen »Schwanz«. Aber die Einheit hat Praxiserfahrung und wurde seit 1973 in über einhundert Situationen zum Einsatz gerufen: Bei Geiselnahmen, Flugzeugentführungen, bei der landesweiten Fahndung nach Frankreichs Ausbrecherkönig Jacques Mesrine, bei Häftlings-

Ein Offizier der GIGN erklärt Journalisten die Bewaffnung der Spezialeinheit, hier das Präzisionsschützengewehr. Im Vordergrund rechts ein Beamter mit aufgesetzter Restlichtaufhelleroptik (Photos La Gazette des Armes/ S Ciejka)

meutereien. Im Februar 1976 fliegt die GIGN nach Djibouti, wo Rebellen einen Schulbus voll Kinder in ihrer Gewalt haben. Die Tatsache, daß Fallschirmjäger der Fremdenlegion die Geiselbefreiung der GIGN durch das Abfeuern einer Milan-Lenkrakete auf eine Terroristenstellung unterstützen, erregt in Frankreich kaum Aufsehen (in Deutschland hätte kein Politiker seine Einwilligung zu einem solchen Zugriffsplan gegeben!). Drei Jahre später wird die GIGN zur Exportware, als eine internationale Gruppe fanatischer Muslime Hunderte von Geiseln in der großen Moschee von Mekka nehmen und ihren Führer als neuen Mahdi, als Messias, ausrufen. GIGN-Offiziere beraten die saudische Garde, unterstützen den Angriff mit Tränengas und haben einen wesentlichen Anteil an der Erstürmung der Moschee. Die bedingungslose Unterstützung seitens Frankreich wird von den saudischen Herrschern mit lukrativen Geschenken, neuen Handelsverträgen und der Bitte um Ausbildungspersonal honoriert. Die GIGN beginnt sich für Frankreich auszuzahlen ...

Mit den achtziger Jahren setzte sich auch bei der Gendarmerie Nationale die Erkenntnis durch, daß die bisherige Personaldecke der GIGN recht dünn und für viele Lagen kaum ausreichend war: Die taktischen Trupps der GIGN wurden vergrößert, so daß die Gesamtstärke nun bei 80 Mann liegt. Zusammen mit der Armee wurden Szenarios durchgearbeitet, bei denen das Heer die Gendarmen unterstützen konnte. In der neuen Organisationsform der »Groupe de Securité et d'Intervention de la Gendarmerie Nationale« kann die GIGN auf 200 besonders ausgebildete Fallschirmjäger zurückgreifen, wenn zusätzliche Kräfte etwa für die Bildung eines Notangriffstrupps oder als innere Absperrung gebraucht werden. Diese Fallschirmjäger haben eine Spezialausbildung erhalten, die sie in die rechtlichen Bedingungen einweist und polizeimäßige Schulung für Festnahmen beinhaltet. Natürlich sind solche Verstärkungen nicht für die »Heimatfront« gedacht, sondern eher für GIGN-Aktionen in Übersee. Bei den Planungen hat man offensichtlich Situationen wie die israelische Geiselbefreiung in Entebbe analysiert.

In Frankreich fallen unter den Rahmen der GSIGN zwei andere Formationen, die Personenschützer des Präsidenten und EPIGN, die Sicherheitsabteilung für Flughäfen und öffentliche Gebäude. Beide Verbände könnten der GIGN im Notfall personell entsprechend geschulte Unterstützung geben. Beispielhaft ist auch der direkte Befehlsstrang, der mit der Alarmierung der GIGN aktiviert wird: Die Einheit kommt sofort unter die Weisungsbefugnis eines ministeriellen Krisenteams, das je nach Sachlage entweder vom Innen-, vom Verteidigungs- oder Außenminister geleitet wird, je nachdem, wessen Kompetenzbereich berührt wird.

Die GIGN hat nicht den Ruf, besonders zimperlich in der Wahl ihrer Mittel zu sein. Bei ihrem Einsatz geht sie oft mit einer Feuerkapazität vor, die in anderen westeuropäischen Staaten nicht tolerierbar wäre. Dies hängt vielleicht auch mit dem Umstand zusammen, daß man in der französischen Republik Tätern, die mit Waffengewalt Straftaten begehen, namentlich Geiselnahmen durchführen, wenig Sympathie entgegenbringt. Die GIGN sieht sich in diesem Kontext als »force de choc«, als Sturmtruppe, deren Einsatz erst dann genehmigt wird, wenn alle anderen Mittel ausgeschöpft sind. In der Philosophie der GIGN bedeutet der Schußwaffeneinsatz gegen den Geiselnehmer das geringstmögliche Risiko für die Geiseln und die eingesetzten Beamten. Ein Täter, der im Moment des Zugriffs noch Widerstand leisten will, ist selbst für die Folgen verantwortlich. Man will keine Risiken eingehen, d.h. Opfer und Einsatzkräfte zu gefährden, um ihn vor seiner eigenen Dummheit zu schützen. Zudem hat jeder Einsatz der GIGN abschreckende Wirkung auf eventuelle Nachahmungstäter. Das gesamte Auftreten der Einheit – die bewußt zur Schau getragene Härte, die Schießvorführungen vor der Presse – dient dieser Imagepflege, die Teil des Abschreckungskonzepts ist. Ob es erfolgreich ist, ist eine andere Frage. Unumstritten ist die GIGN auch in Frankreich nicht ...

SPANIEN: GEO, UEI UND GAR

Auch nach der Demokratisierung Spaniens, die dem Tode des Generalissimo Franco folgte, ist die spanische Gesellschaft von Terroranschlägen nicht verschont geblieben: Neben der maoistischen GRAPO (Grupo de Resistencia Antifascista Primo de Octubre) sorgen die neofaschistischen „Guerilleros Del Christo Rey" (König Christus Kämpfer) mit spektakulären Anschlägen für ein Aufsehen, das kaum ihrer tatsächlichen Größe und Bedeutung entspricht. Daneben dient die spanische Halbinsel seit Jahren arabischen Terrortrupps als Ruhe- und Logistikraum, sporadisch kommt es zu Anschlägen gegen israelische und amerikanische Einrichtungen und Personen oder zu Abrechnungen zwischen rivalisierenden PLO-Gruppen. Die Hauptbedrohung geht aber nach wie vor von der baskischen Seperatistenbewegung Euzkadi Ta Askatasuna (ETA) aus, deren Anschläge sich längst nicht mehr nur auf das Baskenland beschränken.

Der ETA-Terrorismus, der seine Ursprünge in der Unterdrückung der baskischen Minderheit durch das Franco-Regime hatte, eskalierte in den siebziger Jahren zu einem regelrechten Kleinkrieg, bei dem kaum noch ein Tag ohne Bombenanschläge und Schießereien verging. Interne Auseinandersetzungen um den politischen Kurs

Zu den in den spanischen Einheiten vorhandenen Spezialisten gehören auch Leichttaucher, eine logische Notwendigkeit bei der Länge der spanischen Küstengewässer und der Tatsache, daß der Seeweg zu einem der wichtigsten Schmuggelrouten der ETA geworden ist.

der baskischen Nationalbewegung brachen nach dem Tode Francos in offene Auseinandersetzungen aus, die umso gewalttätiger wurden, je mehr die Regierung in Madrid auf eine Kompromißlösung des baskischen Problems hinarbeitete. Ähnlich wie bei der IRA bildete sich ein radikaler ETA-Flügel, der den Kampf bis zum letzten fortsetzen will, während ein gemäßigter Teil unter Ausnützung von Amnestieangeboten Madrids die Untergrundarbeit aufgab und nun den politischen Weg sucht. Fortan richtete sich der Terror der baskischen Radikalen nicht nur gegen die Vertreter der spanischen Autorität, sondern auch gegen »Kollaborateure« und »Verräter« unter den Basken.

Auch in Spanien wurde der Aufbau polizeilicher Spezialeinheiten durch die erfolgreichen Beispiele des europäischen Auslands angeregt, wie sehr man sich an das Vorbild der GIGN und der GSG 9 anlehnte, zeigen nicht nur Uniformierung und taktische Elemente sondern auch die Bewaffnung. Die Geburtsstunde der spanischen Spezialpolizisten schlug 1978, ihre Entwicklung wurde durch den Erfolg von Mogadischu ausgelöst und auf zwei Ebenen, der nationalen Polizei und der Gendarmerie durchgeführt.

Bei der Policia Nacional stand die GSG 9 Pate, als die »Grupo Especial de Operaciones« (GEO) aus der Taufe gehoben wurde. Obwohl Spanien selbst über eine anerkannte und eigenständige Waffenindustrie verfügt, wurde die GEO nach dem deutschen Vorbild bewaffnet: Heckler & Koch Maschinenpistolen der Modellserie 5 und HK P 9S Pistolen, Mauser 66 und HK G3/SG1 Scharfschützengewehre. In jüngster Zeit wurden diese Waffen der ersten Generation zum Teil durch neue spanische Spannabzugspistolen, französische MR 73 Revolver und Cetme-Sturmgewehre Kaliber 2.23 ergänzt. Auch in der Einheitsstruktur ähnelt GEO der GSG 9: Die heute aus rund 120 Mann bestehende „Superpolizei" (so die spanische Presse) ist in Spezialeinsatztrupps zu je fünf Mann gegliedert, in denen die Präzisionsschützen integriert sind.

Obwohl die Policia Nacional und ihre GEO vornehmlich für die urbanen Siedlungsgebiete der iberischen Halbinsel zuständig sind, werden die Spezialeinsatzkräfte im Rahmen ihrer sechsmonatigen Ausbildung auch als Kampfschwimmer, Fallschirmspringer und Skiläufer ausgebildet – Sportarten, die sowohl die individuelle körperliche Leistungsfähigkeit als auch psychische Überwindung und Teamgeist fördern. Die GEO-Teams dienen der Unterstützung der örtlichen Polizei bei besonderen polizeilichen Problemfällen wie verbarrikadierte Täter, Geiselnahmen und Entführungen. So kam die GEO bei den Geiselnahmen in den Banken von Bilbao und Barcelona zum Einsatz, wie bei der spektakulären Befreiung des entführten Vaters von Julio Iglesias und verschiedener Festnahmen von langgesuchten Straftätern. Organisationsmäßig ist die GEO direkt dem kommandierenden Polizeichef der Policia Nacional als Verfügungstruppe unterstellt und untersteht durch ihn in direkter Linie dem Innenminister.

Im Gegensatz dazu ist die spanische Gendarmerie, die Guardia Civil, eine nach paramilitärischen Gesichtspunkten aufgebaute Bereitschaftspolizei, deren Aufgaben ein weites Spektrum abdeckt – von der Grenzsicherung über den Straßenverkehr bis hin zum militärpolizeilichen Bereich – ähnlich wie die holländische oder belgische Gendarmerie. Wie in Frankreich hat aber die Guardia auch sicherheitspolizeiliche Befugnisse, primär in den ländlichen Regionen, aber auch in den Städten, wo ihr Kompetenzbereich an die der örtlichen Policia Nacional grenzt. Die verschiedenen Aufgabenebenen der Guardia Civil spiegeln sich auch in der Tatsache wider, daß sie neben dem Innenministerium dem Verteidigungsministerium (und auf dem Umweg über die Steuerfahndung) auch dem Finanzminister unterstellt ist.

Seit altersher steht die Guardia Civil in vorderster Front bei der Bekämpfung von Staatsfeinden aller Art: Unter dem Franco-Regime war sie die eiserne Faust, mit der die Diktatur jede oppositionelle Regung im Staat unterdrückte. Die gnadenlose Jagd auf tatsächliche oder vermeintliche Kommunisten nach dem Ende des Bürgerkriegs verschaffte der Guardia ihren zweifelhaften Ruf. Später wurde der Kampf gegen die baskischen Seperatisten ein Hauptbetätigungsfeld der Guardia. Daß die Guardia in diesem Konflikt zum primären Zielobjekt des ETA-Terrorismus wurde, liegt nicht zuletzt an den Methoden der Polizisten mit den schwarzen Lackhüten. Eine der Hauptforderungen auch der gemäßigten baskischen Nationalisten lautet nach dem Abzug der Guardia aus der Provinz.

Parallel zur nationalen Polizei schuf sich die Guardia mit Unterstützung der französischen GIGN ihr Spezialeinsatzkommando, die »Unidad Especial de Intervencion« (UEI). Die Geiselbefreiung durch direkten Zugriff oder den Einsatz von Präzisionsschützen ist ein wesentlicher und offiziell gern in den Vordergrund gestellter Existenzgrund für die UEI: Die möglichen Sezenarien reichen von der fast schon »klassisch« zu nennenden Erstürmung von Flugzeugen über Busse, Zugabteile bis zu Schiffen und Fähren. Aber die Ausbildung dieses Kommandos geht viel weiter – in den hochalpinen Bereich hinein. Die UEI operiert unter anderem in den Hochlagen der Pyrenäen, in jenem französisch-spanischen Grenzgebiet, das den ETA-Terroristen für ihre Infiltrations- und Fluchtrouten dient. Bei solchen Fahndungsaktionen im Baskenland operiert die UEI als Speerspitze und Vorauskommando der »Grupo Antiterrorista Rural« (GAR). Die GAR sind die Basis des Antiterrorprogramms der Guardia Civil, kompaniestarke Abteilungen besonders ausgesuchter und trainierter Freiwilliger, die mit Hundestaffeln und gepanzerten Transportern ein Terrain binnen kürzester Zeit nach der Alarmierung abriegeln und durchkämmen können. Die GAR-Angehörigen üben ständig die schnelle Luftverlastung mit Hubschraubern – innerhalb weniger Stunden können 200 bis 250 GAR- und GEO-Männer an jedem beliebigen Einsatzort in Spanien zusammengezogen werden, wobei beide Einheiten gelernt haben, zusammenzuarbeiten und sich gegenseitig zu ergänzen.

1986 ist die Guardia erneut ins Gerede gekommen, nachdem ein im Baskenland eingesetzter Anti-Terror-Beamter vor der Presse über seine Tätigkeit gegen ETA-Angehörige in Südfrankreich aussagte und Einzelheiten über die Verbindung von Guardia-Offizieren zu der mysteriösen »gegenterroristischen Befreiungsgruppe« GAL bekanntgab. Es bleibt abzuwarten, inwieweit der sich anbahnende Skandal Auswirkungen auf die Struktur und Konzeption von GAR und UEI haben wird. Wieder einmal aber scheint sich zu beweisen, daß außerhalb des Legalitätsprinzips liegende Maßnahmen zur Terrorismusbekämpfung nur der Gegenseite Propagandamaterial bieten und sich zum Gegenteil verkehren.

Das Wappen der BSB, silber auf blauem Grund

HOLLAND – DIE KÖNIGLICHEN GENDARMEN

Die holländische »Koninlike Marechaussee« ist eine paramilitärische Formation, die der Gendarmerie Nationale Frankreichs in Geschichte und Aufgabenverteilung sehr ähnlich ist. Auch die Marechaussee ist Bereitschaftspolizei und Feldjäger zugleich, ihr unterliegt aber auch die Bewachung des Königshauses und der Grenzen des Landes, die Paßkontrolle und die Begleitung von Werttransporten.

Die »Brigade Speciale Beveilingsopdrachten« (BSB), die Spezialbrigade für Sicherheitsaufgaben, wurde 1976 eingerichtet, um zwischen der Reichspolizei mit ihren Festnahmetrupps und der militärischen Alternative, dem Rückgriff auf die Spezialisten der Mariniers, eine Kräftereserve zu haben. Zum einen wird dadurch die Schwelle des militärischen Einsatzes angehoben, zum anderen ist mit der BSB eine der zivilen Justiz unterstehende Polizeiformation entstanden, die auch bei Krawallen zur Unterstützung der Gemeindepolizei einsetzbar ist, während sie andererseits kleinere Geiselnahmen und Konfrontationen mit bewaffneten Kriminellen bewältigen kann.

Der Aufbau der BSB geschah in enger Zusammenarbeit mit der GSG 9: 1975 – 76 durchliefen zwei Offiziere und drei Unteroffiziere die sechsmonatige Ausbildung der GSG 9 und erhielten das Leistungsabzeichen des deutschen Eliteverbands, das auch heute noch stolz über der rechten Brusttasche getragen wird, während links die Fallschirmspringer-Flügel geführt werden. Einstellungstests und die sechseinhalbmonatige Grundausbildung der BSB sind genaue Kopien des GSG 9-Verfahrens. Die BSB, die im Einsatzfall zwischen 40 und 50 Mann mobilisieren kann, hat das taktische Grundmuster der Fünf-Mann-SETs übernommen, das von der GSG 9 herstammt. Operationell ist der gesamte Verband direkt als besondere Verfügungstruppe dem Kommandeur der Marechaussee unterstellt, der über Einsätze und Alarmierungen entscheidet. Der Standard der BSB, sowohl in körperlicher als auch in taktischer Hinsicht, ist hoch, dies zeigte auch der erste internationale Vergleichskampf, die Combat Teams Competition 1983, bei dem die BSB einen guten achten Platz belegte und in einem Belastungslauf an erster Stelle lag.

Waffenmäßig sind die BSB-Gendarmen mit Revolvern .357 Magnum Smith & Wesson M 19, 9 mm Parabellum Walther P 5 Pistolen, Uzi-MPs und HK G3SG1 ausgestattet, aber ein großer Teil der Ausbildung bezieht sich auf waffenlose Selbstverteidigung und Stockkampf – was der Einsatzrealität bei den Krawallen mit Hollands anarchistischen »Kraakern« entspricht. Trotz schwieriger Dienststunden, ständiger Einsatzbereitschaften und hohen körperlichen Anforderungen, zu denen alle sechs Monate ein Qualifikationstest zählt, mangelt es nicht an Neubewerbern. Man kann es sich leisten, nur ein Drittel der Bewerber für den Grundlehrgang zuzulassen!

ITALIEN – DIE GEPLAGTE REPUBLIK

Wie würde es in der Bundesrepublik aussehen, hätte man hier einen Terrorismus erfahren, wie es die italienische Republik bereits seit fast zwei Jahrzehnten ohne Abbau demokratischer Rechte erträgt? Mit Knieschüssen gegen Rechtsanwälte, Kommunalpolitiker und Justizbeamte, mit Mordanschlägen gegen Richter, Polizisten und Parteichefs, mit fast alltäglichen Entführungen und Bombendrohungen? Gemessen an der intensiven Aktivität linker und rechter Terrorbanden in Italien, nehmen sich die gelegentlichen Anschläge der Baader-Meinhof-Gruppe oder revolutionärer Zellen fast schon »gemäßigt« aus. Dabei waren die italienischen Parteien aller Parlamentsrichtungen bemüht, dem Terrorismus nicht durch die Demontage des Rechtsstaates in die Hände zu arbeiten.

Es bedurfte eines extremen, das ganze Land erschütternden Attentats, die Entführung und Ermordung Aldo Moros, um das Innenministerium zu verleiten, den Schritt zur Autorisierung einer Spezialeinheit für Geiselbefreiungen zu wagen. 1978 wurden die »Zentralen Operativen Sicherheitskader«, die »Nucleo Operativo Centrale die Sicurezza« (NOCS) aufgestellt, eine rund 40 Mann starke Einheit der römischen Polizei. Die Aufbauphase der Einheit, die aus Streifenbeamten unter Führung eines Oberst gebildet ist, fiel in die Zeit der intensiven Suche nach dem Versteck der Moro-Entführer. Britische SAS-Spezialisten und amerikanische Terrorismus-Experten halfen in dieser Zeit. Absolute Geheimhaltung umgibt diesen Verband, man fürchtet Racheakte an den Mitgliedern und ihren Familien. Ihre Existenz geriet erst im Januar 1982 ins Rampenlicht der Presse, als ein NOCS-Team in einer Bilderbuchaktion die Entführer des amerikanischen Generals James Lee Dozier ohne Schußwaffengebrauch, lediglich mit Karateschlägen überrumpelten, und die Geisel nach 42 Tagen Gefangenschaft befreiten. In einem geheimen Trainingslager in Sardinien geschult, sind die im Schnitt nur Fünfundzwanzigjährigen nur vermummt am Tatort zu sehen gewesen. Ihr Einsatz erfolgte in Jeans, Turnschuhen und Sweatshirts, die Leichtschutzweste übergeworfen, eine Pudelmütze auf dem Kopf.

Die Bekämpfung organisierter Kriminalität gehört bereits zur Geschichte der Carabinieri – diese Darstellung aus dem 19. Jahrhundert zeigt die Festnahme eines berüchtigten Briganten.

Die Berichte über Doziers Befreiung wurden wenig später von Anschuldigungen gegen mehrere NOCS-Angehörige überschattet, Angehörige der Roten Brigaden gefoltert zu haben. Fünf NOCS-Polizisten wurden vor Gericht gestellt und verurteilt, eine Entwicklung, die in liberalen italienischen Kreisen sofort Mißtrauen gegen die Sondertruppe aufkommen ließ und bei den Linksextremen zu Forderungen nach der Auflösung der Einheit führte. Seitdem wurde eine absolute Nachrichtensperre über die NOCS verhängt.

IN DER TRADITION DER CARABINIERI: »GROUPE INTERVENTIONAL SPEZIALE« (GIS).

Wie die österreichische und französische Gendarmerie, so sind auch die italienischen Carabinieri seit ihrer Gründung 1814 eine paramilitärische Truppe gewesen, die Ordnungsdienst im Frieden mit militärischer Landesverteidigung in Krisenzeiten verbindet. Die 90 000 Mann stellen heute eine mechanisierte Brigade mit 13 Bataillonen nebst zwei Schwadronen Kampfpanzern und einem Luftlande-Bataillon. Als Polizeiorganisation war das Korps in Divisionen aufgeteilt, die den Provinzen entsprechen. Heute heißen diese Verwaltungsbezirke »Gruppen«, die wiederum nach »Companies« und »Lieutenancies« aufgegliedert sind. Obwohl die Carabinieri ihre Streifenbereiche, wie Truppen im Feindesland, mit distanzierter Strenge patrouillieren, genießen sie seit eh und je einen ausgezeichneten Ruf. Selbst die faschistische Diktatur, die der Reputation der städtischen Polizeien und Kriminaldienststellen schadete, konnte das Ansehen der Carabinieris nicht beeinträchtigen.

Angesichts der terroristischen Bedrohung und der Zunahme von Entführungen und Geiselnahmen richtete das Oberkommando des Korps eine besondere Verfügungstruppe ein, die speziell für Geiselbefreiungen ausgebildet und ausgerüstet wurde: Die GIS zählt 46 Mann und wird von einem Major befehligt. Die Freiwilligen stammen aus militärischen Eliteeinheiten, beziehungsweise den Fallschirmjägern der Carabinieri. Die Einheit ist in der kleinen Fischereistadt Lavorno stationiert und die Nähe des Meeres wird zweckdienlich in das körperliche Trainingsprogramm der Männer einbezogen, die jeden Morgen nach einem 5-km-Lauf je zwei 1-km-Strecken im Meer schwimmen müssen. Das Debüt der GIS kam mit einem Gefängnisaufstand in der Provinzstadt Trani. Unter dem Einsatz von Tränengas stürmte die Einheit das Gefängnis ohne Waffengewalt, brach den Widerstand der Insassen durch eine koordinierte Aktion mit Hubschraubern und befreite die als Geiseln genommenen Wärter.

Zahlreiche Festnahmen haben in den letzten Jahren einen spürbaren Rückgang in den Aktionen der italienischen Terrorgruppen bewirkt. Aber eine neue Generation ist längst herangewachsen, so daß die Bedrohung von innen noch längst kein Kapitel der Vergangenheit ist. Wie Österreich und Frankreich hat eine auf Beschwichtigung und Nachgiebigkeit aufgebaute Außenpolitik das Land außerdem zu einer Schaltstelle nahöstlicher Gruppierungen werden lassen. Man braucht kein Prophet zu sein, um festzustellen, daß die wirklichen Prüfungen für Einheiten wie die NOCS oder GIS noch bevorstehen.

SPEZIALEINHEITEN DER DEUTSCHEN POLIZEI

EINE VORPROGRAMMIERTE TRAGÖDIE

Die deutsche Polizei war 1972 auf ein Ereignis wie das Geiseldrama von Fürstenfeldbruck absolut unvorbereitet. Der Ausgang der Tragödie war durch bürokratische Versäumnisse, politisches Versagen, fehlende Umsicht polizeilicher Führungskräfte und die Gesamtentwicklung des deutschen Sicherheitswesens nach 1945 vorprogrammiert. In der Nachbereitung durch die Behörden tat man alles, um der Öffentlichkeit Glauben zu machen, daß diese Aktion des internationalen Terrorismus in ihrer Art erstmalig und für die deutsche Polizei einzigartig überraschend gekommen war. Man bemühte sich, laufend darauf hinzuweisen, wieviel uniformierte Polizeikräfte zusätzlich zum Schutz der Olympiade herangezogen wurden, was man alles getan hätte, um die Besucher und Sportler zu schützen, und daß man ja alles nur Menschenmögliche unternommen hätte. Wer konnte denn wissen, daß . . .

Man kann sich damit trösten, daß auch andere Staaten ähnlich unvorbereitet gewesen wären, daß auch in anderen Ländern die Polizeientwicklung hinter den Ereignissen hinterherhinkte – aber bei genauerer Betrachtung sind solche Argumente nur hohle Floskeln. Der deutschen Geschichte war Terrorismus und Extremismus nicht fremd, anarchistische Gewalttaten, Bomben und Attentate gab es schon vor dem Ersten Weltkrieg. Die Weimarer Republik schließlich lieferte genügend Beispiele politisch motivierter Kriminalfälle, terroristischer Anschläge und bewaffneter Banden, die schließlich den Untergang der ersten Demokratie verursachten. Aber wenn überhaupt Lehren aus der Zeit zwischen 1918 und 1933 gezogen wurden, dann bewegten sie sich nur auf einer Ebene: Die Abwehr von Angriffen auf die demokratischen Institutionen durch kommunistische Insurgenten. Die Polizei wurde für den Bandenkrieg ausgebildet und ausgerüstet: Bereitschaftspolizei und Bundesgrenzschutz-Hundertschaften probten mit Granatwerfern, Panzerfahrzeugen, Stahlhelmen, Sturmgewehren und Handgranaten den Bürgerkrieg in ländlichen Gegenden. Die Szenarios, die diesen Manövern zugrunde lagen, hatten ihre Vorbilder in den Ruhrkämpfen. Streiks und Arbeitskämpfe wurden als Ausgangsprobleme für die Einsatzlagen mit »verschanzten, gewalttätigen Störergruppen« genommen – kurz, man beging den typischen Fehler der Militärs, den letzten Krieg wieder und wieder durchzuüben, statt sich für zukünftige Konflikte vorzubereiten. Es gab vor 1972 nichts in den Lehrplänen der Polizeischulen, was Polizeibeamten und Polizeiführer mit den Problemen urbaner Terrorismusabwehr vertraut gemacht hätte, noch bereitete man sich auf die Lösung gewalttätiger Konfliktaustragung auf der Straße vor, die mit den studentischen Unruhen von 1968 ein neues Einsatzbild prägten, das bis heute von der Polizei nur mit starren Reaktionen beantwortet wird.

Die Versäumnisse der deutschen Polizei- und Sicherheitsbehörden und der für sie verantwortlichen Politiker wiegt umso schwerer, wenn man erkennt, wie sehr man sich allerorts weigerte, die Schrift an der Wand zu sehen. Die Bundesrepublik hatte bereits vor dem Herbst 1972 eindeutige Erfahrungen mit transnational operierenden Terroristen – jugoslawische Killer-Trupps und kroatische Exilgegner hatten wiederholt in Deutschland ihre Schießereien ausgetragen. Palästinensische Terroristen griffen auf deutschem Boden israelische und jüdische Institutionen an, und der bodenständige deutsche Extremismus sorgte für eine genügend laute Hintergrundmusik: Eine nur unvollständige Auflistung des BKA zählt über 90 Schießereien und Bombenattentate für die Zeit vom Sommer 1967 bis zum Herbst 1972 auf. Das Massaker von Fürstenfeldbruck, bei dem elf israelische Athleten und ein Polizist starben (zwei weitere Beamte wurden verwundet), war nicht die erste Geiselnahme, bei der sich die deutsche Polizei als unfähig erwiesen hatte. Mehrere Banküberfälle mit Geiselnahmen hatten in den Jahren davor im Chaos geendet, zuletzt beim Fall Rammelmayr 1971 in München. Aber man war bereits im Vertuschen geübt, sprach von isolierten Zwischenfällen und einmaligen Ausnahmesituationen und weigerte sich, Konsequenzen irgendwelcher Art zu ziehen. Mahner blieben ungehört, Hinweise auf Entwicklungen in den USA wurden verlacht und mit Bemerkungen abgetan, so etwas könne hierzulande nicht passieren und man kenne die Wildwestmanieren dort. Innovatives Denken war nicht gefragt. Am Ende stand der Bericht vom Polizeieinsatz in Fürstenfeldbruck, für den der damalige Münchener Polizeipräsident Dr. Manfred Schreiber verantwortlich zeichnete. Auch dieser Report – dazu gedacht Kritik zu neutralisieren – sollte eher verschleiern als die Vorgänge in jener Septembernacht zu erklären. Zwischen den Zeilen gelesen, taucht die ganze Ratlosigkeit der Verantwortlichen jenes Einsatzes auf: Es fehlte an allem – an polizeilichen Präzisionsschützen und entsprechenden Waffen, an Nachtsichtgeräten, Beleuchtungsmöglichkeiten und einem adäquaten Funknetz, an Zugriffskräften mit einer spezialeinsatzmäßigen Ausbildung und letztlich an einer vernünftigen Einsatzplanung und Einsatzführung.

Nach jenem 5. September 1972 setzte in der Bundesrepublik und Berlin eine umfassende Neuordnung ein, in die das BKA, der BGS, die Länder- und Stadtpolizeibehörden und die Verfassungsschutzämter einbezogen wurden: Ein Ergebnis des Schocks von München war die Aufstellung der GSG 9.

GRENZSCHUTZGRUPPE 9

Ein Erlaß des damaligen Bundesinnenministers Hans-Dietrich Genscher, drei Wochen nach dem Massaker von Fürstenfeldbruck, regelte die Aufstellung einer Sondereinheit im Rahmen des Bundesgrenzschutzes mit der Bezeichnung »GSG 9« und Sitz in der BGS-Unterkunft St. Augustin-Hangelar vor den Toren Bonns. Kommandeur der neuen Einheit wurde Ulrich K. Wegener, Jahrgang 1929, ein BGS-Offizier der 1958 von der baden-württembergischen Bereitschaftspolizei in den Bundesgrenzschutz übergewechselt war, gerade den Lehrgang am NATO-Defence College in Rom absolviert hatte und davor Verbindungsoffizier des BGS zum Büro des Ministers Genscher gewesen war. Mit dieser Stellenbesetzung bewies der FDP-Chef und Innenminister eine glückliche Hand, denn der Aufbau der Grenzschutzspezialeinheit war keine leichte Aufgabe – in der Bundesrepublik wurde mit einem solchen Verband totales Neuland betreten. Terrorismusbekämpfung sollte die Aufgabe der GSG 9 sein, aber ein Konzept mußte erst noch geschaffen werden. Wegener hatte keine Berührungsängste, er hatte sich mit den Schriften terroristischer Gruppierungen und ihrer »Propheten« auseinandergesetzt, und Carlos Marighellas Tupamaro-Handbuch wurde für ihn genau wie für die RAF-Anhänger zum Leitfaden – nur aus anderer Sicht!

Auch in anderer Hinsicht unterschied sich der GSG 9-Kommandeur von der üblichen Garnitur auf Polizeiführungsebene: Wegener war bereit zu lernen und in der Lage »über den Deich« zu sehen, d. h. sich über die Erfahrungen des Auslands unvoreingenommen zu informieren. Drei Länder standen dabei vornehmlich auf der Reiseliste: In Israel ging Wegener bei den Anti-Terror-Spezialisten Zahals in die Lehre, er analysierte ihre Trainings- und Einsatzformen, Motivierungs- und Führungsstrukturen. Er war mehr als ein Besucher, dem man eine oberflächliche Show vorsetzen konnte, israelische Reserviertheit wich bald Anerkennung und offenem Vertrauen. Als

Vier Mann eines SETs mit einem Teil der persönlichen Ausrüstung, links das Mauser 66 SP, rechts das HK SG 1

Die moderne Unterkunft der GSG 9 in der Richthofenkaserne in St. Augustin / Hangelar. Im Vordergrund ein Teil des Fuhrparks.

man ihm das rote Barett der israelischen Fallschirmjäger überreichte, war dies mehr als nur eine Geste. In Wegener hatten die Israelis einen Freund gefunden, der ihren Überlebenskampf verstand und teilte. Für viele der jüdischen Soldaten, die mit ihm bei seinem ersten und den späteren Besuchen in Kontakt kamen, verkörperte er das andere Deutschland, die neue Generation. Diese Reisen haben einen größeren Anteil an der Aussöhnung und Verständigung gehabt, als manche Visite deutscher Politiker.

In den USA gab es genügend Sehenswertes bei den Special Forces und beim FBI in Quantico. Auch hier entwickelte sich eine für beide

US-Botschafter Burt zu einem Informationsbesuch bei der GSG 9, in der Mitte Ulrich K. Wegener, jetzt Kommandeur des Grenzschutzkommando West, zu dem die Grenzschutzspezialeinheit gehört. Ein fernlenkbarer Manipulator wird vorgeführt, wie er zur Untersuchung von verdächtigen Gegenständen benutzt werden kann.

Autark und anpassungsfähig

Die Struktur der GSG 9

Von Anfang an wurde die Gliederung dieser bundespolizeilichen Spezialeinheit so gestaltet, daß der Verband in jeder Hinsicht unabhängig operieren konnte.

– Zum Stab gehören neben dem Kommandeur und zwei Stabsoffizieren, der Adjutant mit der administrativen Gruppe, ein Arzt und der Psychologe.

– Zur Unterstützung der operativen Aufgaben sind eine Fernmelde- und Dokumentationseinheit, eine Beweissicherungsgruppe, eine technische Einheit und eine Versorgungseinheit für die Logistik vorhanden. Waffen- und Fahrzeuginstandsetzung, Forschung und Erprobung von Einsatzgeräten und Trainingsmitteln wird von eigenen Spezialisten besorgt.

– Eine Ausbildungseinheit mit eigenem Führungstrupp ist für die Aus- und Fortbildung verantwortlich und übernimmt die Prüfung der Anwärter.

– Den Kern der GSG 9 bilden die vier Einsatzeinheiten. Jede dieser Einheiten hat einen eigenen Führungstrupp und sechs Spezialeinsatztrupps (SETs). Der SET ist die kleinste taktische Einheit, eine homogene, aufeinander eingespielte Gruppe, deren fünf Mann sich in ihren Funktionen untereinander ersetzen können. Präzisionsschützenteams können aus diesen SET herausgezogen und der Situation entsprechend eingesetzt werden.

Seiten fruchtbare Zusammenarbeit mit der Grenzschutzspezialeinheit. Allein auf technischem Gebiet war die amerikanische Polizeientwicklung der deutschen um Jahre voraus, Lehrgänge in Ft. Bragg und Quantico für GSG-9-Offiziere folgten, später hospitierten die Amerikaner in St. Augustin. Innerhalb Europas hatten die Briten 1973 die meisten Erfahrungen in der Abwehr von Stadtguerillas, dafür hatten die Terrorkampagnen der IRA in Nordirland gesorgt. In den folgenden Jahren sollte sich die Zusammenarbeit zwischen britischen und deutschen Spezialisten vertiefen und soweit gehen, daß die GSG 9 immer wieder zu Übungen nach England reisen konnte. GSG-9-Angehörige durchliefen SAS-Lehrgänge und machten das britische Fallschirmspringer-Abzeichen. SAS-Offiziere studierten Einsatztaktiken und Waffentechnik der deutschen Gruppe und sollten schließlich beim Einsatz in Mogadischu wertvolle Schützenhilfe geben: Major Allistair Morrison und Sergeant Barry Davis nahmen an der Rettungsaktion teil und zündeten im Moment des Angriffs die Blendblitzgranaten vor den Cockpitfenstern der entführten »Landshut«.

Einsatzprinzipien und Techniken dieser ausländischen Verbände wurden nicht einfach kritiklos übernommen, sondern auf ihre Verwendbarkeit unter bundesdeutschen Verhältnissen geprüft. Anders als die Zenchanim oder der SAS war die GSG 9 eine polizeiliche Spezialeinheit. Sie kam zwar aus dem ursprünglich paramilitärisch organisierten Bundesgrenzschutz, aber auch diese rund 22 000 Mann starke Truppe erfuhr eine einschneidende Veränderung: Im August 1972 war ein neues BGS-Gesetz erlassen worden, das ab dem 1. April 1973 die alten gesetzlichen Grundlagen des Grenzschutzes aus dem Gründungsjahr 1951 ablöste und besonders die polizeili-

GSG-9-Zugriffskräfte aus der Sicht eines Flugzeugentführers. Geiselbefreiung aus Verkehrsmitteln aller Art gehört seit langem zum Standardrepertoire dieser Spezialeinheit.

Die Heckler & Koch MP 5 SD ist eine 9 mm Maschinenpistole mit integriertem Schalldämpfer. In Verbindung mit Nachtzieloptiken oder dem vierfachen Zeiss-Zielfernrohr wie hier im Bild ist diese Waffe eine geeignetes Mittel für den Präzisionsschützeneinsatz im Nahbereich bis 75 m.

chen Aufgaben des Verbandes als Polizei des Bundes auch zur Unterstützung der Länderpolizeien unterstrich. Der Truppencharakter sollte verschwinden, die Saladin-Radpanzer britischer Provenienz wurden ausgesondert, Dienstgradabzeichen und Benennungen denen der Länderpolizeien angeglichen. In dieser Zeit der Reformen und Umstrukturierungen, die von vielen »alten BGSlern« als schmerzhaft empfunden wurden, galt es, für die neue Sondereinheit eine grundlegende Konzeption zu entwickeln, die einerseits eindeutigen polizeilichen Charakter hatte, andererseits aber den einsatzmäßigen Bedürfnissen eines Kommandos für Spezialaufträge und Extremsituationen Rechnung trug. Eine solche Gratwanderung war und ist problemgeladen, sie erfordert eine ständige Neuorientierung

Auswahl und Schulung

50 bis 60 Prozent der Bewerber passieren nicht die Eingangshürde und werden bereits bei den Konditions- und Psychotests ausgesiebt, weitere 15 Prozent fallen bei den anschließenden persönlichen Gesprächen mit dem Kommandeur durch. Von denen, die zur Grundausbildung kommen, scheiden zwei bis vier auf eigenen Wunsch aus, weil sie sich den Anforderungen nicht gewachsen fühlen, einige andere erleiden Verletzungen. Der Rest steht die acht Monate Basis- und Spezialausbildung durch, zu denen unter anderem auch über 100 Unterrichtsstunden polizeirechtliche und einsatztheoretische Unterweisungen gehören. Die Ausbildung ist einsatznah und für mittlere wie gehobene Dienstgrade gleich. Ihre Kernelemente sind Sport und Körpertraining, Nahkampf, Waffenausbildung an Lang- und Kurzwaffen sowohl der eigenen Einheit als auch an tätertypischen Kampfmitteln. Im fortgeschrittenen Schulungsteil treten die team-orientierten einsatzspezifischen Taktiken und Techniken in den Vordergrund, das Absetzen aus Hubschraubern, offensives und defensives Fahren mit den Mercedes-Pkw, die Präzisionsschützenausbildung, die Arbeit mit Funk-, Observations- und Sprengmitteln.

Die Schulungsteile werden nicht steril, sondern an praktischen Einsatzsituationen durchgeführt, so daß der angehende GSG 9-Mann schrittweise die verschiedenen Eindring- und Zugriffsmöglichkeiten an Gebäuden, Flugzeugen, Zügen und maritimen Zielen erfährt. Die Gebirgsausbildung mit Skilehrgang erfolgt im Kührointhaus des BGS. Quer durch die Bundesrepublik geht es bei den Härtetests, den Ausdauermärschen, die oft genug mit einer ausgedehnten Paddeltour auf Rhein und Mosel enden. Fallschirmkurs und Tauchausbildung gehören zu den »Bonbons« – aber auch hier stehen gemeinsames Erlebnis, Teamgeist und Engagement im Vordergrund.

an den politischen und gesetzlichen Rahmenbedingungen.

Die ersten Jahre der GSG 9 waren von Schwierigkeiten aller Art gefüllt: Die Bedürfnisse einer Spezialeinheit ließen sich kaum mit den bürokratischen Spielregeln ministerieller Amtsstuben oder dem für das deutsche Beamtenwesen so typischen Beschaffungswasserkopf in Einklang bringen. Das Training der neuen Einheit sollte zwar so schnell wie möglich anlaufen, aber normalerweise geht bei Behörden nichts ohne die Absegnung durch eine Dienstvorschrift, die ja vor allem Verantwortungsbereiche und Versicherungsansprüche abdeckt. Die GSG 9 formulierte schließlich ihre eigenen Dienst- und Ausbildungsdirektiven.

Dabei war man sich in St. Augustin-Hangelar bewußt, daß vielerorts nur auf Fehler und Schnitzer gewartet wurde. Zu sagen, die Spezialeinheit hatte nicht nur Befürworter, ist ein Understatement: Von Anfang an waren die Kritiker und Neider nicht säumig. Das kommandomäßige Training der Grenzschützer wurde von vielen mit Mißtrauen beobachtet. Fürstenfeldbruck geriet zwar nicht in Vergessenheit, wurde aber in einigen Beamten- und Politikerköpfen gern verdrängt, so daß immer wieder die Frage nach dem Sinn und Wahrscheinlichkeitsgehalt bestimmter Übungsszenarios aufkam. Für die Finanzgewaltigen im Bundesinnenministerium, dem die Einheit untersteht, waren die Beschaffungswünsche und Ausrüstungsanforderungen ein steter Alptraum (und sind es noch!). Brauchbare Schutzwesten erhielt die Einheit erst kurz vor dem Mogadischu-Einsatz, und auch dann waren nicht genug für alle da. Die Verwaltungsbeamten konnten nicht verstehen, warum die Einheit nicht die bei der deutschen Polizei in den Kammern lagernden, längst nicht den Anforderungen entsprechenden Schutzwesten »made in Germany« benutzen wollten. Wegener eckte laufend an den Tabus deutscher Beamtenherrlichkeit an, so auch als er Privatpersonen in die Unterkunft einlud und sich deren Meinungen zu Schießausbildung und Einsatzkonzepten anhörte. Während man bei anderen Polizeibehörden noch darüber diskutierte, ob man eigene Beamte psychologisch schulen lassen sollte oder einen Berufspsychologen in den Beamtenstand heben könnte, schloß die GSG 9 kurzerhand mit

Einsatzstarke Pkw, wie dieser Mercedes Benz 280 SE gehören zur Grundausstattung der SETs für den besonderen Personenschutz und zur Verfolgung von Straftätern.

dem Diplom-Psychologen Wolfgang Salewski einen Beratervertrag ab und ließ ihn die Männer testen und schulen. Ein Gymnasiallehrer war 1972 der einzige, der sich in der Bundesrepublik mit Aufbau, Ideologie und Herkunft der palästinensischen Terrorgruppen auseinandergesetzt hatte. Rolf Tophoven wurde fortan Gastdozent und brachte sein Hintergrundwissen in die Ausbildung ein. Während man behördlicherseits über die Abschaffung der PPk, der Kripo-Lieblingswaffe »Waltherchen«, und die Kreation einer bundesweiten Einheitspolizeipistole debattierte, hatte die GSG 9 längst die Doppelbewaffnung eingeführt, und ihren Beamten erlaubt, zwischen Revolver und Pistole zu wählen.

Viele dieser unorthodoxen Details in der Struktur der GSG 9 ließen sich um so schwerer durchsetzen, als der Beweis der Richtigkeit des Konzepts durch die Praxis fehlte. In dem halben Jahrzehnt vor der Landshut-Entführung kamen die Männer aus St. Augustin nicht zum Zuge. Parallel waren die SEKs auf Länderebene aufgebaut worden, die bei den verschiedensten Anlässen Einsatzerfahrungen sammelten, während die Eliteeinheit der Bundespolizei im Abseits stand und nur von Zeit zu Zeit für Personen- und Objektschutzaufgaben aus der Kaserne geholt wurde. Das ständige, nicht nachlassende harte Training, die Aus- und Weiterbildung drohte in eine Art Schattenboxen auszuarten. Vorführungen vor ausländischen Besuchern und Länderpolitikern standen auf der Tagesordnung, und bei einem dieser Anlässe fällt dann ein Satz, der gleichsam symbolisch für alle Ressentiments gegen die GSG 9 steht: »Wenn die mal zum Einsatz kommen, gibt es eine Furche verbrannter Erde von den Alpen bis zur Nordsee.« Die Undifferenziertheit dieser Äußerung wurde nicht dadurch gebessert, daß sie aus dem Mund eines Länderinnenministers kam. Andere prägten das böse Wort von den »Trainingsweltmeistern«, das der GSG 9 auch heute noch mitunter anhängt. Und für den »Stern«, der nach Mogadischu mit der Herausgabe eines Sonderbandes profitieren sollte, waren die Sonderkommandos schlichtweg »teures Spielzeug« des Innenministers.

Versetzungsgesuche lagen in der Luft, die Freiwilligen der GSG 9 nahmen die Unannehmlichkeiten des täglichen Dienstes, den Umzug in den teuren Bonner Raum oder die ständigen Alarmbereitschaften nicht in Kauf, um nur zum protokollarischen Bestandteil Bonner Staatsbesucher zu werden. Der ständige Trainingsdruck, bei dem blaue Flecken, schmerzende Muskeln und Hautabschürfungen zur Tagesordnung gehörten und selbst schwere Verletzungen nicht ausgeschlossen waren, ließ sich nicht unwidersprochen aufrechterhalten, wenn der Grund dafür, der Spezialeinsatz, in unerreichbare Ferne rückte. Hier lag das größte Verdienst Wegeners: die Aufrechterhaltung der hundertprozentigen Einsatzbereitschaft trotz aller Gegensätzlichkeiten. Der »Alte« konnte seine »Jungs« nicht zuletzt durch das persönliche Beispiel immer wieder zu neuen Trainingsleistungen anspornen, wobei ihm der von den Israelis übernommene Kommando-Grundsatz zugute kam – »Geführt wird von vorn!«. Die 25jährigen konnten schlecht maulen, wenn der Mittvierziger neben ihnen am Sky-Genie vom Hubschrauber abseilte oder bei Häuserkampfübungen auf dem Rücken nach FBI-Manier die Treppenstufen hochrobbte. Sie wußten, daß es nicht an ihm lag, wenn die Einheit in der Kaserne blieb oder unverrichteter Dinge vor Ort ihre Geräte wieder einpackte, während eine örtliche Spezialeinheit das grüne Licht zum Zugriff bekam. Der Vorgesetzte hatte sich nicht gescheut, in den hohen Amtsstuben unbeliebt zu werden, sei es für die Finanzierung von einzelnen Ausrüstungsteilen, die ein Ministerialhoher aus Spargründen streichen wollte, sei es, um für »seine Leute« vorstellig zu werden. Jene, die ihm später Ruhm und Aufstieg neideten, vergessen nur zu leicht, daß Ulrich Wegener jahrelang seine eigene Karriere immer wieder aufs Spiel setzte, wenn es um die GSG 9 ging. Noch kurze Zeit vor dem »deutschen Herbst« drohte er Anfang 1977 mit seinem Abschied, wenn nicht endlich ein Weg im Wirrwarr der Länder-Bundesverantwortlichkeiten gefunden würde, um der GSG 9 praktische Einsatzerfahrungen zu vermitteln. Die Aktion zur Befreiung der Landshut kam aus Sicht der GSG 9 zur rechten Zeit. Sie zeigte, daß die Kosten für diese Bundesspezialeinheit nicht vergeudet, die jahrelangen Trainingsanstrengungen nicht umsonst gewesen waren. Das Konzept GSG 9 hatte sich in einer der schwierigsten Situationen der bundesrepublikanischen Geschichte bewährt; eine Handvoll ausgewählter Kommandos verhinderte die Kapitulation des Staats vor terroristischer Erpressung.

Für eine kurze Zeit konnten sich die Männer mit den grünen Baretten der Aufmerksamkeit der Öffentlichkeit, der Lobeshymnen aus Politik und Presse erfreuen. Nur im Schatten des Somalia-Erfolgs gelang es mit viel Hauruck eine DM 200,– Monatszulage (nicht steuerfrei) als bitter notwendigen Ausgleich für die Angehörigen der GSG 9 zu erhalten. Auch hier erwies sich die Grenzschutzeinheit als Vorreiter für die Länder-SEKs, denen die gleiche Erschwerniszulage zugute kommt. Polizeien aus über 60 Nationen wandten sich an die Bonner Spezialisten um Ausbildungshilfe und nähere Zusammenarbeit. GSG 9 Teams schulten Sicherheitspersonal in Ländern wie Somalia, Saudi Arabien, Österreich und der Schweiz. Das Beispiel der deutschen Einheit führte im Laufe der Jahre in Nachbarländern zu einer gewissen Nachahmung. In St. Augustin werden Seminare für Führungskräfte abgehalten. Im April 1983 schloß sich der erste CTC an, ein internationaler Vergleichswettkampf der polizeilichen und paramilitärischen Eliteverbände, der gleichzeitig dem Erfahrungsaustausch und dem persönlichen Kennenlernen gelten sollte. Waren beim ersten Match noch Deutsche und Amerikaner in der Überzahl, so kamen zwei Jahre später auch Teams aus ferneren Ländern wie Spanien und Australien, um nur zwei zu nennen.

Die Zusammenarbeit zwischen der GSG 9 und den Länder-SEKs war bereits in der Zeit vor dem deutschen Herbst im Rahmen von Ausbildungsvorhaben problemlos gestaltet worden: Führungspersonal und Ausbilder hospitierten in Hangelar, gemeinsame Übungen folgten. Mit dem Ende der siebziger Jahre setzte eine neue Zeit ein: Seitdem das BKA bei einer Observierung von RAF-Terroristen aufgrund von Personalmangel eine schwerwiegende Panne erlebte, werden verstärkt GSG-9-Männer in die Fahndung einbezogen. Einzelne Beamte und ganze SETs wechseln zu SEKs über und nehmen am normalen Dienstalltag teil, um »Straßenerfahrung« zu gewinnen, während ihrerseits die SEKs Männer in die GSG 9 Unterkunft entsenden. Bei einer Geiselnahme im türkischen Konsulat in Köln im November 1982 arbeiteten GSG 9 und Kölner SEK auch problemlos

Internationale Zusammenarbeit: Die CTC-Wettkämpfe sind sportlicher Leistungswettbewerb und willkommene Gelegenheit zum Erfahrungsaustausch. Hier die Spezialeinheit einer schweizerischen Kantonspolizei bei einer Hindernisaufgabe. Während kantonale Differenzen in der Schweiz die Einrichtung eines bundespolizeilichen Sonderkommandos verhindert – auch in der schweizerischen Milizarmee gibt es keine Truppe dieser Art – haben die einzelnen Polizeien SEKs ähnlich der deutschen Verbände geschaffen, die ihre Qualität schon bei Geiselnahmen und der Festnahme von Verbrechern unter Beweis stellen konnten.

zusammen. Doch noch bevor der konzertierte Einsatzplan zur Ausführung kam, gaben die schwer bewaffneten Extremisten auf – nicht zuletzt, weil der Aufmarsch der mit Helmen und Schutzwesten demonstrativ in Stellung gehenden Spezialbeamten keine Zweifel an der in letzter Konsequenz aussichtslosen Lage der Besetzer ließ.

Trotzdem: Die Existenz der GSG 9 ist nicht problemfrei geworden. Mogadischu-Einsätze sind nicht alltäglich. Im Gegenteil, wieder warten die Grenzschützer seit fast neun Jahren auf ihre Verwendung. Da niemand in St. Augustin-Hangelar in Ehren ergraut, sind nur noch wenige im Verband, die in Somalia dabei waren. Bereits im Gefolge der Schleyer-Ermordung wurde von der Bonner Regierung unter Helmut Schmidt die Parole ausgegeben: »Die Dramatik muß raus!«. Und auch bei der sie ablösenden konservativ-liberalen Koalition ist der Terrorismus ein gern verdrängtes Thema. Man will

In allen Elementen zuhaus – ein Leichttaucher der GSG 9 springt von einer Bell ins Wasser.

keine Wellen machen, und auch ein Überdenken der gesamten Bundesgrenzschutz-Konzeption, von vielen mit der »Wende« erhofft, blieb aus. Wahlpolitisch ist damit z. Z. kein Staat zu machen. Man gibt sich eher beschwichtigend in Bonn und so mancher würde die teure BGS-Sondertruppe gänzlich dem Sparstift anheim fallen lassen, so wie auch eine Rücknahme der 1977 eilig durch die legislativen Hürden gehetzten »Terrorismus-Gesetze« angestrebt wird. Erst die Anschläge von 1984 und 1985, wie die Entführung des italienischen Luxuskreuzers »Achille Lauro«, brachte die GSG 9 wieder ins Gespräch: Jahrelang zurückgestellt, wurden nun 3,1 Millionen DM für

Freifallspringen ist einer der Höhepunkte in der langen Ausbildungszeit, die aus einem Freiwilligen den voll einsatzbereiten GSG-9-Beamten macht.

den Ausbau der maritimen Konzeption bewilligt.

Auch personell soll die Grenzschutzgruppe aufgestockt werden: 1977 lag die Personalstärke bei ca. 180 Mann mit einem Kern von drei Einsatzteams zu je dreißig Mann. Derzeitig stößt man mit rund 300 Planstellen an eine Obergrenze. Je größer die Einheit wird, desto schwieriger ist es, genügend Nachwuchs zu finden, besonders für Führungspositionen. Die Abwanderung von ausgebildeten Leuten in die freie Wirtschaft, z. B. als Personen- und Werksschützer oder als Sicherheitsberater, war immer ein Problem, mit dem man bei der GSG 9 zähneknirschend gelebt hat. Zu denen, die wegen besserer Verdienstchancen draußen oder mangelnder Zukunftsaussichten im BGS die Uniform an den Nagel hängten, zählen auch ein Ausbildungsleiter und ein stellvertretender Kommandeur, Beamte der gehobenen und höheren Laufbahnstufen. Gerade dieser Dienstgradbereich ist schwer zu füllen: An den Führungsbeamten werden noch mehr Anforderungen gestellt als an Anwärter aus den Mannschaftsdienstgraden. Er muß die gleiche Ausbildung durchlaufen, wird aber von den Mitbewerbern wie dem Schulungskader mit besonders strengem Maßstab gemessen. Wo von vorn geführt wird, muß der Offizier auch leistungsmäßig an der Spitze liegen. Von ihm wird um so mehr kreatives Denken, physisches und psychisches Leistungsvermögen in Extremsituationen, Besonnenheit und Teamgeist gefordert. Auch der Ton muß stimmen: Wer hoffte, in der GSG 9 das letzte Reservat des alten BGS-Kommiß zu finden, muß sich belehren lassen, daß in einer Spezialeinheit alte Zöpfe und zur Schau getragene Schneidigkeit nicht das Ideal einer Kommandoeinheit ausmachen. Die Frage, was mit ehemaligen GSG-9-Leuten geschieht, ist Teil dieses Nachwuchsproblems. Die Laufbahnverordnung des Polizeivollzugsdienstes im BGS setzt enge Grenzen, was auch Bewerber von außerhalb zu spüren bekommen – wie z. B. die Fallschirmjäger, Fernspäher, Kampfschwimmer und anderen Fachkräfte der Bundeswehr, die man zur Behebung des personellen Engpasses vorübergehend angeworben hatte. Auf der Höhe der Mogadischu-Euphorie wurde von der Schaffung einer GSG 10 und GSG 11 gesprochen, die weitere Sicherungs- und Abwehraufgaben gegen terroristische Anschläge übernehmen sollten. Selbst eine Verdoppelung des derzeitigen Kräftebestands der GSG 9, die vielleicht einsatztaktisch interessante Möglichkeiten bieten könnte, ist heute schwer vorstellbar, wenn man den hohen Standard erhalten will.

DIE SPEZIALEINHEITEN AUF LÄNDEREBENE

Parallel zum Aufbau der Grenzschutzgruppe 9 auf Bundesebene gestaltete sich auf Länderebene ein taktisches Konzept für außergewöhnliche Situationen, das auf drei Säulen ruht.

– Die »Mobilen Einsatzkommandos« (MEK) bestehen aus ausgesuchten Beamten der Kriminal- oder Schutzpolizei, die durch

Ein SEK-Team vor dem gepanzerten Sonderwagen, die zur Grundausstattung gehörenden Waffen von links: HK MPi 5 und G 3 mit einschiebbarer Schulterstütze, MPi 5 SD mit Zielfernrohr und festem Schaft, HK G 3 / SG 1, HK MPi 5 k Flinte mit Shotdiverter, Flinte mit langem Lauf und Zielfernrohr zum Verschießen von Flintenlaufgeschossen gegen Fahrzeugreifen, HK Mehrzweckpistole 40 mm für Tränengas.

Präzisionsschütze und Beobachter bei einer Übung. Die Schützenteams stehen direkt über Funk mit der Einsatzleitung in Verbindung.

Präzisionsschütze mit dem neuen HK PSG 1 in getarnter Stellung schwerpunktmäßiges Training für gefährliche Festnahmesituationen, für Einsätze in Zivil im Drogenmilieu, für Observationen und ähnliche Aktionen in enger Zusammenarbeit mit der kriminalpolizeilichen Ermittlung bestimmt sind.

– Die „Präzisionsschützenkommandos" (PSKs) sind Beamte der Schutzpolizei mit besonderer Ausbildung auf dem Gebiet des gezielten, präzisen „Rettungsschusses" mit der Langwaffe bei Geiselnahmen. Die Angehörigen der PSK werden für Ausbildung und Einsätze aus dem normalen Dienst zusammengerufen.

– Die „Spezialeinsatzkommandos" (SEKs) wurden gleichfalls im Rahmen der Schutzpolizei aufgestellt und werden schwerpunktmäßig gegen Gewaltkriminalität und bei terroristischen Lagen eingesetzt – immer dann, wenn – so die Dienstvorschriften – durch bewaffnete Täter die Notwendigkeit eines verbandsmäßigen Einsatzes, also geschlossenes Vorgehen gefordert ist. Wie bei den SWAT-Teams der amerikanischen Behörden fängt der SEK-Einsatz da an, wo die normale Polizei überfordert sein könnte. Die SEKs sind das Gegenstück der Länderpolizei zur GSG 9 des Bundes.

Seit der Anfangsphase, die für die meisten Spezialeinheiten unter dem Eindruck der Ereignisse in München stand, hat sich diese polizeitaktische Grundidee schrittweise fortgesetzt und verbessert: Gab es in Nordrhein-Westfalen anfangs nur drei SEKs, so bilden die fünf Kommandos heute mit ihren Standorten in Köln, Düsseldorf, Essen, Dortmund und Bielefeld ein flächendeckendes Netz, das kurze Reaktionszeiten und Anfahrtswege garantiert. Eine gemeinsame Grundausbildung und Führungsseminare sorgen dafür, daß die fünf Kommandos mit ihren jeweils 40 bis 45 Mann sich gegenseitig unterstützen und bei großen Lagen zusammenarbeiten können – so wie bei der Geiselnahme in einer Düsseldorfer Stadtsparkassenfiliale im August 1984, die 34 Stunden dauerte, bis die Geisel durch einen Notangriff befreit und die beiden Täter festgenommen werden konnten. Immer mehr SEKs sind in den achtziger Jahren dem Bei-

Treppenhäuser stellen eine Gefahrenzone bei der Annäherung dar, bei dem die gegenseitige Sicherung der SEK-Beamten gut eingeübt sein muß: Während die vorderen beiden Beamten sich hier schon vor dem nächsten Absatz widmen, sichert der dritte Mann nach vorn. Bewaffnung: SIG-Sauer P 6, 9 mm Para.

Überraschendes Eindringen eines SEK-Trupps, die Aufnahme entspricht etwa den realen Lichtverhältnissen. Tränengas und Rauch können darüber hinaus die Sichtverhältnisse noch weiter behindern.

Zündungsablauf einer modernen Blitz-Blendgranate: Die neue Generation dieser Irritationsmittel haben eine Knallfolge, mehrere Lichtblitze und setzen zusätzlich auch Tränengas frei.

spiel der in Göppingen stationierten Sondereinheit des Landes Baden-Württemberg gefolgt, die Präzisionsschützen fest in den SEK-Verband zu integrieren. Qualität und Größe der SEKs variieren von Bundesland zu Bundesland, aber die meisten Teams basieren auf Einsatzgruppen von zehn bis zwölf Beamten, die in Spezialeinsatztrupps mit drei oder vier Mann aufgeteilt sind. Bei internationalen Vergleichswettkämpfen haben SEKs wie das von München Spitzenränge vor ausländischen Polizei- und Militärkommandos erzielt.

In den drei- bis sechsmonatigen Grundlehrgängen nehmen neben den praktischen Disziplinen des Schießens, der Waffenkunde und der Einsatztaktik auch die Rechtskunde, Psychologie und theoretische Aufarbeitung von Schwerstkriminalität und Terrorismus einen großen Teil ein. Die eigentliche Vorbereitung auf den Einsatz findet aber in den Teams statt, wo in wöchentlichen Trainingsphasen Szenarios durchexerziert werden. Trotz der Tatsache, daß die SEKs ihren polizeilichen Aufgabenbereich und Charakter immer wieder unterstreichen, finden bei einigen Einheiten Team- und Kommando-Übungen statt, die ihre Herkunft aus dem Militärischen nicht verleugnen können: Das SEK Baden-Württemberg veranstaltet jeden Winter eine Skiwanderung über 100 Kilometer mit vollem Gepäck quer durch den Schwarzwald. Das SEK Köln führt einwöchige Eifelmärsche durch, an deren Ende die jeden Tag mit 35 Kilogramm

Das eingedrungene SET aus der Sicht des Straftäters, Widerstand wäre zwecklos.

Gepäck, Waffen und Munition quer durch das Gelände Gewanderten Schießtests durchführen müssen. Aber der äußere Anschein trügt, dies soll keine Vorbereitung auf ein Kommandounternehmen sein, sondern eine Belastungsprobe, bei der die Teams sich unter Streß und körperlicher Anstrengung zusammenschweißen, eigene Schwachpunkte erkennen und das Erlebnis einer Gemeinschaftsleistung haben sollen.

Anders als die GSG 9 versuchen die SEKs nicht, für alle Eventualitäten gewappnet zu sein: Bestimmte Großlagen, wie zum Beispiel eine Flugzeugentführung, können rein kräftemäßig von den SEKs

Zugangssprengung! Noch bevor sich Rauch und Holzsplitter gelegt haben, dringt das SEK ein, um den Überraschungseffekt auszunutzen. Bei einer Geiselbefreiung in Baden-Württemberg war der Täter durch den Knall so geschockt, daß er sich widerstandslos festnehmen ließ!

Personenschutzübung:
Während der V.I.P. in die Deckung des Fahrzeugs gedrängt wird, reagieren die SEK-Beamten, aus dem Aktenkoffer erscheint eine MPi 5k

Festnahme aus der Luft: Der schußbereite SEK-Trupp sprungbereit auf der Kufe, werden die gestellten Straftäter über die Außen-Lautsprecheranlage des BO 105 aufgefordert, ihre Waffen wegzuwerfen und sich mit ausgebreiteten Armen auf den Boden zu legen.

Bei den Krawallen um die Frankfurter Startbahn West wurden zeitweise eine SEK-Hundertschaft aus den Beamten verschiedener Bundesländer geformt und verbandsmäßig an den Brennpunkten der Unruhen eingesetzt. Hier räumen SEK-Beamte aus Hessen und Baden-Württemberg das Hüttendorf auf dem Bauplatzgelände.

kaum gelöst werden. Andererseits sind solche Aktionen ganz eindeutig Angelegenheit des Bundes. Die SEKs stellen unterstützende Kräfte und übernehmen zum Beispiel die Rolle des Notangriffstrupps, der dann in Erscheinung tritt, wenn sich die Situation während der Vorbereitung zur planmäßigen Geiselbefreiung unvorhergesehen verschärft. Andererseits sind die SEKs im Gegensatz zur »strategischen« GSG 9 ständig im polizeitaktischen Einsatz: Bei lokalen Geiselnahmen, zur Festnahme von Straftätern, als Personenschützer bei Politikern und Staatsbesuchern, als Aufklärungs- und Festnahmekommando bei Krawallen. Die SEKs stellen für die Kriminalpolizei ein williges und ideenreiches Kräftepotential dar, das man gegen gewalttätige Straftäter einsetzen kann. Die meisten SEKs, die das Dasein einer reinen »Trainingseinheit« fürchten, waren anfangs über derartige Anforderungen erfreut. Hier war die Möglichkeit, das Gelernte in die Tat umzusetzen, man konnte in kleinen Gruppen oder Teams, in Zivil und unter ständig wechselnden Anforderungen wirkliche Polizeiarbeit machen, während die GSG 9 nur auf die Stunde X warten konnte. »Straßenerfahrung gewinnen« lautete das Motto, aber eine solche ständige Verwendung, die manchmal auch wesensfremde Aufgaben beinhaltete, ist ein zweischneidiges Schwert: Trainingszeit fällt aus und die taktische Fähigkeit, zusammen als Kommando und im größeren Verband zu agieren, leidet. Die Fortentwicklung von Einsatztechniken kommt zu kurz, Stagnation droht.

Einst als »Killer« mit mißtrauischen Augen betrachtet, sind die SEKs in den letzten Jahren die Reserve für alle Fälle und willige Handlanger für vorgesetzte Dienststellen geworden. Die Gefahr des »Eierdieb-Syndroms« taucht auf: Ein falsches Selbstvertrauen durch die zahlreichen einfachen Festnahmesituationen breitet sich bei der SEK-Führung und in den Teams aus. Übeltäter, von SEK-Kräften überrascht, entscheiden sich eher für die Aufgabe als für den Widerstand in einer aussichtslosen Situation. Eine gefährliche Routine setzt ein. »Es wird schon gut gehen – wie immer!« tritt an die Stelle von sorgfältiger Planung und Vorbereitung und führt irgendwann ins Unglück.

Zur Verhinderung einer solchen Fehlentwicklung reicht es nicht, die Teams zu ständigem Training anzuhalten. Dies ist nicht nur ein Motivations- sondern auch ein Führungsproblem: Ein SEK-Leiter handelt verantwortlich, wenn er sich gegen manche Wünsche seiner Vorgesetzten sperrt und den Mißbrauch der mit großem finanziellen, personellen und zeitlichen Aufwand geformten Einheit zu verhindern sucht.

Welche Anforderungen werden an die »Nachrücker« gestellt, wie die Neuzugänge zu den SEKs genannt werden? Die SEKs ziehen ihre Freiwilligen aus den bereits im Dienst erfahrenen Streifenbeamten, eine untere Altersgrenze von 25 Jahren wird in den meisten deutschen Behörden eingehalten. Der Dienst in der Spezialeinheit mit dem Ausbildungsschwerpunkt der körperlichen Fitness und der waffenlosen Selbstverteidigung war und ist natürlich besonders attraktiv für Sportbegeisterte, deren Hobbys auf dem Gebiet des Boxens, der Leichtathletik oder der fernöstlichen Kampfsportarten liegen. Nicht immer aber bringen dieserart Veranlagte das notwendige intellektuelle Rüstzeug und psychische Durchhaltevermögen mit, das in einer polizeilichen Spezialeinheit noch vor den körperlichen

Eigenschaften gefordert ist. Am Anfang waren auch Ausbilder und Kader aus den entsprechenden Neigungsgruppen des Polizeisports zusammengeholt worden, um die Spezialeinheit aufzustellen, und in vielen SEKs konnte man in den siebziger Jahren eine Überbewertung der physischen Leistungsfähigkeit beobachten. In den letzten Jahren hat sich eine Trendwende durchgesetzt, die Erfahrung hat bewiesen, daß die meisten SEK-spezifischen Lagen durch geistige Flexibilität, besonnenes Denken und der Fähigkeit zur schnellen Improvisation gelöst werden. Körperliche Fitness ist eine Voraussetzung, aber nicht die wichtigste: Muskeln kann man innerhalb von sechs Monaten Grundlehrgang antrainieren, Intelligenz nicht. Die psychologische Eignungsprüfung steht deshalb mit dem polizeiärztlichen Test an erster Stelle, ein Bewerbungsgespräch und ein Schießtest folgt. Die körperliche Fitnessprüfung umschließt zum Beispiel beim SEK Köln sechs Klimmzüge, Bankdrücken mit 75 Prozent des eigenen Körpergewichts, ein 100-Meter-Sprint und ein Hallenhindernisparcours, der Körperkoordination und Flexibilität erkennen läßt. Einen interessanten Aufschluß gibt auch der »Coopertest«, bei dem in 12 Minuten eine möglichst weite Strecke zu laufen ist, der

Taktische Übungen im Verband sind ein Muß, um die Einsatzfähigkeit des SEKs in Hochform zu halten. Erst durch die ständige Anwendung von Techniken – wie hier der Kommunikation über Handzeichen beim Absuchen eines Fabrikgebäudes nach einem flüchtigen Täter durch das SEK Baden-Württemberg – werden diese zur Selbstverständlichkeit. Dazu gehört auch das richtige Ausnutzen jeder Deckung.

gute Schnitt liegt dabei bei 2,8 Kilometer. In Berlin definierte man 1973 in der Aufbauphase das Profil des SEK-Bewerbers mit Hilfe eines Universitätsprofessors. Gesucht wurde, so Polizeipräsident Klaus Hübner, der »Astronautentyp«: »Mit überdurchschnittlicher Intelligenz, aber kein Überflieger, der weder zum Über-Mut neigt, noch sein Handeln durch Furcht bestimmen läßt. Wichtig auch die Integrationsfähigkeit in die Gruppe!«

Die Berliner Spezialeinheit stellt ein interessantes Beispiel für die schrittweise Entwicklung eines polizeilich orientierten Verbandes dar, um so mehr, als durch den besonderen politischen Status Berlins eine Verwendung der GSG 9 dort nicht in Frage kommt.

VON DER »SPEE« ZUM REFERAT EINSATZERPROBUNG UND SPEZIALAUFGABEN (EUS)

Der Anstoß zur Gründung einer besonderen Abteilung innerhalb der Schutzpolizei kam in Berlin mit der Münchener Geiselnahme vom 4. August 1971, bei der Täter und Geisel ums Leben kamen, als die Polizei den Bankräuber Hans Georg Rammelmayr stellen wollte. Für Polizeipräsident Klaus Hübner war es augenscheinlich, daß die

Oft genug wirkt das entschlossene, koordinierte Auftreten der Spezialeinheitsbeamten in ihrer Schutzkleidung einschüchternd genug, um selbst Hartgesottene zur Aufgabe zu veranlassen. Das Erscheinungsbild dieses SEKlers ist vom TIG-Helm mit seinem geschoßabweisenden Visier und der mit Keramikplatten verstärkten Kevlarweste der Fa. VAL Mehler geprägt. Der Helm ist mit einer integrierten Sprechfunkanlage ausgestattet, die P 6 mit Pachmayr-Griffschalen verbessert.

Eindringen mit Schutzschild: Das Berliner SEK hat besonders gute Erfahrungen mit diesem Einsatzmittel gemacht, mit dem auch mal eine Tür eingerammt werden kann. Es hält selbst Gewehrgeschosse und Flintenlaufprojektile ab.

Der Berliner Polizeipräsident Klaus Hübner im Gespräch mit SEK-Beamten, nach einer öffentlichen Vorführung, in der er selbst als Geisel fungierte.

normalen Beamten des täglichen Dienstes in dieser Situation einfach überfordert waren: »Jede Polizei, wie sie damals gegliedert war, meine eigene Behörde eingeschlossen, konnte einer solchen Situation nichts entgegensetzen, insbesondere nichts, um den Täter überzeugend abzuschrecken. Die überzeugende Abschreckung heißt in diesem Fall, ihn die Chancenlosigkeit seines Vorhabens von vornherein erkennen zu lassen. Es reifte der Gedanke, daß man dafür eine besondere Vorbereitung brauchte, eventuell eine besondere Einheit von Polizisten, die vorbereitet in solchen Lagen geht und sich mit diesen Fällen auch ausbildungsmäßig auseinandersetzt – und nicht wie die normale Funkstreife, die unvorbereitet vor einer Herausforderung steht, die sie nicht bewältigen kann.« Erste Überlegungen in bezug auf Zusammenstellung und Ausbildung einer solchen Abteilung waren das Ergebnis von Konsultationen im Stab des Polizeipräsidiums und mit anderen Behörden im Bundesgebiet. Mit der Geiselnahme israelischer Sportler während der Münchener Olympiade und dem Massaker von Fürstenfeldbruck wurde die zwingende Notwendigkeit einer Spezialeinheit nur noch unterstrichen. Dank der Vorarbeiten konnte man wenige Tage nach München, im Oktober 1972, dem Berliner Innensenator einen Entwurf vorlegen. Bereits am 1. November begann der Aufbau der »SpeE«, der Spezialeinheit, mit der Ausbildung der Ausbilder und der Suche nach geeigneten Leuten. Im Januar 1973 startete der erste sechsmonatige Lehrgang mit 49 Beamten, die aus 173 Bewerbungen geblieben waren. Im Juli »stand« die erste Einheit und das erste PSK-Team. Bereits während der Ausbildung hatte die SpeE mit der Festnahme eines Mordverdächtigen ihren ersten Fall gelöst: Der mit schußbereiter Pistole ausgestattete Täter war in seiner Wohnung von den Beamten überrascht und ohne Schußwaffengebrauch überwältigt worden. Von Anfang an standen »Rollenstudien« auf dem Plan, denn die Spezialeinheit sollte auch in der Lage sein, in Zivil oder Verkleidung aktiv zu werden: Als Kellner oder Flughafenpersonal, im Arbeitskittel oder Smoking.

In Berlin wurde schon im Aufbau die unterschiedliche Wesensart von einem Präzisionsschützenkommando zum SEK-Team erkannt und die beiden Verbände nicht gemischt, sondern in Ausbildung und Befehlsstruktur getrennt. Zuerst waren die PSK-Beamten noch Teilzeit-Spezialisten, die im übrigen weiter ihren Dienst in Funkwagen und Revieren taten. Nach kurzer Zeit zeigte sich die Unzulänglichkeit dieser Teilzeitlösung: Das PSK wurde vollwertige Spezialeinheit, die wie das SEK aus vier Teams bestand. Mit der Durchführung der Berliner Polizeireform, die unter anderem eine Integration von Kriminal- und Schutzpolizei bewirkte, ergab sich eine neue Möglichkeit: Die Spezialeinheit wurde aus der Schutzpolizei in den Verwaltungsbereich der Kripo überführt und zu einer besonderen, gemischten Abteilung in der Direktion Verbrechensbekämpfung:

Das Referat »Einsatzerprobung und Spezialaufgaben« (EuS) besteht auf der einen Seite aus SEK und PSK, wobei letzteres neben seiner ursprünglichen Aufgabe zusätzlich Fahndungs- und Festnahmetätigkeiten als »MEK 6« ausführt. Die zweite Ebene des Referats wird durch die kriminalpolizeilichen Einheiten des MEK 1 bis 4 (»Erkennende Fahndung«) und MEK 5 (»Verdeckte Aufklärung«) gebildet: Spezialisten für Observation, Beweiserbringung, Verhandlungsführung bei Geiselnahmen und Dokumentation.

PSK-Angehörige des Referats EuS bei der Sicherung eines Staatsbesuchers am Berliner Schloß Charlottenburg. Präventive Personenschutzmaßnahmen können in der deutlich sichtbaren Positionierung von PSK-Teams bestehen, derem Blick keine Bewegung auf Dächern und an Fensterfronten entgeht.

Durch die Zusammenlegung dieser Kommandos in eine Abteilung war es möglich, Ausbildung und technische Wartung in einem autarken Verband zu maximieren. Gleichzeitig bot sich die Möglichkeit, die im Fall einer außergewöhnlichen Situation gebrauchten Kräfte und Experten in einem Haus zusammenzufassen und so von Anfang an zu koordinieren: Innere und äußere Absperrung, Verhandler, Doku-Trupps, Techniker, Präzisionsschützen und Zugriffsteams. Dieses „Berliner Modell" hat sich in vieler Hinsicht bewährt und bietet den Grundstein für die Koordination unterschiedlicher Einsatzebenen im Ernstfall. In den zwölf Jahren seit der Gründung waren die Berliner Spezialeinheiten laufend im Einsatz, die Statistik des SEKs zeigt, daß an den Thesen von der »Todesstrafe durch die Hintertür« und von den »Killern mit Lizenz« nichts als Polemik und journalistische Effekthascherei ist. Bei 1295 Festnahmen wurden 35 Terroristen und Hunderte von Kriminellen festgenommen, ohne daß die Beamten dabei mehr als nur ein, zwei Warnschüsse in all diesen Jahren abfeuerten. 134 Faustfeuerwaffen, 22 Langwaffen, eine Handgranate und 109 Schießgeräte wurden sichergestellt. Vierzehnmal konnte das SEK Geiselnahmen durch Anwendung einfacher körperlicher Gewalt oder Verhandlungen lösen und achtzehnmal erfolgreich bei Selbsttötungsversuchen einschreiten.

Auch bei der Polizei wird der Begriff einer Elite vorsichtig gehandelt, nicht als besonders herausgehobene Garde oder legendenhafte Superpolizei will Polizeipräsident Hübner die Spezialisten von EuS verstanden wissen: »Weder selbst dem Elitedünkel nachhängen oder sich als etwas Höheres verstehen, noch durch andere ins Legendenhafte verklären und damit in die Isolation bringen lassen. Aber als Leistungselite? Auf jeden Fall! Wenn man Elite so versteht, daß der

Auch ein Einsatzgebiet, bei dem die besonderen Kenntnisse einer Spezialeinheit zur Geltung kommen können: Beamte von EuS auf den Dächern eines besetzten Hauses verhindern die Flucht von Straftätern während einer Durchsuchung.

Team des Berliner SEKs beim internationalen Wettkampf der Spezialeinheiten: Übungen wie dieser Hindernisparcours fördern Improvisation und Teamarbeit.

einzelne, der dazugehört, die hohen Barrieren der Auslesetests überwinden mußte und daß alle, die dabei sind, wissen, daß der Ungeeignete jederzeit und kompromißlos ausscheiden wird. Die Bildung einer solchen Gruppe ist aber nur möglich, wenn dies aus der Basis der gesamten Beamtenschaft und mit dieser Basis geschieht.«

Eine Besonderheit der Berliner Spezialeinheiten sind Ausbildungsprogramme, die das Referat EuS für die regulären Polizeibeamten durchführt. Als Rückkoppelung an die Basis werden Eigensicherungsmaßnahmen, die das SEK bei seinen Einsätzen aus seiner besonderen Erfahrung heraus entwickeln konnte, in den Einsatzbereitschaften und Streifendiensten vorgeführt. Anders als die Streifenpolizisten wissen die SEKler, daß sie für eine gefahrenträchtige Situation alarmiert werden und sind entsprechend vorbereitet, wobei das eigentliche Gefahrenmoment geringer ist als bei der in Routine erstarrten, von der Situation oft überraschten Streife. Die Fortbildungsveranstaltungen, bei denen die SEK-Beamten auch Bereiche wie verdeckte und getarnte Waffen, Sprengfallen und Molotow-Cocktails erwähnen, sind ein Schritt in die richtige Richtung. Die Erkenntnisse, die in den Spezialeinheiten erschlossen wurden, auf ihre Übertragbarkeit für den Polizeiapparat zu überprüfen und so eine schrittweise Verbesserung der jetzigen Ausbildung und Struktur zu erreichen. In dieser Rolle des Vorreiters können die Spezialeinheiten über ihre eigentliche Aufgabe hinaus dem Prinzip einer Leistungselite am ehesten gerecht werden.

Auf dem Weg zu einer internationalen Spezialeinheit?

1985 war ein neues Rekordjahr in der Geschichte des Terrorismus, und auch das Jahr 1986 brachte eine neue Welle von Anschlägen, Geiselnahmen und Zwischenfällen. Die amerikanische Reaktion auf den Bombenanschlag in der Berliner Diskothek „La Belle", die in Bombenangriffe auf militärische Ziele in Libyen gipfelte, ließ erneut die Diskussion um angemessene staatliche Reaktionen auf terroristische Übergriffe aufleben. Der Ruf nach einer inaternationalen Spezialeinheit wurde wieder laut.

Es wäre ein passender Abschluß, wenn am Ende dieser Übersicht ein Kapitel über eine solche multinationale Anti-Terror-Einheit gestanden hätte. Aber der Aufbau eines solchen Verbandes liegt noch in weiter Ferne, wenn er überhaupt je realisiert wird. Ein multinationales Kommando für Geiselbefreiungen wäre die logische Antwort auf die immer häufiger benutzte Taktik, das Flugzeug oder Schiff des Landes A auf dem Flug von B nach C zu entführen, um die Staatsbürger der Länder E und F an Bord als Geiseln zu nehmen, damit die Nation G erpreßt werden kann. Die Allied Mobile Force bietet das sicherheitspolitische Beispiel für die Möglichkeit einer multinationalen Eingreiftruppe des westlichen Bündnisses, und es dürfte eigentlich keine politischen Hindernisse in der Einrichtung eines ähnlichen transnationalen Spezialeinsatzkommandos zur Terrorismusbekämpfung geben. Aber es scheint derzeit noch unmöglich, auf dieser Ebene wenigstens unter den westlichen Industrienationen zu einer Einigung zu gelangen. Noch immer dominieren wirtschaftspolitische Rückversicherungen und ideologische Bedenken. Politiker ziehen es vor, Lippenbekenntnisse abzuleisten und mit Leerfloskeln von »Verhandlungsmöglichkeiten auf diplomatischen Wegen« zu jonglieren oder auf die »Notwendigkeit einer gerechten Lösung des Palästinaproblems« zu verweisen, als ob damit das revolutionäre Potential aus der Welt zu schaffen sei.

Eine internationale Spezialeinheit zur Abwehr der terroristischen Bedrohung ist technisch und polizeitaktisch genauso möglich wie eine engere nachrichtendienstliche Zusammenarbeit der westlichen Demokratien (an der es auch mangelt!), aber das politische Bewußtsein, daß wir alle vor einer tiefgreifenden Bedrohung stehen, hat sich noch nicht durchgesetzt. Dazu scheint es noch schwerere Anschläge und noch mehr Opfer zu brauchen ...

QUELLEN UND WEITERFÜHRENDE LITERATUR

D. Barzilay	The British Army in Ulster, Bd. I–IV, Belfast 1978
C. A. Beckwith / D. Knox	Delta Force, New York – London 1983
W. Brockdorff	Geheim-Kommandos des Zweiten Weltkrieges, Eltville 1966
G. Deflez	La Brigade des Missions Impossibles, Paris 1979
B. Farwell	The Gurkhas, New York – London 1984
I. Fetscher	Terrorismus und Reaktion, Frankfurt 1978
T. Geraghty	Who Dares Wins, Story of SAS 1950–80, London 1980
ders.	This is the SAS, Glasgow 1982
J. Hackett	The Third World War, August 1985, New York 1978
F. Hilton	The Paras, London 1983
A. B. Herbert / J. Wooten	Soldier, New York 1973
D. Holman	Menschenjagd, München 1964
C. Joly	Operation Stille Nacht, München 1981
F. Kitson	Low Intensity Operations, London 1971
V. Kühn	Deutsche Fallschirmjäger im II. Weltkrieg, Stuttgart 1975
J. D. Ladd	SBS – The Invisible Raiders, London 1983
ders.	Inside the Commandos, London 1984
J. Leasor	X-Troop, London 1982
C. Ngo-Anh	Der Vietcong, München 1981
A. Santoli	Everything we had, New York 1981
C. Sykes	Orde Wingate, London 1959
V. Suvorov	Inside Soviet Military Intelligence, New York 1984
Sunday Times Insight Team	Siege – The Great Embassy Rescue, London 1980
A. Swinson	The Raiders – Desert Strike Force, London 1968
U. Rühmland (Hrsg.)	NVA in Stichworten, Bonn 1977
H. St. George Saunders	The Green Beret, London 1949
ders.	The Red Beret, London 1950
W. Stephenson	90 Minutes at Entebbe, New York 1976
H. Schauer	Soldaten aus dem Dunkel – Die US Green Berets, Stuttgart 1985
J. R. Thackrah (Hrsg.)	Contemporary Policing, London 1985
M. Tugwell	Aus der Luft ins Gefecht, Stuttgart 1974
R. Tophoven	Kommando gegen Terrorismus, GSG 9, Bonn 1985
P. Wilkinson (Hrsg.)	British Perspektives on Terrorism, London 1981
P. Young	Commando, London 1969

Zeitschriften u. a.: »Die Polizei« (Zentralorgan, mit Beiträgen der Polizeiführungsakademie Hiltrup); »MILIPOL Magazine« (Paris); »Police Studies« (London), »Infantry Magazine« (Ft. Benning, U. S. Army); »Wehrtechnik«; »Soldat und Technik«; »Die Polizei« (GdP); »Gung-Ho Magazine«; »Deutsches Waffen-Journal«; »Innere Sicherheit« (Informationsblatt des BMI); »BGS – Zeitschrift des Bundesgrenzschutzes«; »Polizeischau« (Berlin); »The Tactical Edge« (USA, National Tactical Officers Association, L.A.); »Osprey-Series« (London) und »Raid« (Paris).

Internationale Eliteeinheiten im Einsatz

Die Geburtsstunde der »10th Special Forces Group« schlug am 20. Juni 1952. Die „Green Berets" begründeten einen Mythos.
208 Seiten, 46 Abb., gebunden, DM 32,–

Der Tatsachenbericht über den vergeblichen Kampf der Legionäre im 1. Indochinakrieg. Der Autor erzählt von Menschen und Schicksalen.
412 Seiten, 23 Abb., gebunden, DM 29,–

Die Rangers gehören zu den Elitetruppen der US Army. Sie sind für Sondereinsätze ausgebildet, ihr Ruf ist legendär.
210 Seiten, 100 Abb., gebunden, 39,–

Die Fallschirmtruppe heute: Sprung- und Grundausbildung, der Alltag in der Kaserne, im Biwak – Klaus Neumann war mit der Kamera hautnah dabei.
176 Seiten, 304 Abb. in Farbe und Schwarz/Weiß, Großformat, geb., DM 48,–

Der Verlag für Zeitgeschichte-Bücher
Postfach 1370 · 7000 Stuttgart 1

Motorbuch Verlag

Änderungen vorbehalten

LESEN SIE SCHON ?

Jetzt gibt es eine neue Zeitschrift zum Thema Waffen.

VISIER ist prallvoll mit Tests und Technik, mit Reportagen, Tips und Hintergrund-Informationen rund um die zivile Waffe.

VISIER gibt es jeden Monat für 6 Mark bei Ihrem Zeitschriften-Händler. Oder mit Preisvorteil für 66 Mark (also 12 Ausgaben zum Preis von 11) im Jahresabonnement. Bestellen Sie Ihr persönliches Abonnement beim Pietsch + Scholten Verlag, Böblinger Straße 18, D-7000 Stuttgart 1.